U0399590

DAXING ZHONGZAI SHUKONG JICHUANG
JISHU JI YINGYONG

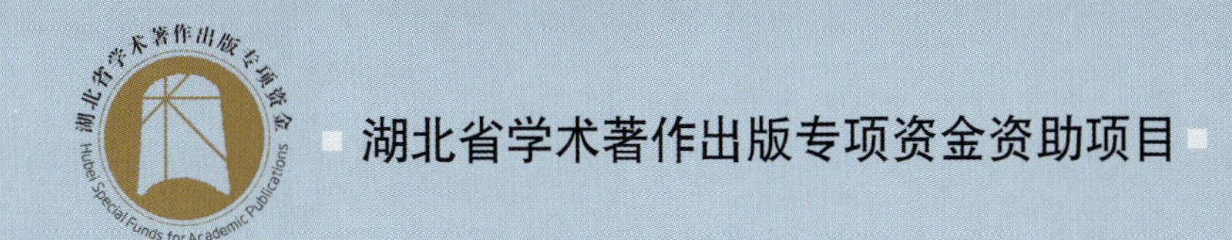

大型重载数控机床

技术及应用（下册）

桂 林　张伟民　著

内容简介

本书分为上、下两册，系统、详细地介绍了大型重载数控机床的设计、制造及应用方面的技术知识，重点介绍了结构性能分析与测试技术、静压支承技术、大件的制造与热处理技术、装配与调试技术、数控及诊断技术、热变形与误差补偿技术、典型加工工艺等七个方面的大型重载数控机床关键技术。

本书是国家"863"计划、国家科技重大专项等科研项目研究成果的总结，反映了国内外大型重载数控机床先进技术成果，叙述深入浅出、层次分明，具有全面、专业的特点，可供机床行业工程技术人员、高等学校教师和研究生参考。

图书在版编目(CIP)数据

大型重载数控机床技术及应用. 下册/桂林，张伟民著. —武汉：华中科技大学出版社，2019.6
ISBN 978-7-5680-4441-7

Ⅰ.①大…　Ⅱ.①桂…　②张…　Ⅲ.①数控机床　Ⅳ.①TG659

中国版本图书馆 CIP 数据核字(2018)第 282835 号

大型重载数控机床技术及应用(下册)　　桂林　张伟民　著
Daxing Zhongzai Shukong Jichuang Jishu ji Yingyong (Xiace)

策划编辑：万亚军
责任编辑：万亚军　邓薇
封面设计：原色设计
责任校对：刘竣
责任监印：周治超
出版发行：华中科技大学出版社中国·武汉　　电话：(027)81321913
武汉市东湖新技术开发区华工科技园　　邮编：430223
录　　排：武汉三月禾文化传播有限公司
印　　刷：湖北新华印务有限公司
开　　本：710mm×1000mm　1/16
印　　张：16.75
字　　数：270 千字
版　　次：2019 年 6 月第 1 版第 1 次印刷
定　　价：98.00 元

前言

随着计算机技术的发展与广泛应用，数控机床的发展日新月异，高效率、高精度、高可靠性、数字化、网络化、智能化、绿色化已成为数控机床发展的趋势和方向。大型重载数控机床作为制造业的工作母机，是制造业的重器，在能源、交通、运输、航空、航天、船舶、冶金、军工等领域发挥着巨大的作用，是世界各国激烈竞争的前沿技术代表。

我国大型重载机床的研制起步于20世纪50年代并不断发展，尤其是在改革开放以后，随着科技的发展、国家重大工程建设的需要，我国大型重载数控机床获得了持续、快速的发展。2005年以后，我国大型重载数控机床技术水平已经进入国际先进行列，具有一些先进技术的技术研发能力。武汉重型机床集团有限公司是我国生产重型、超重型机床的大型骨干企业，承担完成国家“863”计划、国家科技重大专项等国家级项目10余项，获得国家科学技术进步奖二等奖3项、省部级科学技术进步奖多项，累计获得国家专利100多项。依托这些创新性成果，在吸收、总结国内外相关最先进技术成果的基础上，作者精心撰写了本书，以满足相关领域人员学习、研究的需要，为我国大型重载数控机床的进一步发展贡献绵薄之力。

本书分为上、下两册，系统、详细地介绍了大型重载数控机床的设计、制造及应用方面的技术知识，重点介绍了结构性能分析与测试技术、静压支承技术、大件的制造与热处理技术、装配与调试技术、数控及诊断技术、热变形与误差补偿技术、典型加工工艺等七个方面的大型重载数控机床关键技术。本书在编写过程中，力求做到内容新颖、结构完整、叙述准确、图文并茂、易于理解，并注意结合实例。例如，液体静压支承技术是大型重载机床精度高、承载大的关键技术，本书从工程经验设计和具体解析分析两个层面给出了经验公式计算方法和解析分析理论体系，阐述了液体静压支承基于计算流体动力学的三维流场分析方法及动态过程仿真的动网格技术。又如,针对大型重载机床的装配,分析了大型重载机床总装的技术目标及总装难点,以立车的工作台安装及大型龙门铣床的床身调整安装为具体实例,对机床整机安装调整、机床的切削试验进行了较为详细的介绍。再如,数控系统是大型重载机床的重要组成部分,本书介绍了大型重载机床对数控技术的需求、数控系统现状和数控系统发展方向,针对高速高精技术、多电动机驱动技术及多轴插补技术、数控智能技术进行了分析和论证,并对大型重载机床的诊断技术及远程诊断的运用做了详细的介绍,读者可较为深入地了解这方面的内容。

本书是根据武汉重型机床集团有限公司常年在大型重载数控机床的设计研发制造及工程应用中的科研成果撰写的。其中上册第1章由桂林、张辉撰写,第2章由桂林、赵明、李升撰写,第3章由桂林、刘涛、徐妍妍撰写,第4章由桂林、熊万里、薛敬宇撰写,第5章由桂林、邵斌、张虎撰写;下册第6章由桂林、史凯霞、何建平撰写,第7章由桂林、张伟民、黄建撰写,第8章由桂林、张伟民、谭波撰写,第9章由桂林、李斌、张明庆、熊良山撰写。

在本书的编写过程中,中国地质大学(武汉)、华中科技大学、湖南大学等院校的专家和博士生提出了很好的意见及建议,在此表示衷心的感谢!同时对提供相关资料和帮助的同仁及专家表示诚挚的谢意。

由于笔者水平有限,书中难免存在不足和疏漏之处,敬请各位读者批评指正。

著　者

2018年6月

目录

第 6 章 大型重载机床的装配与调试

我国数控机床制造业不论在品种上还是数量上都已跻身世界前列，但在机床的质量和稳定性上远低于国外机床的水平。据统计，我国大型重载机床[①]的平均无故障运转时间（MTBF）只有国外先进水平的 1/2，仅为 300～500 h。其中多数故障发生于新机床最初使用的 2～5 月内，称为早期缺陷，主要的原因就是机床装配与调试问题。装配与调试是机械制造和维修中的重要工艺环节，须严格按照标准和工艺要求，使用恰当的工装、检具，将合格的零、部件进行必要的组装与调试。因此，大型重载机床的装配与调试质量直接影响着机床的工作性能与可靠性。

相对于小型机床而言，大型重载机床的装配难点在于既要保证大承载、重切削的特点，又要满足机床数控化后的质量、精度、效率、可靠性的要求。大型重载机床在装配过程中存在较多困难，如大型基础件结合面接触不均匀导致静压系统建立困难；超长床身在调平过程中的吊装、拼装、调整、检测等困难；传动系统中大型齿轮的接触间隙调整困难；大型重载卧车主轴伸长调整困难；大型滚珠丝杠、光栅尺、齿条的装调困难等。

针对上述困难，行业内各大型重载机床厂家在大型重载机床的装配与调试方面进行过探索研究，采取了一些方法，如大型重载机床导轨直线度误差常用检测方法有垫塞法、拉钢丝检测法、水平仪检测法、光学平直仪（准直仪）检测法等；以及近年来在机床部装及总装的过程中逐步应用的激光跟踪仪检测技术、计算机辅助反馈刮研点数技术、灌胶调整精度等技术。但是，针对高精度重载机床关键部件的安装，如立车底座工作台的轴承安装的精细调整、机床光栅尺的标尺钢带拉伸调整等关系到整个机床安装后的加工精度的关键装配与调试

① 如无特殊说明，本书所述大型重载机床的结构、技术、应用等，均以大型重载数控机床为对象。

技术，在国内外文献中都较少看到相关报道。

本章在借鉴国内外现有关键装配技术的基础上，结合武汉重型机床集团有限公司(简称武重)长期以来的各类型机床装配经验，主要针对大型重载机床装配难点，首先对大型重载机床总装的技术目标及总装难点进行分析；然后介绍立车的工作台安装及大型龙门铣床的床身调整安装；最后对机床整机安装调整、机床的切削试验进行了较为详细的介绍。

6.1 大型重载机床装配总述

6.1.1 大型重载机床装配的技术目标

机床装配是根据规定的技术要求，将零件或部件进行配合和连接，使之成为半成品或成品的过程，是机床制造的重要环节。其目的是根据设计要求和技术标准，使产品达到其使用说明书的规格和性能要求。下面分别举例介绍大型重载机床技术标准规定的数控机床的几何精度、定位精度及工作精度。

1）数控机床的几何精度

数控机床的几何精度反映机床的关键机械零、部件的几何形状误差及其组装后的几何形状误差。它包括工作台面的平面度，各坐标方向上移动的相互垂直度，工作台 X、Y 轴方向上移动的平行度，主轴的径向跳动，主轴的轴向窜动等。以数控立式车床为例，其须满足 6 项几何精度要求，如表 6.1 所示。

表 6.1 数控立式车床几何精度要求(摘自 GB/T 23582.1—2009)

检验项目	检验示图	精度/mm	检验工具
G1 工作台面的平面度		工作台直径在 1000 内为 0.03； 局部公差：任意 300 测量长度上为 0.01	水平仪、平尺
		检测及调整方法： (1)清理工作场地，准备过桥及调整垫铁，球面垫圈，除去相关面上的毛刺，清理干净； (2)在工作台上架平尺及水平仪，采用摆米字格的方式在工作台各个方向上检查平面度	

续表

<table>
<tr><th>检验项目</th><th>检验示图</th><th>精度/mm</th><th>检验工具</th></tr>
<tr><td rowspan="2">G2
工作台面的端面跳动</td><td rowspan="2"> 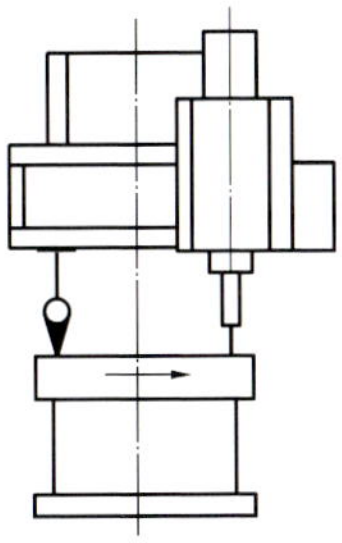</td><td>工作台直径在1000内为0.01</td><td>指示器</td></tr>
<tr><td colspan="2" rowspan="2">检验方法：
横梁、垂直刀架和滑座应锁紧；
指示器应装在机床固定部件上，
(1) 使其测头触及工作台边缘与加工时刀具位置成180°处，旋转工作台检验G2；
(2) 使其测头与加工时刀具位置成180°处，触及工作台定心孔或工作台外圆表面，旋转工作台检验G3；
偏差以指示器读数的最大差值计</td></tr>
<tr><td>G3
工作台定心孔的径向跳动或工作台外圆面的径向跳动(当工作台无定心孔时)</td><td> 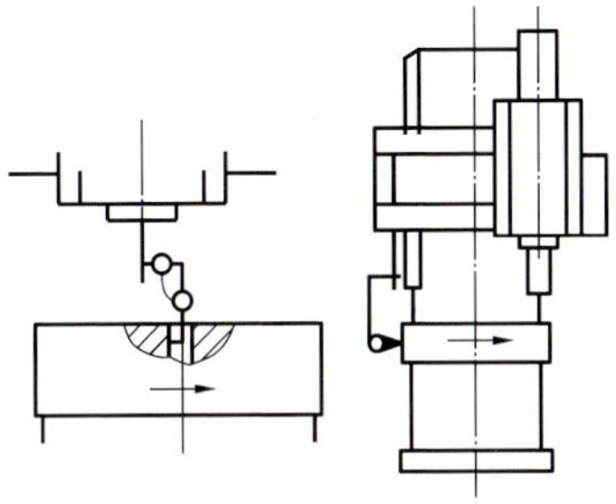</td></tr>
<tr><td rowspan="2">G4
横梁垂直移动对工作台面的垂直度</td><td rowspan="2"> 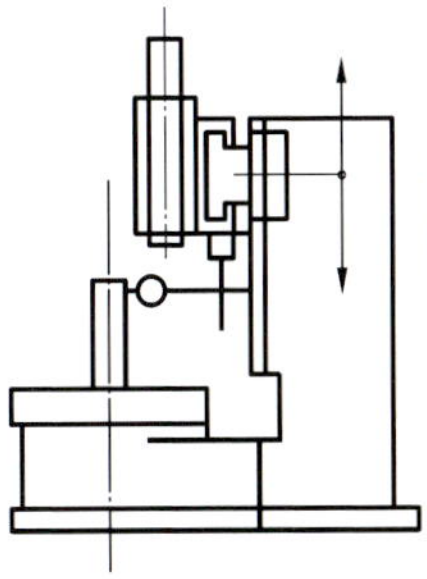(a) 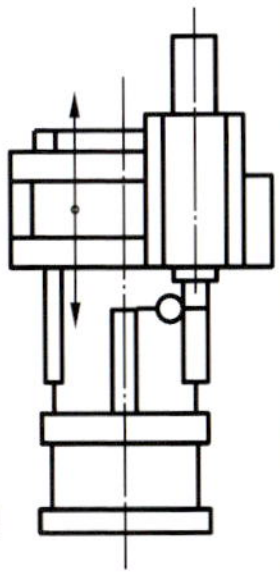 (b) 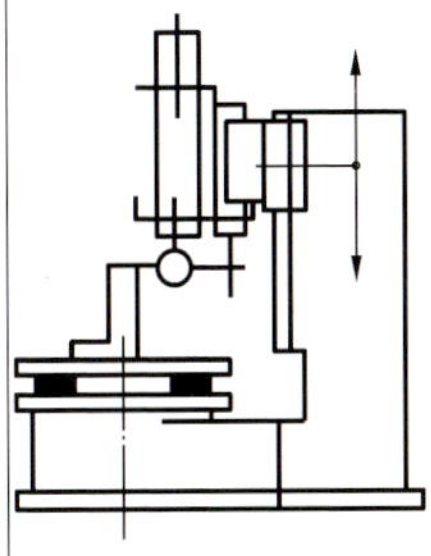
(a) 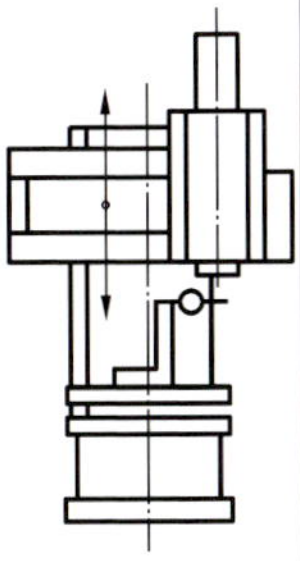 (b)</td><td>(a) 在垂直于横梁的平面内：1000测量长度上为0.04。
(b) 在平行于横梁的平面内：1000测量长度上为0.025</td><td>平尺、角尺、等高块</td></tr>
<tr><td colspan="2">检验方法：
垂直刀架和滑座应锁紧；
将检验棒放在工作台中心，旋转工作台找正；指示器固定在横梁或刀架上，使其测头触及检验棒表面；或在工作台面上与中心等距离处，分别放两个等高块，等高块上放一平尺，平尺上放一角尺。指示器固定在横梁或刀架上，使其测头触及角尺检验面；
测量时横梁应在立柱上锁紧，移动横梁分别在行程的上、中、下部三个位置检验；
锁紧横梁后，记录指示器读数，在1000 mm测量长度上至少记录3个读数；
(a)(b)偏差分别计算；偏差以指示器读数的最大差值计</td></tr>
</table>

续表

<table>
<tr><th>检验项目</th><th>检验示图</th><th>精度/mm</th><th>检验工具</th></tr>
<tr><td rowspan="2">G5
垂直刀架移动对工作台面的平行度</td><td rowspan="2"> 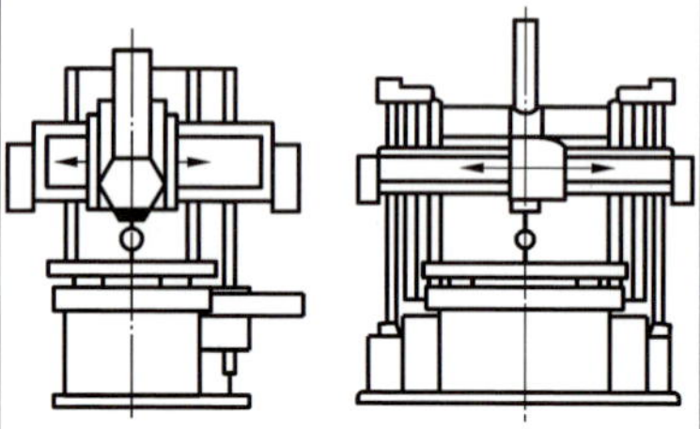</td><td>在 1000 测量长度上为 0.02</td><td>平尺、等高块和指示器</td></tr>
<tr><td colspan="2">检验方法：
横梁固定在其行程下部位置锁紧；有双刀架的机床，两个刀架都应检验，检验一个刀架时，另一个刀架应置于立柱前；
在工作台面上，离工作台中心等距离处和横梁平行放两个等高块，等高块上放一平尺；指示器固定在垂直刀架上，使其测头触及平尺检验面，移动刀架检验；
偏差以指示器读数的最大差值计</td></tr>
<tr><td rowspan="2">G6
垂直刀架滑枕移动对工作台回转轴线的平行度</td><td rowspan="2"> 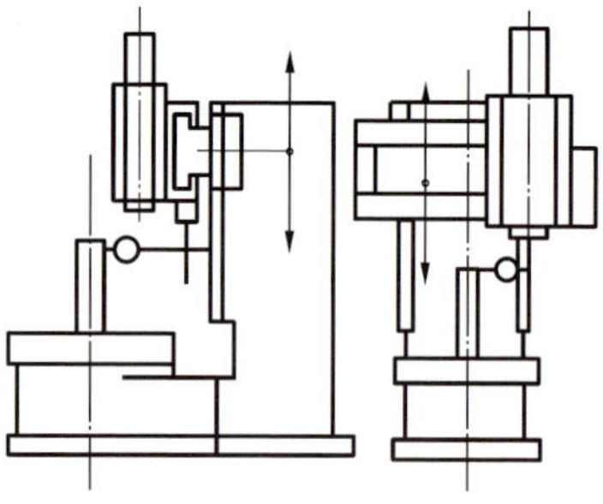(a) (b) 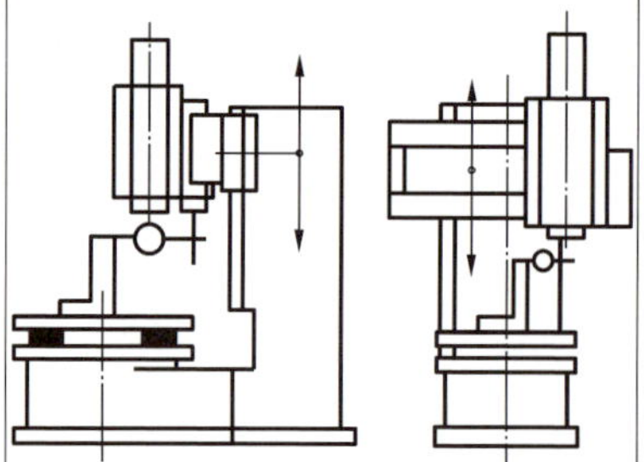
(a) (b)</td><td>(a) 在垂直于横梁的平面内：在 1000 测量长度上为 0.04。
(b) 在平行于横梁的平面内：在 1000 测量长度上为 0.02</td><td>指示器和检验棒或平尺、角尺和等高块</td></tr>
<tr><td colspan="2">检验方法：
垂直刀架和滑座应锁紧；
将检验棒放在工作台中心，旋转工作台找正；指示器固定在横梁或刀架上，使其测头触及检验棒表面；或在工作台面上与中心等距离处，分别放两个等高块，等高块上放一平尺，平尺上放一角尺。指示器固定在横梁或刀架上，使其测头触及角尺检验面；
(a) 在垂直于横梁的平面内，(b) 在平行于横梁的平面内；
移动滑枕检验；
(a)(b)偏差分别计算。偏差以指示器读数的最大差值计</td></tr>
</table>

2）数控机床的定位精度

数控机床的定位精度，是指所测机床运动部件在数控系统控制下运动时所能达到的位置精度。该精度与机床的几何精度一样，对机床切削精度产生重要影响，尤其会影响到孔隙加工时的孔距误差。以数控落地镗床为例，其须满足3项定位精度要求，如表6.2所示。

表6.2　数控落地镗床的定位精度要求

检验项目	检验示图	精度/mm		检验工具
P1 直线运动坐标的定位精度	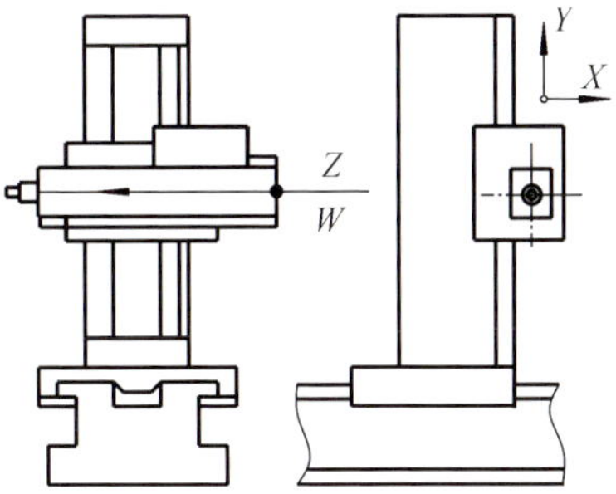	X、Y、Z轴在2000测量长度上为0.025	W轴在1000测量长度上为0.04	激光干涉仪
P2 直线运动坐标的重复定位精度		X、Y、Z轴在2000测量长度上为0.015	W轴在1000测量长度上为0.02	
P3 直线运动坐标的反向差值		X、Y、Z轴在1000测量长度上为0.01	W轴在1000测量长度上为0.015	

3）数控机床的切削精度

数控机床的切削精度是一项综合精度，也是机床最终考核的精度，切削精度不仅能反映机床的几何精度、定位精度，还能考核机床的硬指标参数（如扭矩、承载量等）和机床刚度及热变形，同时还反映了工件材质、刀具性能、环境温度，以及切削外在条件和人为测量误差等各种因素带来的影响。切削精度的检验可以按国际工业标准进行，也可以按国家机床标准规定进行，选定试件材料、刀具刀片类型，规定主轴转速、进给速度、背吃刀量，在合适的环境温度和切削前机床预热的条件下便可进行试验检测。

6.1.2　大型重载机床装配难点分析

装配是机床制造过程中最后一个环节，它包括装配、调试、检测和试验等工作。机床装配是机械制造中最后决定机床产品质量的重要工艺过程。即使是全部合格的零件,如果装配不当,往往也不能形成质量合格的机床。机床装配质量直接影响到机床的精度、性能、质量及使用寿命,应保证机床的精度、性能、质量及可靠性达到要求。大型重载机床装配过程中存在几个难点,主要体现在以下几个方面。

1) 大型零件的调试、检测困难

大型重载机床的基础零件由于外形尺寸超大、重量超重,在总装过程中给吊装、调试、检测带来了很多困难。以CKX53280超重型数控单柱移动立式铣车床转台为例,其台面直径为12.5 m,自重约200 t,受铸造能力与运输条件的限制,转台采用两半拼合式设计结构。转台拼合后保证其整体(静压导轨)的平面度是转台装配工作的一大难点。大型数控龙门铣床的超长床身的长度可达20～60 m,要保证其安装拼合完成后的正、侧导轨面的全长和局部直线度达到规定的精度,传统的检测手段很难满足此类大型零件的检测要求。因此,机床装配对大型重载机床大尺寸零件的测量提出了更高的要求。

2) 大型零件关键表面配合刚度保证困难

大型重载机床普遍具有静压导轨及高精度接触平面,导轨及接触平面的主要特点是面积大、精度要求高,仅采用平面磨床和导轨磨床加工难以达到机床的配合刚度要求。如大型立车转台的静压导轨、大型龙门铣床的超长床身的静压导轨、刀架滑枕的静压导轨等,导轨面积大,仅靠磨床加工,很难达到导轨的平面度及表面粗糙度要求,装配时导轨与滑动部件的接触只是线接触或点接触,会造成静压油的泄漏,使静压系统很难建立起来,影响机床的精度和使用寿命。另外,大型重载机床的刀架与滑座的接触面、主轴箱与滑座的接触面及丝杠支座与基础件的接触面等配合刚度高,如果接触面的平面度及表面粗糙度达不到要求,表面接触的紧密度不够,则会降低机床的配合刚度,影响机床的精度及使用寿命。因此,保证大型零件关键表面配合刚度是装配的难点所在。

3) 传动系统精确调整困难

大型重载机床的传动系统主要采取丝杠传动和齿轮传动。比如大型数控立式车床的工作台旋转采用齿轮齿圈传动,齿轮接触面的调整、齿轮与齿圈齿侧间隙的精确调整,是齿轮齿圈传动系统装配的难点;大型数控落地铣镗床的主轴箱进给采用双丝杠传动,丝杠的精确定位和同步调整是丝杠传动装配的难点；大型数控龙门移动镗铣床的龙门移动进给采用双齿轮与齿条驱动机构，双齿轮消隙调整是齿轮齿条传动装配的难点。

6.1.3 大型重载机床装配原则及注意事项

1）装配原则及思路

大型重载机床的装配一般遵循自下而上、先重后轻的原则。当独立的部件组装完成后，会送至总装车间进行装配，合理安排装配顺序是保证机床质量的基础。整体装配的工序是自下而上、先重后轻；以镗床装配为例，先进行床身的调平，之后安装滑座，最后安装立柱及主轴箱。针对镗床的滑座驱动系统的安装，一定要调整好双齿轮后，才能测量直镶条的厚度，并留出适当的齿轮间隙，最后才能装配此镶条。

2）选用合理的方法对大型零件进行复检

根据大型重载机床的基础零件的特性，需要选用合理的方法对大型零件进行复检。比如立车底座平面度的复检，可以应用平尺和水平仪分别对其法向及切向进行检查，通过计算获得平面度数值。当然，也可以采用激光跟踪仪采集平面上的点的方式，直接取得平面度。这两种方案都是切实可行的，在生产装配过程中，可根据转台的实际大小、平面度要求选择合适的检测方案。再比如在调整床身的侧向直线度时一般采用准直仪测量，而如果行程过长，人眼在观察物镜时就会出现误差。这种情况下，可以采用拉钢丝的方法对直线度进行复检，但是这种方法对安装环节提出了较高的要求，如周围不能有振动源。

3）确保零件间的接触精度

许多大型零、部件之间通过接合面连接，接触精度的好坏直接影响到主机刚度，从而影响机床质量。大型重载机床的接合面主要是静压导轨面，静压导轨的刚度及精度对导轨面的接触提出了很高的要求。在大型重载机床的装配过程中，除须确保大型零件自身加工精度满足要求外，大型重载机床多采用刮研方式来保证零件间接合面的接触精度。以镗床装配为例，其滑座导轨与床身导轨的接触、滑枕导轨与主轴箱导轨的接触，均要求接触至少达到12点/(25 mm×25 mm)；再比如大型重载机床中滚珠丝杠的前后支座与大件的接合面，同样要求采用刮研方式来确保接触面积占比达到75%以上，这样才能有效保证接触刚度。

6.2　大型立车转台的装配调试

数控立式车床的几何精度要求规定:工作台面的端面跳动和径向跳动公差在直径1 m范围内为0.01 mm;在直径范围内每增加1 m,端面跳动和径向跳动公差增加0.01 mm。这两项精度是对立车转台装配调试的重要精度要求,如何装配大型立车转台使其满足该精度要求,是本节的重点。

大型转台由于外形尺寸超大、重量超重,毛坯的铸造、加工制造极其不易,同时运输、吊装也十分不便。以目前最大转台为例,其台面直径为12.5 m、自重约200 t,设计为两半拼合式结构。在毛坯分别铸造完成后,需对两部分的毛坯连接的接合面进行精加工,然后用锲块和销钉定位,再进行拼合形成完整的大型转台。围绕大型部件再组装其他零、部件,让大型转台在卸荷条件下轻松、自如地运转,从而为大型立式车床的车削主运动提供有力的保障。

其中,大型重载立式车床的回转台的装配重点有以下几个方面:首先,大型重载立式车床底座的调平及工作台的拼装是基础;其次,大型转台的刮研质量控制和静压油膜刚度控制是关键;此外,针对高速旋转的大型转台,其主轴系统既要满足较高端面跳动及径向跳动精度要求,又要保证轴承在高速旋转下工作正常,这就必须严格控制调心滚子轴承的游隙。这对装配方法的科学性及装配精准性又提出了新的考验。本节主要针对高转速转台的主轴安装,以及传统低转速的主轴系统安装进行介绍。

6.2.1　立式转台的装配

1. 安装立车底座

1) 地基的准备

大型机床的安装地基质量直接决定机床精度的稳定可靠性。按大型立车转台的设计承载和自重计算地基必须具备相应的承载能力,保障承载后稳定牢固可靠,以保证机床几何精度和切削精度,避免造成机床损坏。装配地基可以分为试装地基和实装地基,试装地基主要用于组装和调试机床;而实装地基则用于最终的实际安装和固定机床单元。

试装地基就是在万能装配平台上的合适位置铺设过桥垫铁,固定后再在上面穿T形螺杆,放置调整垫铁、球面垫圈等,如图6.1所示。

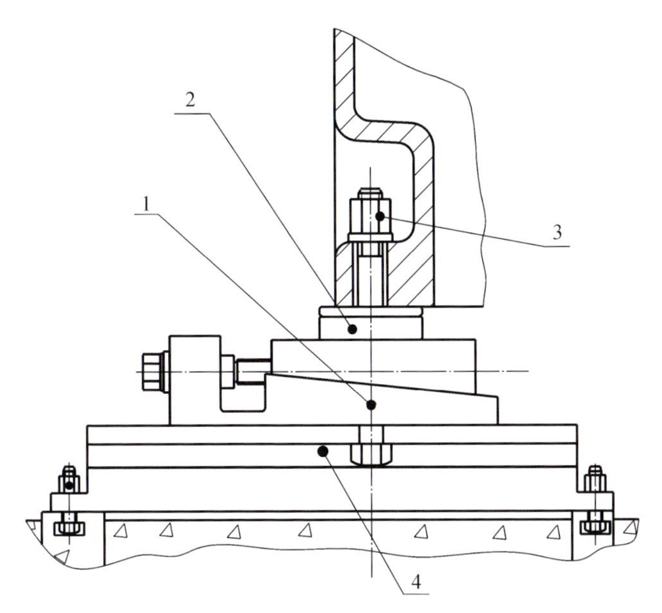

图 6.1　试装地基示意图

1—调整垫铁；2—球面垫圈；3—T 形螺钉；4—过桥垫铁

实装地基则是在实地钢筋混凝土地基上，在螺钉坑内灌注水泥砂浆固定地脚螺杆，再放置调整垫铁、球面垫圈等，如图 6.2 所示。

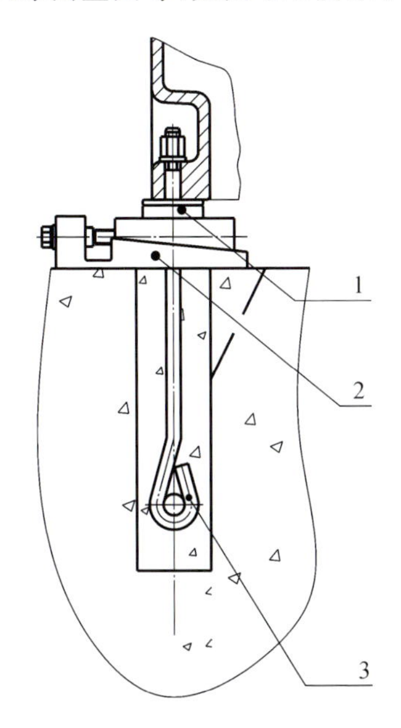

图 6.2　实装地基示意图

1—球面垫圈；2—调整垫铁；3—地脚螺杆

2）安装底座

大型转台的底座为方便运输多为拼合式结构，待装配时再进行拼合，下面以两半式底座为例，介绍其安装工序：

(1) 在外围平地布置相应的等高垫铁和配套的调整垫铁；

(2) 吊一半底座置于已铺好的垫铁上，垫实调平后，接缝两边先安装好防错位固定键准块；

(3) 清洁底座两半的接合面，打磨、去刺、去凸点，并在接合面的槽内填装橡胶密封绳；

(4) 吊另一半底座于垫铁上，并小心靠近前半部，两面接合后，装上螺钉，调整两半底座，拼合精度达到要求后，紧固连接螺钉，然后安装好所有定位楔块和销钉。

3）底座调平

底座调平分为两部分，首先是自由调平，然后是紧固调平；利用高精度平尺和水平仪在转台底座导轨处进行调整检测；要求安装水平（在纵横方向和 45°方向上）公差为 0.03 mm /1000 mm、水平仪沿导轨圆周（水平仪下垫 500 mm 高的量块）检测读数差值不大于 0.02 mm /1000 mm。

自由调平是在底座自由状态下，将所有垫铁调到一个相对高度，保证所有垫铁均能垫实着力，在此基础上再做紧固调平，利用垫铁和螺杆螺帽将底座固定后调平。

2. 安装立车转台

1）拼合转台

转台与底座类似，为两半拼合式设计。拼合时在万能装配台上按转台的内、外两圈布置等高垫铁，再在等高垫铁上放置调整垫铁，将转台的导轨面朝下，清洁接合面，吊两半转台置于调整垫铁上，调整找正复原原转台整体加工后的精度，紧固连接螺钉，再装防错位楔块和定位销。

2）配作螺孔

在转台上按各盖板、圆盘等外观件配作螺孔。

3）配锥套调整垫铁

首先，按大锥套在调整垫铁上配作螺孔，以便连接成整体。其次，吊转台导轨面朝上，擦净转台和锥套两接合面，检查接触面积，若合格，则将大锥套装入转台中心锥孔内。接着，在锥套上施加负载以保证锥套与锥孔紧密结合，测量调整垫铁间隙，按尺寸配磨调整垫铁的正反两面，保证两面平行度要求，将大锥套、调整垫铁按要求安装在转台锥孔内，如图 6.3 所示。

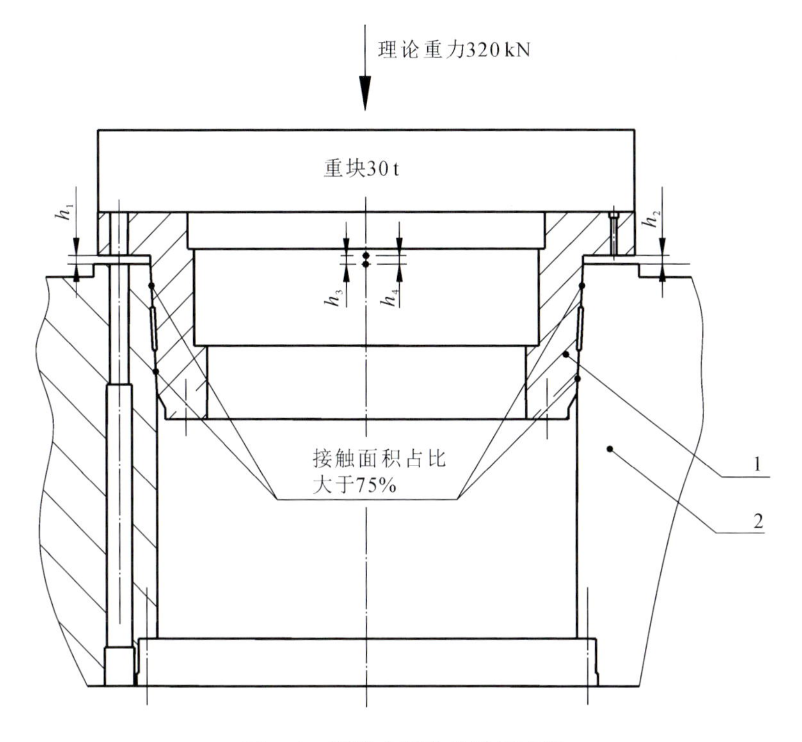

图 6.3 配锥套调整垫铁示意图

1—锥套；2—转台

6.2.2 大型转台工作台、底座的导轨刮研

工作台、底座的导轨刮研是大型转台装配前的重要工序，刮研的质量好坏直接决定整机装配的精度。由于回转台的导轨外圆尺寸超大，通常没有更好的研具与其配研，故只有利用工作台与底座合研。

1）刮研工作台、底座导轨面

建议先刮底座导轨面，当研点分布均匀后，检查底座精度，待其达到技术要求后，再以底座检查工作台导轨面接触，接触点数达到要求，且分布均匀即可；如不达标，则可配刮工作台导轨面至要求，然后再以工作台配刮底座，经粗、精刮后，确保导轨面接触良好，且不能破坏原底座安装精度。

如果因刮研工作台导轨面破坏了工作台面及外圆的精度，导致工作台端面跳动、径向跳动不合格，只需在总装完成后自车工作台台面即可达标。

2）合研工作台、底座导轨面

清洗工作台、底座的导轨接合面并着色。如图 6.4 所示，吊工作台置于已调整好的底座上，保证中心一致，在万能装配台上安装好滑轮架和牵引桩，穿钢绳，天车拖转一定角度（90°以内）后，起吊工作台并翻转，导轨面朝上按接触情况对导轨面进行刮研。如此反复粗、精刮工作台导轨面和底座静压导轨面，要求刮研点数不少于 8 点/(25 mm×25 mm)，底座安装水平（在纵横方向和 45°方向上）公差为0.03 mm/1000 mm，水平仪沿导轨圆周（水平仪下垫 500 mm 高的量块）检测读数差值不大于 0.02 mm/1000 mm。

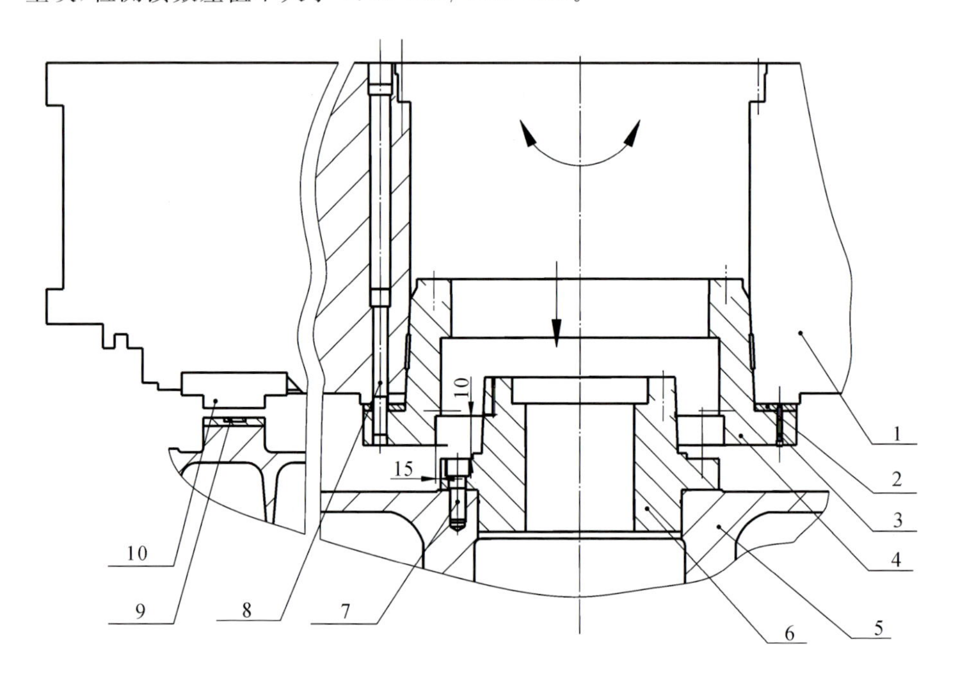

图 6.4　刮研装配示意图

1—工作台；2—调整垫；3—M12 螺钉；4—大锥套；5—底座；6—主轴；
7—M48 螺钉；8—M42 螺钉；9—底座静压导轨；10—工作台导轨

6.2.3　大型回转工作台主轴及主轴轴承的安装及调整

主轴及主轴轴承是大型回转工作台的关键所在，直接影响大型回转工作台的回转精度，即工作台的端面跳动和径向跳动两项关键精度。按机床精度要求，直径在 10 m 以上的回转工作台的这两项精度的公差均需控制在 0.1 mm

以内，否则机床质量无法过关，所以装配主轴时必须给予足够重视。

1. 检查主轴轴承精度

如图6.5所示，将主轴轴承4放置在平板上，固定轴承内圈（或定圈），百分表触头顶在轴承外圈上，转动轴承外圈（或动圈），检查轴承综合振摆是否达到技术要求，同时检查卸荷平面轴承的动圈端面跳动是否达到技术要求。

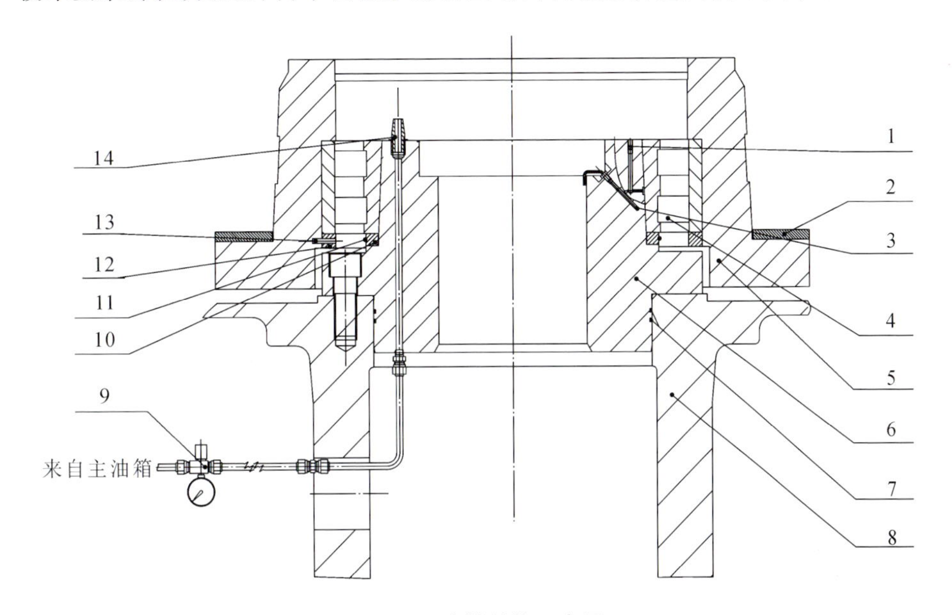

图6.5 主轴结构示意图

1—堵头；2—调整垫；3—温度传感器；4—主轴轴承；5—大锥套；6—主轴；7—密封圈；
8—底座；9—流量开关；10—轴承垫；11—铁丝；12—挡圈；13—销；14—管接头

2. 装配主轴轴承

首先，在工作台中心孔内，拆下大锥套及调整垫，用内径千分表从不同的方向测量大锥套的内孔孔径，并标记最大径的位置。

其次，将大锥套、各件轴承及主轴清洗干净后，取下主轴径向轴承的外圈，以轴大径对孔大径的方式将它们装入大锥套内孔中压紧，按垫环在大锥套上配作销孔，并安装销钉，将垫环固定在内孔壁上。再将剩下的内圈及滚轮调整到合适位置，安装在主轴上，用紫铜棒均匀打紧内圈，吊已装好轴承外圈的大锥套试验松紧度，以使大锥套不因自重而下落，但转动大锥套能自行落下为宜。

接着，测量轴承内圈下端面的间隙，配磨轴承下端调整垫（哈弗垫）并安装好，用铁丝绑紧。装上主轴套，测量配磨轴承内圈上端面调整垫，安装温度传感器，接通油路接头，安装调整垫、主轴套及卸荷平面轴承，调整轴承盘至合适角度(可在其上面角轴承安装面打表，旋转轴承盘检查端面跳动，取最小值)，侧隙配磨平面轴承调整垫，并安装。

其中，调整垫的测量及配垫需在测量间隙平均值后进行，并保证调整垫两面平行度达到要求。

6.2.4 高速回转工作台的主轴系统安装技术

大型立车回转工作台的主轴系统的安装技术一直是装配难点。主轴系统的安装精度是大型回转工作台安装的关键所在，直接影响着大型回转工作台的两项基准精度，即工作台的端面跳动和径向跳动。按机床精度要求，直径在 10 m 以上的回转工作台的这两项精度的公差均需控制在 0.03 mm 以内。

对于大型高速旋转(转速为 100 r/min)的工作台，其主轴系统既要满足端面跳动及径向跳动都达到 0.03 mm 的精度要求，又要保证轴承在高速旋转下工作正常，那么就必须严格控制调心滚子轴承的游隙。这对装配方法的科学性及装配精准性又提出了新的考验。

本部分主要针对高转速工作台的主轴安装，探讨如何改变传统低转速的主轴系统安装方案，用新的装配方法精确控制轴承游隙，以保证主轴安装合格。图 6.6 所示为立车工作台底座的主轴系统示意图。

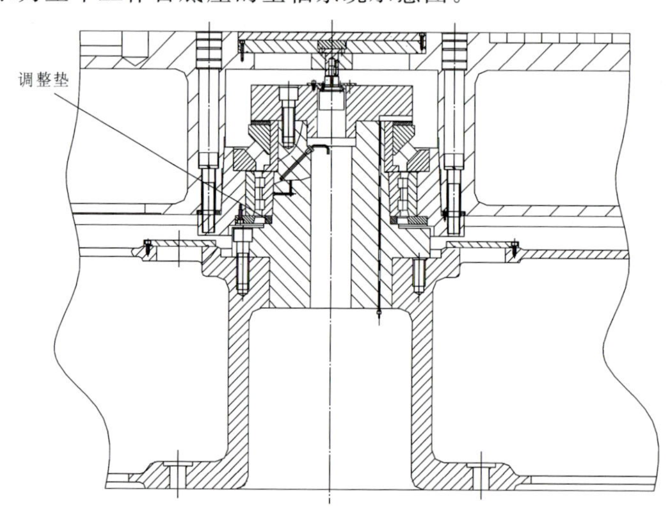

图 6.6 立车工作台底座的主轴系统示意图

1. 传统的主轴轴承调整方法

(1) 安装轴承外圈。将大锥套、各件轴承及主轴清洗干净后,取下双列圆柱滚子轴承的外圈,以轴大径对孔大径的方式将它们装入大锥套内孔中压紧,如图 6.7 所示。

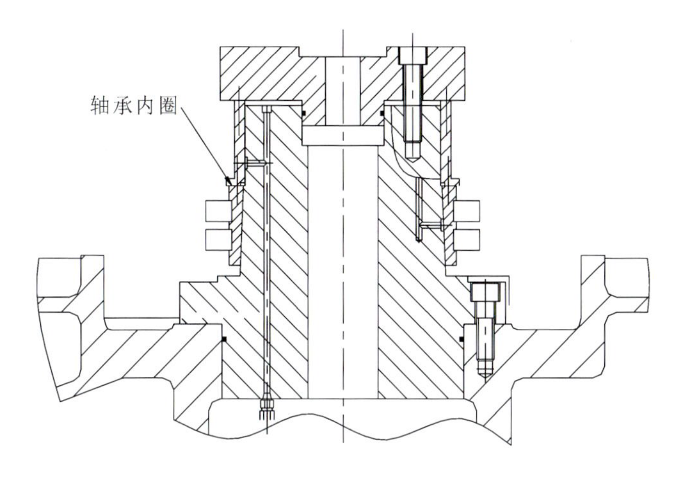

图 6.7　安装轴承外圈示意图

(2) 安装轴承内圈。用工装将剩下双列圆柱滚子轴承内圈压至芯轴,直到无法下落为止。

(3) 吊锥套及轴承外圈整体于芯轴上,人工不断旋转锥套,使外锥套缓缓下落。该步骤重点在于通过人工模拟轴承旋转过程,观察轴承的滚动情况。

游隙为正值时:所有滚子均滑动,不滚动;

游隙为零时:约半数滚子滚动,其余滑动;

游隙为负值时:所有滚子滚动,不滑动。

若约半数滚子滚动,其余滑动,说明锥套的位置调整好了。

(4) 用千分尺测量尺寸,配磨图 6.6 中所示的调整垫。

传统的主轴轴承调整方法的不足在于,轴承的游隙的判断是通过人眼观察滚子的运动情况间接得到的,轴承的游隙并没有实际数据依据。在生产实践中,由于操作者的手感不同,对滚子运动的观察也存在区别,因此不足以对轴承游隙进行精确把控。重型立车回转工作台的锥套重达 155 kg,人工转动也非常费力,此种安装方式效率低下。

对于低转速的回转台,由于轴承极限转速只要求达到 15 r/min,人工转动锥套可简单模拟轴承旋转状态，此方法还可行；而对于 100 r/min 的高转速工作台，既要保证端面跳动及径向跳动都达到 0.03 mm 的精度要求，又要保证轴承在高速旋转下的刚度与寿命，则必须将游隙严格控制为零。

2. 新工艺通过“垫圈调整法”控制轴承游隙

1）配锥套垫

安装锥套首先按大锥套在调整垫上配作螺孔，以便连接成整体。

吊工作台导轨面朝上，擦净工作台和锥套两接合面；检查接触面积占比是否大于 75%，合格后将大锥套装入工作台中心锥孔内，注意对正大螺钉孔位；在锥套上施加 320 kN 的负载，以保证锥套与锥孔紧密接合；用块规测量配垫的间隙，若在4×90°方向上的测量值分别为 h_1、h_2、h_3、h_4，那么计算间隙平均值 h 为

$$h=(h_1+h_2+h_3+h_4)/4 \tag{6.1}$$

配磨调整垫的厚度设为 H，即

$$H=h-0.05 \tag{6.2}$$

按 H 尺寸反复配磨调整垫的正反两面，保证两面平行度在 0.02 mm 以内。完成后，将大锥套、调整垫按要求安装在工作台锥孔内。

2）外圈收缩量的计算

轴承装配图如图 6.8 所示。

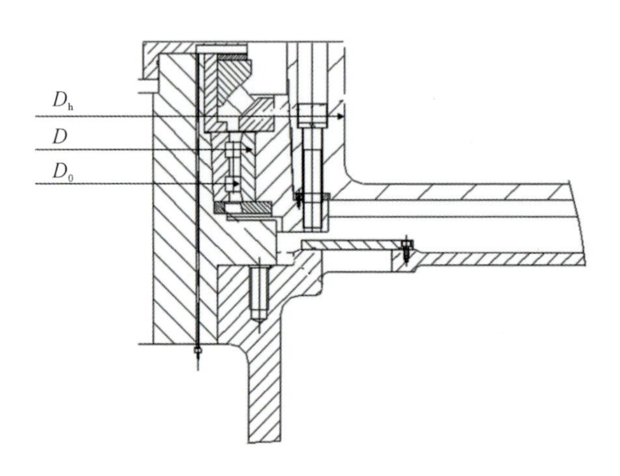

图 6.8　轴承装配图(1)

轴承外径尺寸 D=420 mm，锥套内圈尺寸 D=420 mm，工作台内壁尺寸 D_h=700 mm，轴承外圈内径 D_0=373 mm，Δdeff=0.01 mm(配合过盈量为

0.01 mm)。

根据外圈收缩量 ΔG 的计算公式:

$$\Delta G = \Delta \mathrm{deff} \cdot \frac{D_0}{D} \cdot \frac{1-(D/D_h)^2}{1-(D_0/D)^2 \cdot (D/D_h)^2} \tag{6.3}$$

代入数值得 ΔG=0.0079 mm,即外圈收缩量为 0.0079 mm。

3)测定临时组装状态下的轴承位置和轴承径向游隙

(1)为保证轴承内圈均匀下落,用工装将内圈压入芯轴,如图 6.9(a)所示。

(2)完全插入使内径完全配合,用量块测定轴肩和端面的距离 L_1 = 17.52 mm,如图 6.9(b)所示。

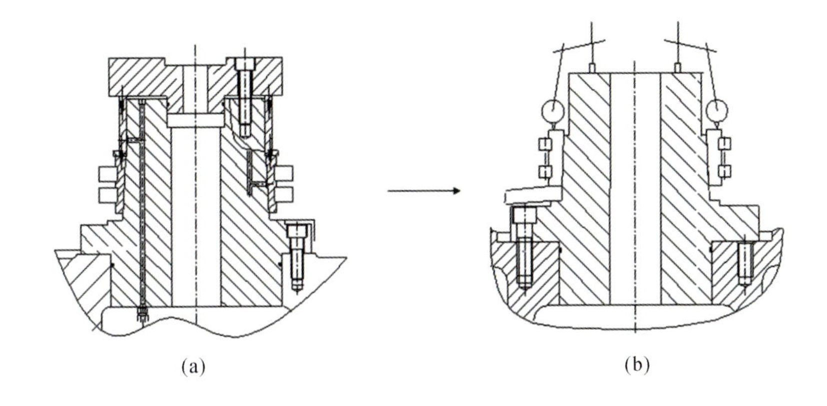

图 6.9 轴承装配图(2)

注:内圈安装结束后,千分表打表确认其相对于主轴中心的轴承端面垂直度在 0.01 mm 以内。

(3)安装轴承外圈。如图 6.10 所示,一端施加力 F,另一端打表测量安装后轴承的内部游隙。

将外圈压入锥套后的轴承游隙 ΔG 的估算值 ΔG_1 为

$$\Delta G_1 = \Delta r_1 - \Delta G \tag{6.4}$$

实际测得 Δr_1=0.05 mm,即此状态下安装后的轴承游隙估算值:$\Delta G_1 = \Delta r_1 - \Delta G$ =0.05 mm−0.0079 mm=0.0421 mm。

4)轴肩和内圈间的垫圈宽调整

为使主轴安装后游隙值为目标值 δ,可根据式(6.5)确定垫宽 L_n,再取 δ=0,即将安装游隙值设定为 0。

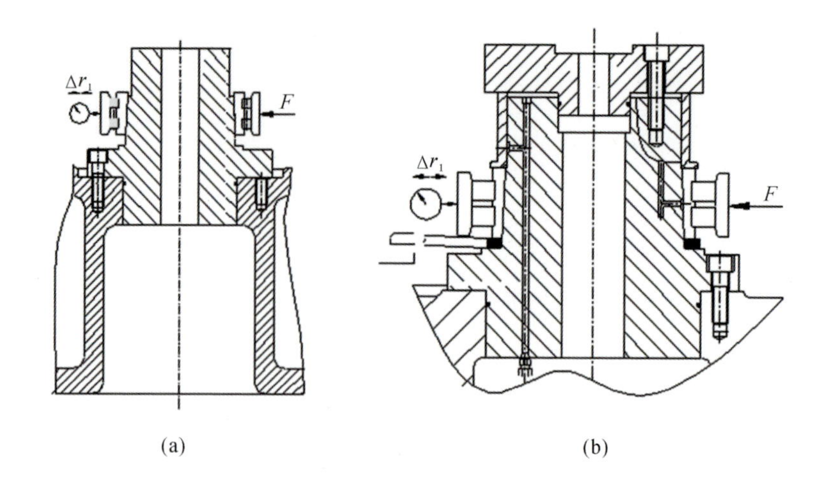

图 6.10　轴承装配图(3)

$$L_n = L_1 + f(\delta - \Delta G_1) \tag{6.5}$$

$$L_n = L_1 + f(\delta - \Delta G_1) = 17.52 + 15 \times (0 - 0.0421) \approx 16.88(\text{mm})$$

式中：$f=15$，为经验系数。

5）测定插入垫圈后的轴承游隙

将求出的轴肩与内圈间垫圈宽度为 L_n 的垫圈插入轴承内圈直至无法活动为止。然后通过上下活动外圈，测定安装后内部残留游隙 Δr_2。根据式(6.6)求出将外圈压入轴承箱后的估算轴承游隙值 Δn。

$$\Delta n = \Delta r_2 - \Delta G \tag{6.6}$$

6）调整最终的垫圈宽

反复进行上述第 4)步和第 5)步的操作，慢慢缩小垫圈宽度 L_n 的误差，使组装后的轴承游隙接近最终的目标游隙值。

6.3　大型重载机床床身的装配调试

通常在安装、调试数控机床时，机床的几何精度最终要靠装配工艺来保证。装配工艺的核心问题就是用什么样的方法能够以最快的速度、最小的装配工作量和较低的成本来达到较高的装配精度要求。保证装配精度的方法有互换法、选配法、修配法和调整法。一般在装配前必须做的准备工作如下：研究、熟悉图样及有关技术要求；根据零件结构特点和技术要求，确定装配工艺、方法、程序；复检零件，凡不合格产品一律不得装配。

6.3.1 大型重载机床床身导轨精度的检测方法

床身是机床总装时的基础零件，导轨又是机床中主要部件的位置基准和刀架运动的基准。因此，两者构成了机床的基准平面，其他精度的检验就在此基准平面上进行。所以在机床导轨加工和机床装配中必须规定这项精度，以便控制导轨的加工精度。值得注意的是，溜板移动在垂直平面内的直线度要求导轨全部行程上运动曲线只许凸起，以便补偿导轨的磨损和弹性变形。由于机床导轨前端磨损严重，所以运动曲线的凸起以近床头部位最好。

导轨是保证各部件的安装位置和相互运动的导向面，机床常见的导轨截面形状有矩形和 V 形。矩形导轨的水平表面控制导轨在垂直平面内的直线度误差，两侧面控制导轨在水平面内的直线度误差。对于 V 形导轨，因为组成导轨的是两个斜表面，所以两个斜表面既控制垂直平面内的直线度误差，同时也控制水平面内的直线度误差。

1. 大型重载机床导轨直线度误差常用的检测方法

导轨直线度误差常用的检测方法有垫塞法、拉钢丝检测法、水平仪检测法、光学平直仪（准直仪）检测法。

(1) 垫塞法。

如图 6.11 所示，在被检测导轨面上摆放一个标准的平尺，在离平尺两端各 2/9 处，用两个等高垫铁支承在平尺下面，用量块和塞尺检查平尺工作面和被检测导轨面间的间隙。如卧式车床导轨直线度误差为 0.02 mm（在 1000 mm 内），即用等于等高垫铁厚度加0.02 mm的量块或塞尺，在导轨上距离为1000 mm 长度内的任何地方均不能塞进去为合格。测量精密机床导轨时，宜采用精度较高的量块，以便较正确地测量出导轨直线度误差值。当然此法还可以用千分表代替塞尺，但要增加等高垫铁的厚度，方便千分表打表测量，如图 6.12 所示。垫塞法适用于检查经过研磨和表面粗糙度较低的平面导轨。

(2) 拉钢丝检测法。

如图 6.13 所示，在床身导轨上放一个长度为 500 mm 的垫铁，垫铁上安装一个带有刻度的读数显微镜，显微镜的镜头应对准钢丝且必须垂直放置。在导

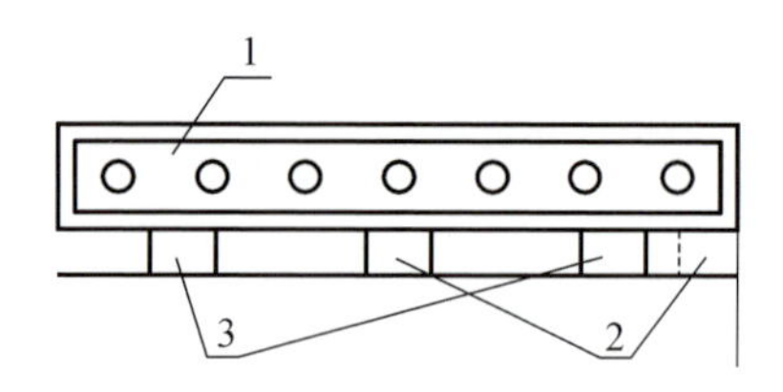

图 6.11　垫塞法测量示意图

1—平尺;2—塞尺或量块;3—等高垫铁

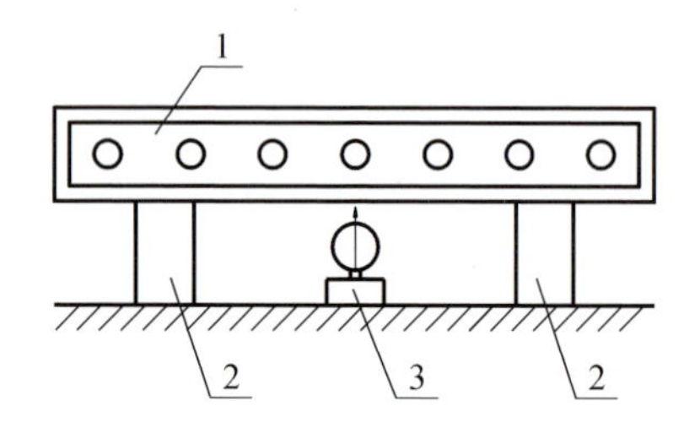

图 6.12　千分表测量示意图

1—平尺;2—等高垫铁;3—专用千分表座

轨两端,各固定一个小滑轮,用一根直径小于 0.2 mm 的钢丝,一端固定在小滑轮上,另一端用重锤吊着,调整钢丝两端,使显微镜在导轨两端时,钢丝与镜头上的刻线重合。然后每隔 500 mm 移动垫铁,观察一次显微镜,检查钢丝是否与刻线重合,若不重合则调整读数显微镜上的手轮使其重合,并记下读数。在导轨全长上测量,依次记录读数,最后利用坐标纸可以得出被测导轨的直线度误差。这种方法只可检测导轨在水平面内的直线度误差。

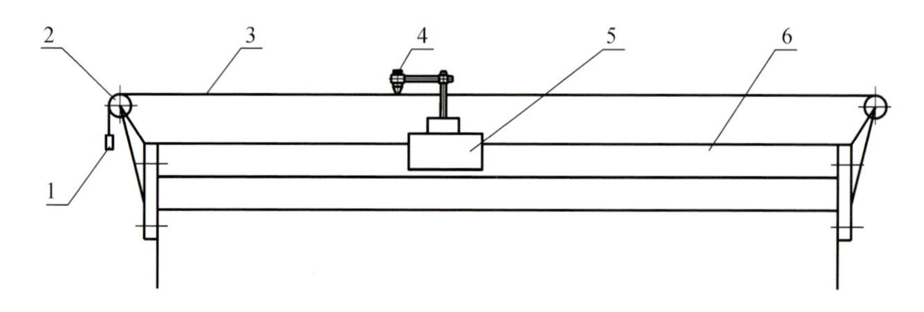

图 6.13　拉钢丝检测法测量示意图

1—重锤;2—滑轮及支架;3—钢丝;4—读数显微镜;5—V 形垫铁;6—导轨

(3) 水平仪检测法。

水平仪用来测量与水平面形成的倾斜角度。将水平仪摆放在平尺或被测导轨面上,依次间隔 500 mm 推动水平仪,根据水平仪内气泡的移动位置读数,从而得出被测导轨的直线度误差。水平仪由于测量精度较高、使用方便，因此在检测大型机床导轨中被广泛采用。

(4) 光学平直仪检测法。

利用准直仪和自动准直仪测量导轨直线度误差的原理是基于光束的直线运动。准直仪由于在测量过程中受外界条件(如温度、振动等)影响小，因此测量精度高，既可以像水平仪一样测量导轨在垂直平面内的直线度误差，又可以代替钢丝和显微镜测量导轨在水平面内的直线度误差，在大型机床导轨检测中也被普遍使用。但是对于测量 10 m 以上的长导轨，由于光束通过的路程长，光能损失较大，因此成像不够清晰，不能直接进行测量，而必须分段接长测量。

2. 大型重载机床导轨平行度误差常用的检测方法

大型重载机床导轨平行度误差常用的检测方法是千分表打表法。

千分表打表检测导轨平行度误差是较常用的测量方法之一，通常是利用各种专用垫铁或工装结合千分表来检测导轨与导轨表面的平行度误差。在全长范围内千分表指针的最大偏差，即平行度误差。

3. 大型重载机床导轨垂直度误差常用的检测方法

大型重载机床导轨垂直度误差常用的检测方法有回转校表法、框式水平仪检测法。

回转校表法：利用圆柱棒及千分表等工具，在被测导轨侧面选取回转半径内两点，再利用千分表读取在这两点的读数，差值即为该导轨垂直度误差。

框式水平仪检测法：利用框式水平仪两边互成直角的特点，既可以检测水平表面的直线度误差，又可以检测垂直表面的垂直度误差。如果这两个被测表面要求互成直角，则将水平仪两直角边测量表面贴在两被测表面上进行测量，此时，水平仪的气泡应在同一位置。水平仪两次读数的最大差值就是被测表面的垂直度误差。

6.3.2 大型重载机床床身导轨的精度要求

床身导轨的精度对被加工工件的精度有很大的影响，所以必须合理选择。根据中华人民共和国机械行业相关标准的规定，大型重载机床床身导轨精度如下。

1. 床身导轨在垂直平面内的直线度

1）精度要求

当L(导轨全长)≤1 m时,直线度公差为0.02 mm;

当2 m≤L≤3 m时,直线度公差为0.03 mm;

当3 m<L≤4 m时,直线度公差为0.04 mm;

当L≤10 m时,直线度公差为0.05 mm;

当L>10 m时,直线度公差为0.08 mm;

局部公差:在任意500 mm测量长度上,直线度公差为0.01 mm。

2）检验方法

在床身上平行于床身导轨方向放一桥板,桥板上沿纵向放一水平仪。移动桥板,每隔500 mm记录一次读数,在导轨全长上检验。画出导轨误差曲线。误差以曲线对其两端点连线间坐标值的最大代数差值计;局部误差以任意局部测量长度上两点对曲线两端点连线间坐标值的最大代数差值计,每条导轨均需检验。

2. 床身导轨在垂直平面内的平行度

1）精度要求

在导轨上任意1 m上平行度公差为0.02 mm。

2）检验方法

在床身上放一专用检具,检具上沿横向放一水平仪,等距离(约500 mm)移动检具,在导轨全长上检验。误差以水平仪读数的最大代数差值计。

3. 床身导轨在水平面内的直线度

1）精度要求

当L≤1 m时,直线度公差为0.02 mm;

当2 m≤L≤3 m时,直线度公差为0.025 mm;

当3 m<L≤4 m时,直线度公差为0.03 mm;

当L≤10 m时,直线度公差为0.05 mm;

当L>10 m时,直线度公差为0.08 mm;

局部公差:在任意500 mm测量长度上,直线度公差为0.01 mm。

2）检验方法

在床身的两端沿导轨方向张紧一根钢丝,导轨上放一专用检具,在检具上固定显微镜。调整钢丝，使显微镜读数在钢丝两端相等。移动检具，每隔500 mm记录一次读数，在导轨全长上检验。误差以显微镜读数的最大代数差值计；局部误差以任意局部测量长度上两点读数的最大代数差值计。

6.3.3 大型重载机床床身导轨的精度调试

如图6.14所示，数控龙门移动镗铣床XK2630有左、右对称布置的两个床身，两床身内导轨间距为4.1 m。床身为内有横隔板的箱形铸铁件，由四段组成，相互间用螺钉连接，锥销定位。左、右两床身通过密布调整垫铁用地脚螺钉牢固地固定在机床基础上，以确保两床身的精度和刚度，床身上装有龙门移动的齿条和位置检测器。其导轨形式为 $X(X1)$ 轴：床身导轨为两条矩形导轨，采用小流量多头泵供油的恒流静压导轨，它具有抗偏载、重载能力强、运动刚度高的特点，低速运行平稳、无爬行，抗震性强，运行速度高。

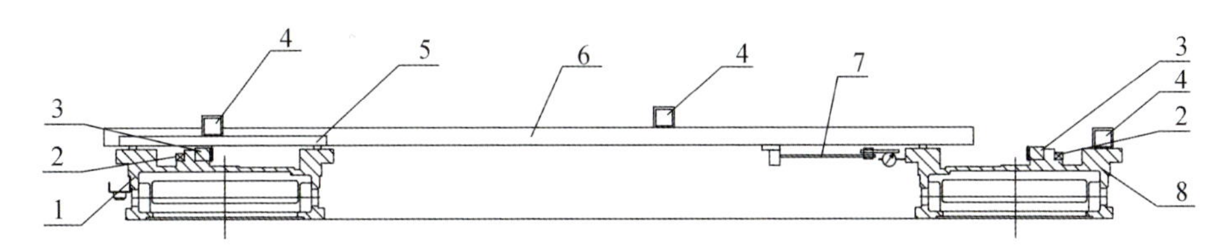

图6.14 数控龙门移动镗铣床XK2630床身示意图

1—左床身；2—光栅尺；3—齿条；4—水平仪；5—1500平尺；6—检测支架；7—百分表和表座；8—右床身

1. 地基准备

(1) 准备装配场地，并清理装配台，除去装配台上的毛刺、油污；

(2) 精选调整垫铁，螺杆应转动灵活，无蹩劲现象；

(3) 复查床身加工精度检验单，达到设计图样的技术要求；

(4) 按左、右床身的地脚螺钉孔配置过桥垫铁，调整垫铁、球面垫圈及方螺母、T形螺栓，并将过桥垫铁紧固于装配台上。

技术要求：调整垫铁应找平，等高误差不能太大。

2. 自然调平床身

(1) 打磨床身底面腻子、毛刺，仔细清理床身导轨面和接合面，并装上螺栓；

(2) 利用准直仪、水平仪在床身上逐段检查一边床身(左或右床身)的精度(直线度、平行度)，自然调平床身至技术要求后安装密封绳，用螺栓连接。

技术要求如下。

(1) 各段床身导轨接头处公差为 0.005 mm,接缝处公差为 0.03 mm 塞尺不入。

(2) 床身正导轨面在垂直平面内的直线度公差:每 1 m 为 0.01 mm,10000 mm 以内为 0.05 mm,10000～20000 mm 以内为 0.06 mm,20000～30000 mm 以内为 0.08 mm,30000 mm 以上为 0.10 mm,测量长度每增加 1 m,公差增加 0.01 mm。

(3) 床身侧导轨面在垂直平面内的直线度公差;每 1 m 为 0.01 mm,10000 mm 以内为 0.05 mm,10000～20000 mm 以内为 0.06 mm,20000～30000 mm 以内为 0.08 mm,30000 mm 以上为 0.10 mm,测量长度每增加 1 m,公差增加0.01 mm。

(4) 床身正导轨面平行度公差:四段导轨在 1000 mm 以内每 1 m 为 0.01 mm,1000 mm 以内为 0.02 mm。

3. 强压调平床身

均匀紧固地脚螺钉,强压调平床身至技术要求后配作 24 个骑缝销ϕ 40 mm。

技术要求与自然调平床身相同。

4. 自然调平另一床身

(1) 利用量筒测量左、右床身内导轨面安装距离尺寸(4100±0.2)mm;

(2) 以上述调好的床身导轨为基准,利用 90 部附件的检测支架、准直仪、百分表检测并调试另一边床身导轨的平行度、等高度及自身的直线度;

(3) 自然调平床身至技术要求后安装密封绳,用螺栓连接。

技术要求如下。

(1) 床身侧导轨面对另一床身侧导轨面平行度为 0.06 mm。

(2) 床身正导轨面对另一床身正导轨面等高度为 0.06 mm。

(3) 各段床身导轨接头处公差为 0.005 mm,接缝处公差为 0.03 mm 塞尺不入。

(4) 床身正导轨面在垂直平面内的直线度公差:每 1 m 为 0.01 mm,10000 mm 以内为 0.05 mm,10000～20000 mm 以内为 0.06 mm,20000～30000 mm 以内为 0.08 mm,30000 mm 以上为 0.10 mm,测量长度每增加 1 m,公差增加 0.01 mm。

(5) 床身侧导轨面在垂直平面内的直线度公差:每 1 m 为 0.01 mm,10000 mm 以内为 0.05 mm,10000～20000 mm 以内为 0.06 mm,20000～30000 mm 以内为 0.08 mm,30000 mm 以上为 0.10 mm,测量长度每增加 1 m,公差增加 0.01 mm。

(6) 床身正导轨面平行度公差:四段导轨在 1000 mm 以内每 1 m 为 0.01 mm,

1000 mm 以内为 0.02 mm。

5. 强压调平另一床身

四段床身调平均匀紧固后，配作 24 个骑缝销 ϕ 40 mm，锥销的接触面积占比不低于 70%，且靠近大端，强压调平床身至技术要求。

6.3.4 大型重载机床床身齿条的定位安装

大型重载机床床身的移动部件多数为齿条驱动，下面以数控重型卧式镗车床 DL250 床身为例，介绍大型床身齿条的定位安装。数控重型卧式镗车床 DL250 床身为分体式结构(见图 6.15)，由工件床身和刀架床身两部分组成，每部分各有两条导轨，为超宽结构设计，内部由若干纵横筋板连接，床身具有良好的刚度。工件床身供尾座纵向移动，工件床身中间安装有供尾座及中心架移动的齿条。刀架床身供刀架纵向移动，刀架床身导轨为恒流供油方式的闭式恒流静压导轨，由德国生产的多头泵供油。刀架床身上安装有供刀架移动用的精度为 5 级的带预紧双小斜齿轮齿条传动机构。

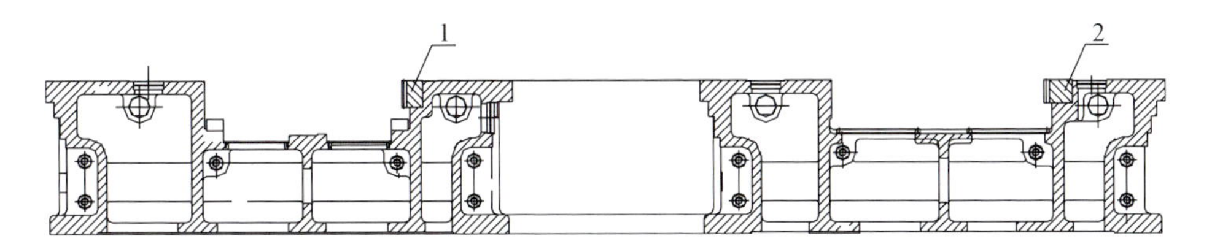

图 6.15 数控重型卧式镗车床 DL250 床身示意图

1—刀架齿条;2—尾座齿条

1. 复查刀架齿条

在平板或床身导轨面上，复查刀架齿条的相关精度和 M 尺寸，如图 6.16 所示。每根两端和中间齿型面不少于 3 个测量点，并做好记录，供钻孔时排列组合参考(齿条背面 0.03 mm 塞尺不入)。

注意：

(1) 在起吊和搬运时防止磕碰划伤；

(2) 同台份各齿条等高公差为 0.02～0.03 mm。

2. 刀架齿条的钻孔

打磨刀架齿条和床身接合面的毛刺，清洁刀架齿条接合面，然后按设计要求在床身起始位置上摆放齿条，并按齿条上的螺孔在床身上做标志，并钻螺孔。

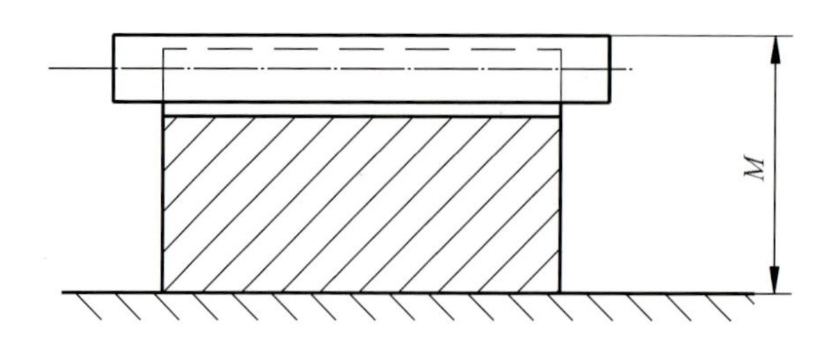

图 6.16　刀架齿条复查示意图

注意:放置齿条时应按齿条的检测记录和床身齿条靠面直线度的检测记录排列组合(即高点对低点),选择最佳位置。

3. 刀架齿条的定位

利用测齿距检棒,以床身导轨为基准打表找正齿条齿面的平行度及节距,使其达到技术要求,然后配作锥销孔安装刀架齿条。

技术要求:

(1) 按检棒打表检查(包括齿条接头处),齿条安装要保证节线对基准面平行度公差为 0.02 mm,全长内公差为 0.04 mm;

(2) 齿条与床身接合面 0.04 mm 塞尺不入;

(3) 齿条节距(包括接头)在任意两齿间公差为 0.02 mm;

(4) 锥销接触面积占比不小于 70%且靠近大端。

4. 复查尾座齿条

在平板或床身导轨面上,复查尾座齿条的相关精度和 M 尺寸,每根两端和中间齿型面不少于 3 个测量点,并做好记录,供钻孔时排列组合参考(齿条背面 0.03 mm塞尺不入)。

注意:

(1) 在起吊和搬运时防止磕碰划伤;

(2) 同台份各齿条等高公差为 0.05 mm。

5. 尾座齿条的钻孔

打磨尾座齿条和床身接合面的毛刺,清洁刀架齿条接合面,然后按设计要求在床身起始位置上摆放刀架齿条,并按齿条上的螺孔在床身上做标志,并钻 189 个 M30 螺孔。

注意:放置齿条时应按齿条的检测记录和床身齿条靠面直线度的检测记录排列组合(即高点对低点),选择最佳位置。

6. 尾座齿条的定位

利用测齿距检棒，以床身导轨为基准打表找正齿条齿面的平行度及节距，使其达到技术要求，然后配作锥销孔安装尾座齿条。

技术要求：

(1) 按检棒打表检查(包括齿条接头处)，齿条安装要保证节线对基准面平行度公差为0.02 mm，全长内公差为0.06 mm；

(2) 齿条与床身接合面0.04 mm塞尺不入；

(3) 齿条节距(包括接头)在任意两齿间公差为0.02 mm；

(4) 锥销接触面积占比不小于70%且靠近大端。

6.4 机床整机的装配调试

机床总装是装配的最后环节，其目的在于使机床满足国家标准中的精度要求，最终达到机床的切削加工精度。本节以TK69系列数控落地铣镗床为例，简要叙述机床的总装及精度检测、机床位置精度检测、机床切削试验等。

6.4.1 数控落地铣镗床整机的安装概述

1. TK69系列数控落地铣镗床简介

1) 概述

TK69系列数控落地铣镗床的组成部分分为机械部分和电气部分。机械部分主要包括10部床身、35部滑座、11部立柱、20部主传动箱等；电气部分主要包括电柜系统、操作系统、控制系统等，如图6.17所示。

TK69数控落地铣镗床主要适用于各种重型机器，矿山机械，铁路交通、石油机械，橡胶、塑料机械，造船，汽轮机，电动机，核电站，机床及一般通用机械等行业的单件及小批量生产。它的主要用途是对大型、重型、超重型等复杂零件的平面和孔进行粗、精加工，此外还能进行钻孔、铰孔等工序。

2) 传动系统

主传动采用交流主轴电动机驱动，主轴电动机采用调磁及调压混合调速，机械调速4级变速。机械变速是通过液压缸带动拨叉来实现的。

进给传动分四部分：前立柱在床身上的横向进给(X轴坐标)、主轴箱在立柱上

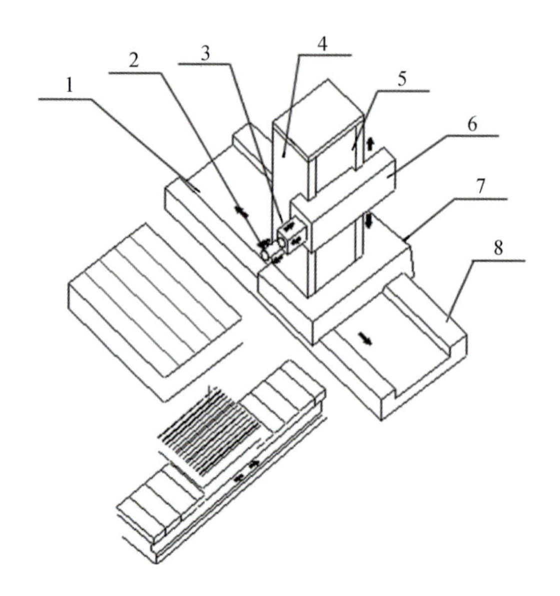

图 6.17 TK69 系列数控落地铣镗床整机图

1—床身;2—镗杆;3—滑枕;4—立柱;5—立柱导轨;6—主轴箱;7—滑座;8—床身导轨

的垂直进给(Y 轴坐标)、镗轴轴向进给(W 轴坐标)及滑枕轴向进给(Z 轴坐标)。

进给电动机均采用宽调速交流伺服电动机,因而进给传动为无级调速。

立柱横向进给及主轴箱垂直进给采用消除间隙的双齿轮齿条驱动机构,镗轴轴向进给及滑枕轴向进给均采用滚珠丝杠螺母传动副。

3)液压系统

整机的液压系统主要由总油泵站、立柱液压系统、主轴箱静压和润滑系统、滑座静压系统组成。

2. TK69 **系列数控落地铣镗床总装的工艺原则**

图 6.18 描述了 TK69 系列数控落地铣镗床总装的整体顺序,采用由下而上的原则。图 6.18 中,第一行为床身装配内容,第二行为立柱装配内容,第三行为主轴箱装配内容,第四行为滑枕装配内容。

1)复检关键件精度

铣镗床的基准精度由床身、立柱、滑枕决定,因此在此三大部件进入装配车间后必须用科学的方法对其进行复检。

2)刮研

由于 TK69 系列数控落地铣镗床属于静压机床,因此在复检之后,刮研可

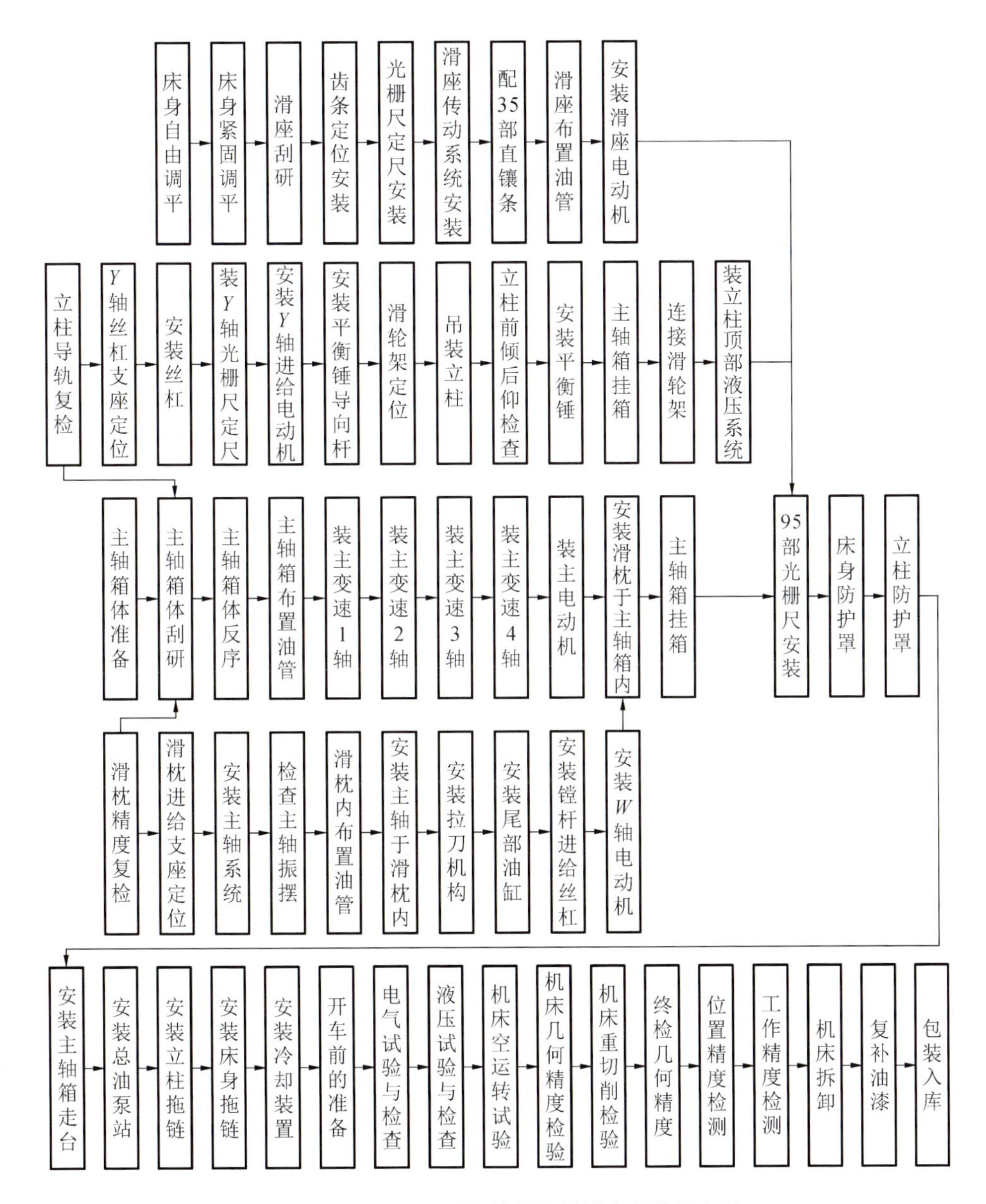

图 6.18 TK69 系列数控落地铣镗床总装顺序图

最终保证机床各部件的接触情况，同时对机床局部精度有校正作用。

3）机床总装

在刮研完成后，进入各项装配内容的组装和部装阶段，最后进行部件与部件之间的连接即总装。

4) 机床精度检测及切削试验

在机床总装完成后,按照机床合格证、试验书等设计要求和相关国家、行业标准对机床进行几何精度检测和切削试验,确认机床至最佳交付状态和设计要求。

6.4.2 关键大型零件的复检技术

1. 床身的调平

床身是金属切削机床的基础,滑座在床身导轨上移动,实现 X 轴方向进给。表 6.3 叙述了行业标准 G1 精度以及 G2 精度,影响这两项精度的因素主要是床身导轨自身在垂直面及水平面的直线度。床身导轨直线度的调整在前面已详细讲述,在此不作讲解。

表 6.3 立柱移动的直线度要求

检验项目	检验示图	精度/mm	检验工具
G1 立柱移动在垂直平面内的直线度		在 1000 测量长度内为 0.02;测量长度超过 1000 时,每增加 1000,公差增加 0.005。 最大公差:在 15000 测量长度内为 0.08;测量长度超过 15000 为 0.12。 局部公差:在任意 500 测量长度上为 0.015	水平仪
		检测方法: 在滑座上沿横向放一水平仪,移动立柱在全程上检验,画出导轨误差曲线。 误差以曲线对其两端点连线间坐标值的最大代数差值计。 局部误差以任意局部测量长度(500 mm)上两点对曲线两端点连线间坐标值的最大代数差值计	

续表

<table>
<tr><th>检验项目</th><th>检验示图</th><th>精度/mm</th><th>检验工具</th></tr>
<tr><td rowspan="2">G2
立柱移动在水平面内的直线度</td><td rowspan="2"> 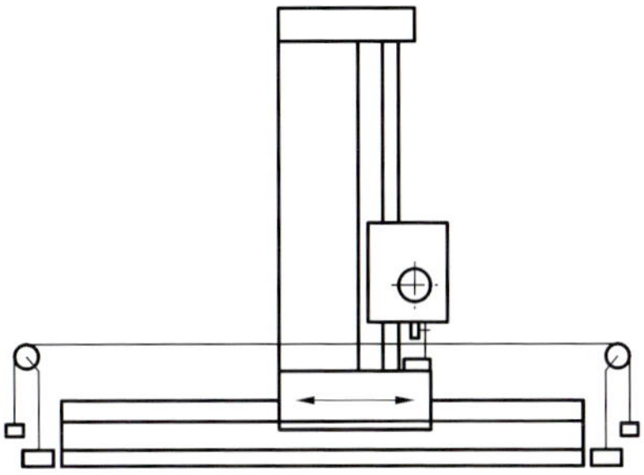</td><td>在 1000 测量长度内为 0.02；测量长度每增加 1000，公差增加 0.005。
最大公差：15000 测量长度内为 0.08；测量长度超过 15000 测量为 0.12。
局部公差：在任意 500 测量长度上为 0.015</td><td>钢丝和显微镜或其他光学仪器</td></tr>
<tr><td colspan="2">检验方法：
在床身的地基上沿床身导轨方向张紧一根钢丝。在滑座上固定显微镜，调整钢丝使显微镜读数头在钢丝两端相等，等距离移动立柱在全程上检验。
误差以显微镜读数的最大代数差值计。
局部误差以任意局部测量长度上，显微镜读数的最大差值计</td></tr>
</table>

2. 滑枕的复检

滑枕是镗床的核心部分。如表 6.4 所示，G9 精度要求镗轴轴线对主轴箱垂直移动的垂直度公差为 0.03 mm/1000 mm。主轴箱在立柱上移动的直线度主要由立柱导轨的直线度加以保证。主轴箱为中间介质，通过对其内腔及后背的刮研保证滑枕导轨与立柱导轨面的垂直度(此项在刮研处详述)。滑枕内主轴孔与滑枕正、侧导轨的平行度是无法调整的，因此在滑枕安装前必须确保滑枕内主轴孔与正、侧导轨面的平行度。G14 精度要求则直接规定了滑枕的直线度控制要求。

表 6.4　镗轴轴线和滑枕移动的精度要求

检验项目	检验示图	精度/mm	检验工具
G9 镗轴轴线对主轴箱垂直移动的垂直度	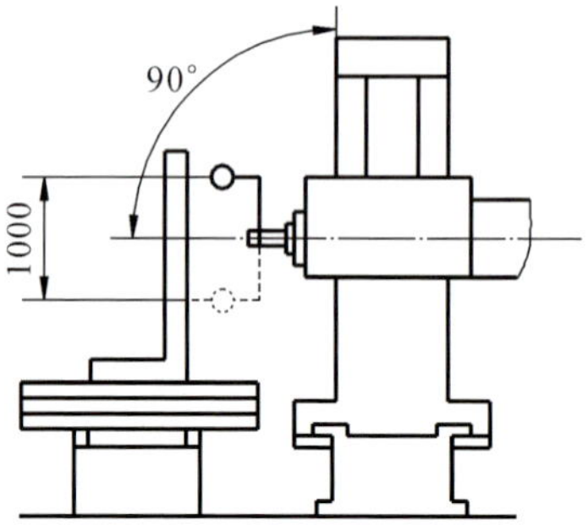 90° 1000	0.03/1000 $\alpha \leqslant 90°$	指示器、等高量块、角尺、平尺
		检验方法： 主轴箱置于自下而上行程的 1/3 位置。检验时，主轴箱锁紧。在平台支座上放两等高量块，量块上放一平尺，平尺上放一角尺，在镗轴上固定指示器，使其测头触及角尺检验面，调整角尺，使指示器读数在角尺两端相等，并锁紧主轴箱。旋转镗轴 180°检验。 误差以指示器读数的差值计	
G14 滑枕移动的直线度： (a)在垂直平面内； (b)在水平平面内	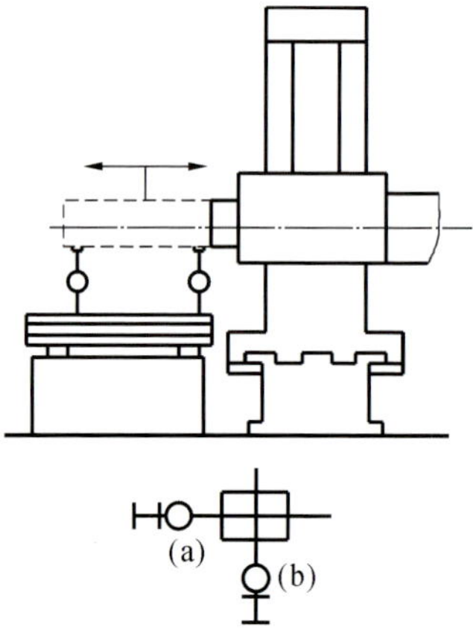 (a) (b)	(a)和(b)： 在 500 测量长度上为 0.02	指示器、等高量块、平尺
		检验方法： 检验时，滑座锁紧。在平台支座上放两等高量块，量块上放一平尺，使平尺检验面：(a) 在垂直平面内；(b) 在水平面内。在滑枕上固定指示器，使其测头触及平尺表面，调整平尺使指示器读数在平尺的两端相等。移动滑枕检验。 (a)(b) 误差分别计算，误差以指示器读数的最大差值计	

滑枕的复检要求如表 6.5 所示。滑枕的复检难点在于复查主轴孔与导轨的平行度。图 6.19 所示为滑枕的结构简图。

表6.5　滑枕的复检要求

复检项目	技术要求
滑枕正、侧导轨面的平面度	0.02 mm
主轴轴线 D 及 D' 对滑枕正、侧导轨的平行度	0.01 mm

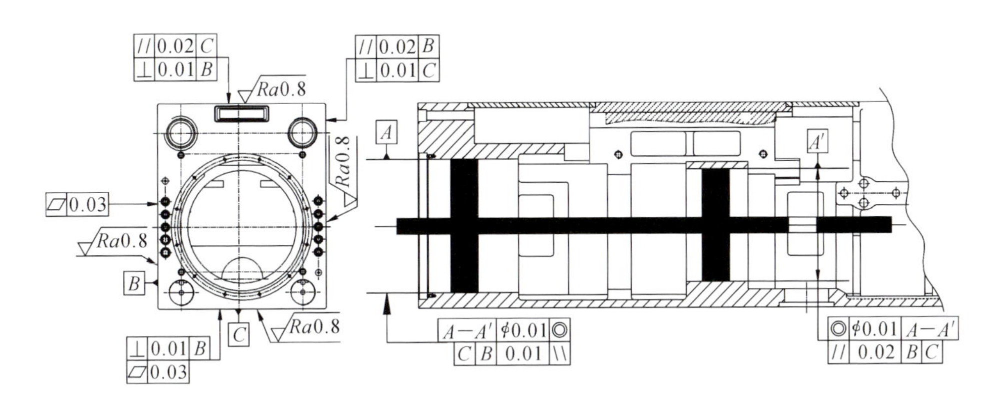

图6.19　滑枕的结构简图

1）检棒、检套检测法

该检测方法是在前后两个基准孔内穿检套，将1.5 m的检棒穿入检套中，若检棒移动灵活自如，说明前后孔的同轴度达到要求。以滑枕的正、侧导轨面为基准吸表检查。根据前后孔的长度，检套应取几段分别检测，取平均值。

此方法的优点：操作简便、直观。

此方法的缺点：

(1) 检套、检棒之间的间隙将计入检测值中，测量误差在0.01 mm以内；

(2) 对于前后孔的具体同轴度，无法获得准确数据。

2）激光跟踪仪检测法

应用激光跟踪仪进行检查，主要操作步骤如下。

(1) 建立滑枕导轨面的基准。靶球分别在滑枕 B、C 面取8～10个点(点数越多越好)建立虚拟 B 平面及 C 平面。

(2) 拟合 A 圆柱及 A' 圆柱。激光跟踪仪不转站，再次用靶球分别在圆柱 A 及圆柱 A' 上以“米”字形取若干点，拟合出前后两个圆柱。

(3)计算机测量前后孔与导轨面的平行度及前后孔的同轴度情况。

此方法的优点：

(1) 计算机直接拟合出结果,可以通过计算机的计算得到前后孔的圆柱度及同轴度数值；

(2) 激光跟踪仪的误差在 0.005 mm/1000 mm 以内,精度高,测量数值可靠。

此方法的缺点:操作复杂,激光跟踪仪检查过程受周围环境振动的影响严重,比如在检测中要避免空车运行。

3. 立柱导轨的复检

TK6916B 数控落地铣镗床,其立柱材料采用 HT 200,导轨面经热处理后硬度应达到 170 HB,硬度差不超过 35 HB。其质量为 19.2 t,高 5.809 m,截面最大尺寸为 1.67 m×2.07 m。图 6.20 所示为其立柱截面图。表 6.6 叙述了行业标准 G3 精度要求,影响这项精度的因素主要是立柱导轨自身在垂直面及水平面的直线度。

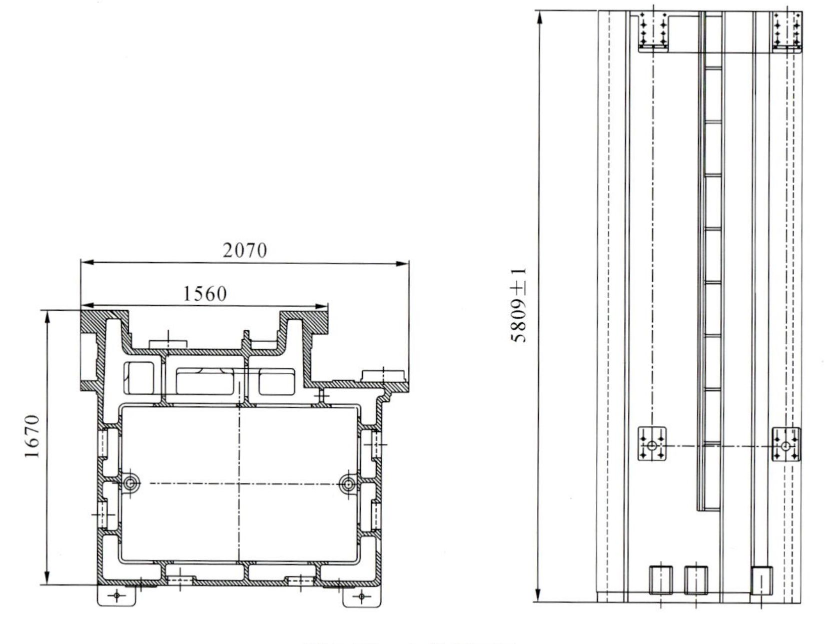

图 6.20 立柱截面图

表 6.6　主轴箱垂直移动的直线度要求

检验项目	检验示图	精度/mm	检验工具
G3 主轴箱垂直移动的直线度： (a)在纵向平面内； (b)在横向平面内		(a)和(b)在 1000 测量长度内为 0.02；测量长度每增加 1000，公差增加 0.01。 当行程＞4000 时，其超过 4000 的长度，每增加 1000，公差增加 0.02	指示器、 等高量块、 角尺、 水平仪、 或其他光学仪器
		检验方法： 检验时，滑座锁紧。在平台支座上放两等高块，量块上放一角尺，在主轴箱上固定指示器，使其测头触及角尺检测面：(a)在纵平面内；(b)在横向平面内。 调整角尺，使指示器在角尺两端相等，移动主轴箱在锁紧时检验。(a)(b)误差分别计算。误差以指示器读数的最大差值计。 当主轴箱行程＞1600 mm 时，在主轴箱上放一水平仪：(a)在纵平面内；(b)在横向平面内。等距离移动主轴箱在全行程上检验。画出误差曲线。(a)(b)误差分别计算。误差以曲线对其两端点连线间坐标值的最大代数差值计	

TK69B 系列数控铣镗床的立柱导轨的精度要求如下。

(1) 立柱导轨在垂直平面内的直线度要求：全长范围内公差为 0.03 mm。

(2) 立柱导轨在水平平面内的直线度要求：全长范围内公差为 0.03 mm。

(3) 两正导轨平行度公差为 0.02 mm，两侧导轨平行度公差为 0.02 mm。

图 6.21 所示为立柱导轨精度复检示意图，立柱导轨精度复检的工序流程如下。

(1) 准备装配场地，清理万能装配台、过桥垫铁、调整垫铁及球面垫圈，合理布置过桥垫铁、球面垫圈。一般布置过桥垫铁的间距为 500 mm。

要求各接合面接触良好，且 0.04 mm 塞尺不入。

(2) 吊放立柱于调整垫铁上，立柱的正导轨面朝上。

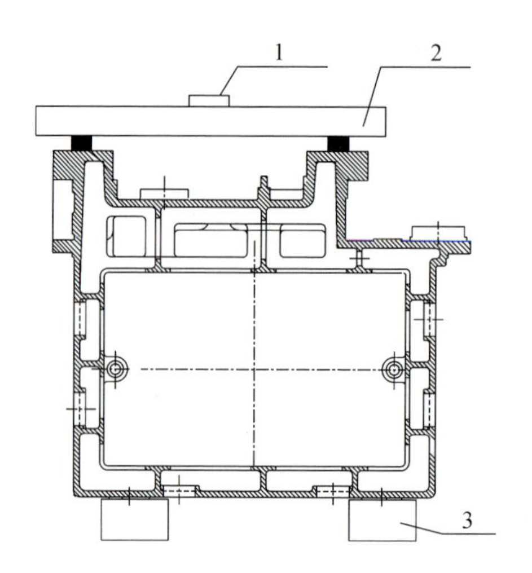

图 6.21　立柱导轨精度复检示意图

1—电子水平仪;2—平尺;3—过桥垫铁

(3) 立柱自由调平,并检查两正导轨的平行度。

在立柱的正导轨面上,摆放 2 m 平尺及电子水平仪。调整立柱底部的调整垫铁,使立柱正导轨面的水平达到 0.04 mm。在立柱正导轨的全程范围内推动平尺,观察电子水平仪的变化。若全程范围内变化为 0.02 mm,即导轨正向平行度公差为 0.02 mm,则满足技术要求。

(4) 检测立柱导轨在水平面内的直线度。

用水平仪、2.5 m 平尺检测立柱导轨在水平面内的直线度,其直线度公差达到0.03 mm则为合格。

(5) 检测立柱导轨在垂直平面内的直线度。

用准直仪检测立柱导轨在垂直平面内的直线度,其直线度公差达到 0.03 mm 则为合格。

6.4.3　刮研技术在机床总装中的应用

1. 重型铣镗床刮研概述

刮研是一项传统的技术,是确保机床行业产品向高精度方向发展的一项重要工艺手段。数控落地铣镗床的刮研主要有以下两个作用:

(1) 数控机床采用静压导轨,其油膜依靠刮研的工艺手段来建立;

(2) 机床部分精度的指标需要靠刮研的方法来保证。

刮研工艺非常重要，刮研工装的选用、刮研顺序的制定以及刮研点数的控制都是影响刮研质量的重要因素。本小节主要介绍在数控铣镗床总装过程中如何通过刮研技术来最终保证机床在总装过程中所需要满足的相关精度，同时介绍刮研过程中如何制定刮研顺序及刮研点数。铣镗床的刮研主要分为主轴箱静压系统的刮研及滑座静压系统的刮研两大部分，如图6.22所示。

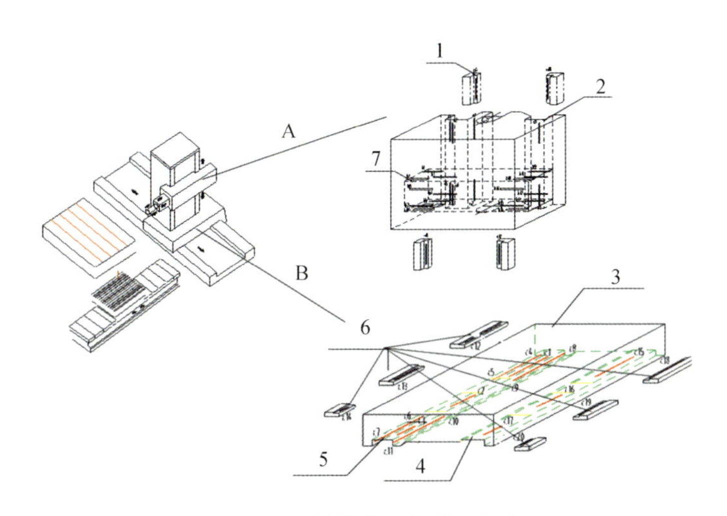

图6.22 铣镗床及其刮研内容

A—主轴箱静压系统；B—滑座静压系统

1—立柱导轨；2—立柱滑枕；3—滑座；4、5—滑座导轨；6—压板；7—主轴箱

2. 主轴箱的刮研

主轴箱的刮研主要有两个方面：①与滑枕导轨的配刮；②与立柱导轨的配刮。行业标准的G4精度要求——主轴箱垂直移动对立柱移动的垂直度(0.03 mm/1000 mm)，如表6.7所示。在6.4.2节已叙述过，滑枕及立柱为基准件，在总装前必须经过复检，滑枕对立柱的垂直度要求通过主轴箱的内外静压导轨传递，那么在主轴箱刮研后，必须满足其内、外导轨垂直度的精度要求。

通常采取“先内后外”的原则，即先进行滑枕与主轴箱内腔的配刮，再进行立柱与主轴箱背导轨的配刮，那么在立柱与主轴箱背导轨配刮时就应该控制立柱与内导轨的垂直度。换言之，G4精度是以内部为基准而引至外部的。

表 6.7　主轴箱移动的垂直度要求

检验项目	检验示图	精度/mm	检验工具
G4 主轴箱垂直移动对立柱移动的垂直度		0.03/1000	指示器、 等高量块、 平尺、 角尺 或其他光学仪器
		检测方法： 主轴箱置于自下而上行程的1/3位置。在平台支座上放两等高量块，量块上放一平尺，在主轴箱上固定指示器，使其测头触及平尺检验面，移动立柱使指示器读数在平尺两端相等，并锁紧滑座。平尺上放一角尺，变换指示器位置，使其测头触及角尺检验面，移动主轴箱在锁紧时检验。 误差以指示器读数的最大差值计	

具体刮研控制点如图 6.23 所示。

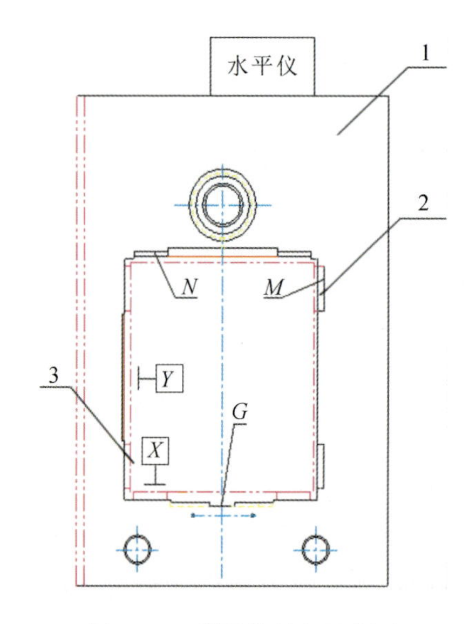

图 6.23　刮研控制点示意图

1—主轴箱背导轨面；2—压板面；3—主轴箱内腔导轨面

滑枕与主轴箱内导轨的刮研流程如下。

(1) 准备工装,将主轴箱水平调整至0.04 mm。

(2) 将滑枕吊进主轴箱内腔,用工装顶紧滑枕与导轨面Y,保证前后均0.03 mm塞尺不入。一般将滑枕放置于内腔中部进行配刮,前后用千斤顶作为支点。

(3) 滑枕配刮静压导轨面X、Y[12点/(25 mm×25 mm)]。

(4) 小平板配刮镶条靠面M、N[8点/(25 mm×25 mm)]。

(5) 小平板配刮镶条的背面及滑动面[8点/(25 mm×25 mm)]。

(6) 滑枕配刮镶条的滑动面[12点/(25 mm×25 mm)],通过调整镶条端垫来控制油膜间隙至0.03 mm。

3. 立柱与主轴箱背导轨的刮研

主轴箱内腔刮研完毕后,进行主轴箱背导轨的刮研。保证背导轨与内腔的垂直度是该步骤的关键。如图6.24所示,将主轴箱吊装至调平好的立柱导轨上,用顶具将主轴箱顶紧,用平尺贴紧主轴箱方孔的X导轨面;再用角尺贴紧平尺,并在立柱侧导轨面上吸千分表,这样就可以对主轴箱内导轨及背导轨的垂直度进行检测。

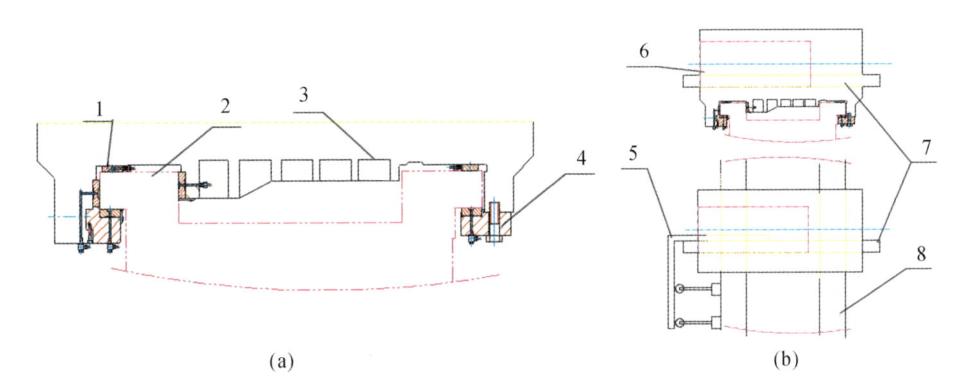

图6.24 主轴箱背导轨刮研控制点

(a)横向 (b)纵向

1—静压导轨板;2—导轨;3、6—主轴箱;4—压板;5—角尺;7—平尺;8—立柱导轨

具体的刮研流程如下:

(1) 准备工装,将立柱正导轨面的水平调整至0.04 mm;

(2) 将主轴箱吊至立柱导轨上,用工装顶紧主轴箱,保证其侧导轨与立柱侧导轨前后均0.03 mm塞尺不入;

(3) 平尺及角尺摆放如图 6.24 所示,保证各接合面 0.03 mm 塞尺不入。

(4) 立柱配刮主轴箱的正、侧静压导轨面[12 点/(25 mm×25 mm)]。

(5) 小平板配刮两根镶条靠面,配刮压板上与镶条的接合面[8 点/(25 mm×25 mm)]。

(6) 小平板配刮镶条的背面及滑动面[8 点/(25 mm×25 mm)]。

(7) 立柱配刮镶条的滑动面[12 点/(25 mm×25 mm)],通过调整镶条端垫来控制油膜间隙在 0.03~0.04 mm。

4. 滑座的刮研

图 6.25 所示为滑座的静压导轨、压板布置图。滑座采用恒流量静压,在油膜建立起来之后对导轨静压油孔处的压力进行实时监控。为保证流量恒定、滑座四角的浮升量一致,刮研时要严格控制以达到技术要求。

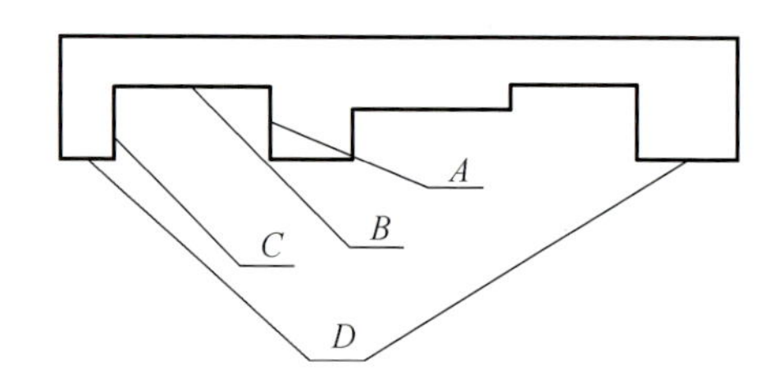

图 6.25　滑座静压导轨、压板布置图

A—滑座斜镶条靠面;*B*—滑座正面;*C*—滑座侧面;*D*—压板接合面

具体的刮研流程如下。

(1) 刮研滑座正面 *B* 和侧面 *C*。

滑座导轨的 *B*、*C* 面是滑座的定位面,刮研时要保证传递床身导轨的精度。清理滑座导轨,用清洁布堵上油孔,在 *B*、*C* 导轨面上涂一层轻薄、均匀的红丹粉,厚度为 0.02~0.03 mm。刮研前复检床身导轨精度达技术要求。在滑座的四个角吸表,检测其与床身导轨的平行度,刮研过程中要注意将滑座上平面与床身导轨的平行度公差控制在 0.04 mm,打表检测不允许扭曲。

在床身端头架设滑轮架,吊滑座于床身上。滑座的前后镶条位置处安装刮研顶具,一边顶具顶紧床身的侧导轨,另一端保证 0.03 mm 塞尺不入。天车通过滑轮拉动钢丝绳,拖动滑座。吊下滑座,根据刮研点配刮导轨面 *B*、*C*。以上工作重复进行,直到达到技术要求。

技术要求:① *B* 面刮研点不少于 12 点/(25 mm×25 mm),保证封油边完好;

② C 面刮研点不少于 8 点/(25 mm×25 mm)；③ 各刮研面 0.03 mm 塞尺不入。

(2) 刮研滑座斜镶条靠面 A。

用 90°研具(140 mm×120 mm×800 mm)刮研滑座镶条 A 面。其技术要求：刮研点不少于 8 点/(25 mm×25 mm)，且 0.04 mm 塞尺不入。

(3) 刮研压板接合面 D。

用平尺(1000 mm×80 mm)刮研压板接合面。

技术要求：① 刮研点不少于 6 点/(25 mm×25 mm)且0.04 mm塞尺不入；② 保证两平导轨面平行度公差为 0.02 mm。

(4) 刮研压板镶条背面(共 6 根)。

技术要求：刮研点不少于 8 点/(25 mm×25 mm)且 0.04 mm 塞尺不入。

(5) 配刮压板镶条滑动面及配作孔。

压板接合面技术要求：① 滑座置于床身上，调整好位置；② 装上滑座压板体并检查接合面，0.04 mm 塞尺不入；③ 配刮压板镶条滑动面；④ 在压板体上配作 24 个 M12 mm 的孔。

滑动导轨面技术要求：① 刮研点不少于 12 点/(25 mm×25 mm)且 0.04 mm 塞尺不入；② 保证封油边完好。

6.4.4 总装典型装配之一：滚珠丝杠系统的定位安装及精度调整

TKB 系列数控落地铣镗床主轴箱垂直进给传动采用双滚珠丝杠副传动，螺母不转，固定在主轴滑板上，传动箱体装在立柱的顶部，双进给电动机同步驱动齿轮，带动丝杠旋转，从而使主轴箱获得垂直进给。TKB 系列数控落地铣镗床的主轴箱最大行程为 6 m，前后支座的距离长达 7.5 m，滚珠丝杠在大型机床上的定位及装配相对于小行程机床增加了很大难度。其主要安装重点有以下几方面的内容。

(1) 丝杠支座定位要精准：丝杠轴心线不仅要与螺母中心一致，且要与立柱的正、侧导轨面保持平行。

对于小型机床的丝杠支座定位，通常可以用一根检棒穿入前后支座的检套内，检棒活动自如即合格。针对大型丝杠(7.5 m)，一方面无法提供很长的检棒，另一方面即便有这么长的检棒，在检测过程中检棒也会因自身重力而影响定位精度。因此必须改变传统定位方法，通过双检套加检棒法对前后支座进行精准定位。并且在主轴箱刮研后,才能吊主轴箱于立柱导轨上,再对螺母座进行定位。

(2) 通过刮研接合面的方法来确保接触刚度。

为保证前后支座与立柱的接触刚度,工艺要求对前后支座的接合面进行刮研,刮研点数为 6~8 点/(25 mm×25 mm)。

(3) 安装丝杠要求:安装螺母时,尽量靠近支承轴承;安装支承轴承时,尽量靠近螺母安装部位;丝杠水平安装,在丝杠下部垫支承,避免丝杠因自重产生挠度偏差。

(4) 预紧要求:丝杠的热膨胀系数一定,丝杠随温度的变形量与丝杠的长度有很大关系。丝杠越长变形越大。对于超长丝杠,要严格测算预紧力及行程补偿值,通过调整垫的配磨以确保丝杠的运行精度。

1. 安装前的复检工作

螺母座、丝杠端部的轴承及其支承加工的不精确性和它们在受力之后的过量变形,都会对进给系统的传动刚度带来影响。因此在安装前,必须对丝杠的支座及螺母座进行复检,复检示意图如图 6.26 所示,在确保零件自身的精度合格后,才可安装。

(1) 安装前复检立柱上丝杠前、后支座与立柱导轨的平行度,由于 TK6916B 有左、右两根丝杠,因此要分别对前、后的四个支座的安装面与立柱导轨正向的平行度进行检查。

(2) 在确保立柱导轨的直线度公差达到0.03 mm后,在立柱导轨面上放500 mm×60 mm 的小平尺,在平尺上吸表,推动平尺反复打表。检测四个支座的安装面与立柱导轨正向的平行度,如平行度公差达到 0.02 mm,则满足丝杠的安装要求。

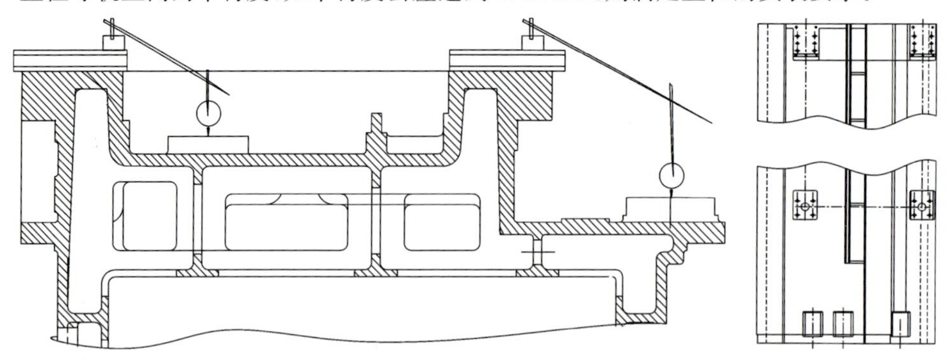

图 6.26　丝杠支座及螺母座复检示意图

2. 丝杠支座定位

1）丝杠前、后支座的定位

丝杠前、后支座的定位如图 6.27、图 6.28 所示。

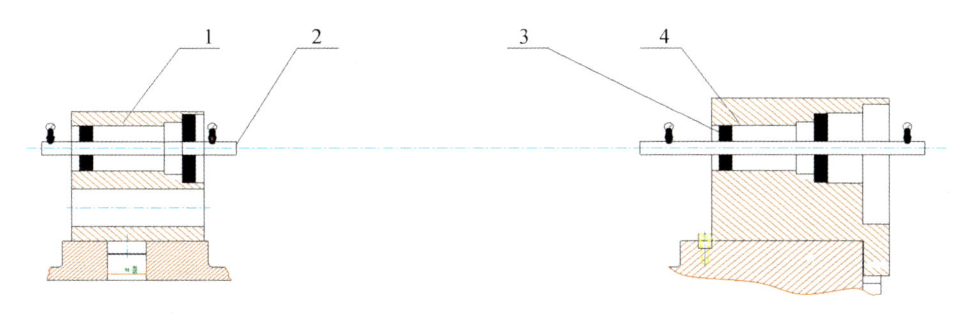

图 6.27　丝杠前、后支座的定位(横向)

1—前支座；2—ϕ50 mm 检棒；3—检套；4—后支座

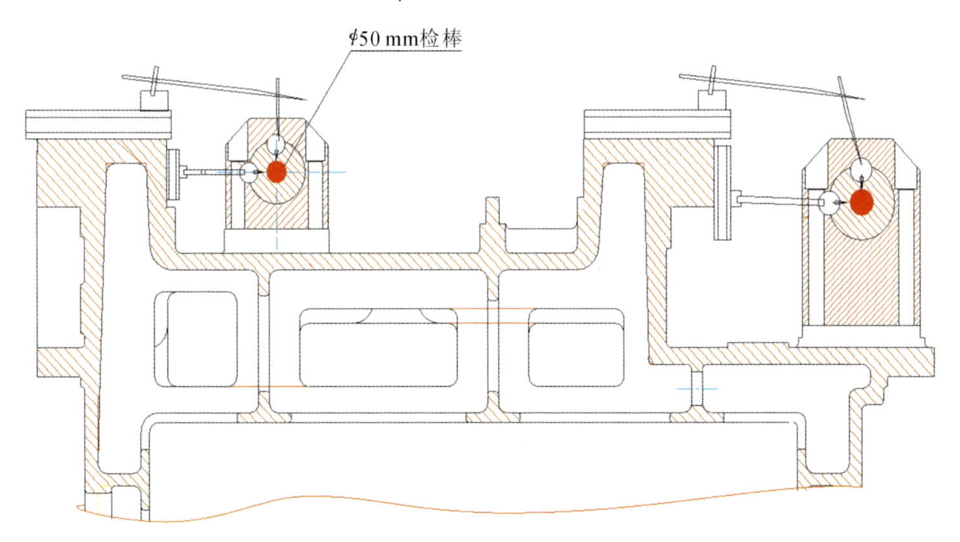

图 6.28　丝杠前、后支座的定位(纵向)

2)左侧前、后支座的定位

丝杠支座的定位分正、侧两个方向，即保证其轴线与立柱正导轨及侧导轨的平行度公差均达到 0.02 mm/500 mm，同时保证前、后两支座的同轴度。调整顺序是“先定正向，再定侧向”，如图 6.28 所示。由于前支座有 ϕ90 mm 的圆柱销，因此先对前支座进行调整；再以前支座和立柱导轨为基准调整后支座。

(1) 调整前、后支座正母线等高且与立柱导轨平行。

在前后支座内穿检套、检棒,为达到精确测量的目的,避免检棒因绕曲产生的误差,应在支座的前后分别穿入检套。选取的检棒不要过长,并且尽量在检棒根部打表检查取得数据。可以分 0°、90°、180°转动检棒,千分表数值跳动在 0.005 范围内,说明检棒合格,可继续使用。

百分表打表检查支座正母线与立柱正导轨的平行度,同时检查后支座轴线与前支座轴线是否等高。此处如果不等高则修磨后支座的调整垫。

(2) 刮研接触面。

通常,需要对立柱上与支座的接合面进行刮研。原因有如下两点。① 保证螺母座与立柱导轨面的接触刚度。采用人工刮研的方法,一般刮研立柱与丝杠支座的接触面的接触点数达到 6~8 点/(25 mm×25 mm)。② 如果两个零件的累计误差偏大,无法确保其轴线与导轨正向的平行度要求,可以采取刮研立柱接合面的方式进行补偿,即在支座内穿检套、检棒,刮研的过程中要不断打表检查,刮掉高点,确保其轴线与导轨正向的平行度公差达到 0.02 mm/500 mm。

刮研完成后,前、后支座轴线等高及其与立柱导轨的正向平行度应得到保证,之后对支座轴线与导轨侧向的平行度进行调整。

(3) 调整前、后支座的中心线与侧导轨平行,配作螺孔。

初步调整前、后支座的中心线(侧母线)与立柱导轨的侧向平行度,达到所需技术要求后,在立柱与支座的接合面处划孔,钻螺孔。要求在检棒根部打表达0.03 mm即可吊下支座配作螺孔。

(4) 精度定位,配作销孔。

在粗定位配作螺孔后,进行精确定位。将立柱上铁屑、粉尘清理干净,用吹气的方法吹净螺孔内铁屑、粉尘。清理完毕后,吊装丝杠支座于立柱接合面上,并轻轻带紧螺栓,注意不要拧太紧以免无法精确调整支座位置。再次打表调整前、后丝杠螺母支座的中心线与立柱导轨侧向的平行度,使其公差达到 0.02 mm/500 mm。在达到此技术要求后,按螺母座的位置在立柱上配作销钉。注意操作时严格按照钻、扩、铰等工序进行,销钉接触面积占比要达到 70%。

3) 调整右侧丝杠前、后支座的中心线与立柱导轨面的平行度

调整方式同上,但在调整过程中要注意,在保证右侧丝杠前、后支座的中心

线与立柱导轨面平行度公差达到0.02 mm/500 mm的同时，还应保证其与左侧前、后支座的平行度的一致性，如图6.29所示。

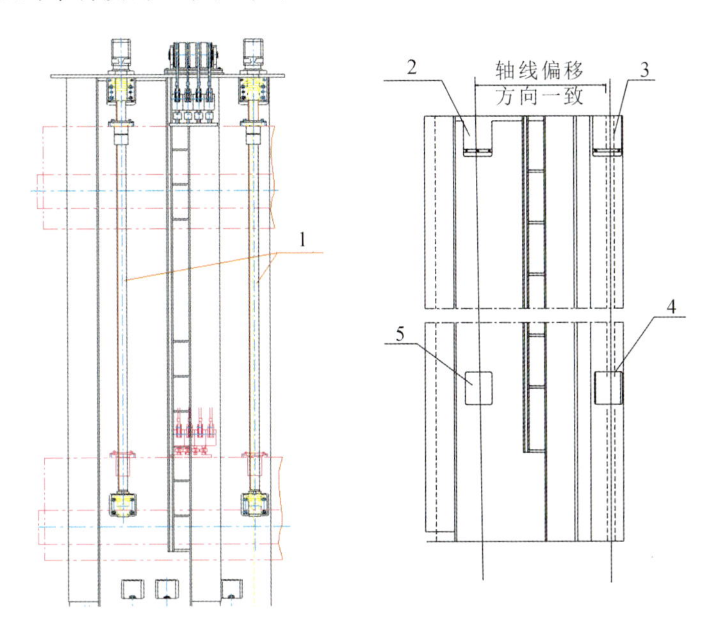

图6.29　右侧丝杠前、后支座的调整示意图

1—双丝杠；2—左上螺母座；3—右上螺母座；4—右下螺母座；5—左下螺母座

4）丝杠螺母的定位

丝杠前、后支座定位好后，其轴线至立柱正导轨的距离确定。吊装主轴箱于调平的立柱上，并使其尽量靠近前支座，穿检套、检棒，初步确定支座位置后，按螺母座在主轴箱配作螺孔。（注意：为保证螺母座与主轴箱端面的接触刚度及主轴箱端面与螺母轴线的垂直度，依然采用刮研螺母座接触面的方式。）通过螺钉将螺母座固定在主轴箱端面后，打表检测，精确调整螺母座与前支座的同轴度及其与立柱的平行度公差达到0.015 mm/500 mm后，配作销钉，如图6.30所示。

3. 滚珠丝杠的安装

1）滚珠丝杠安装前注意事项

(1) 安装前的存放。

滚珠丝杠是一种精密机器元件，在运输中或其他情况下都应避免撞击。从运输包装取出后，应将丝杠水平放置于木制或塑料支架上。检测丝杠上是否涂防锈油，以确保在安装前丝杠不会锈蚀。

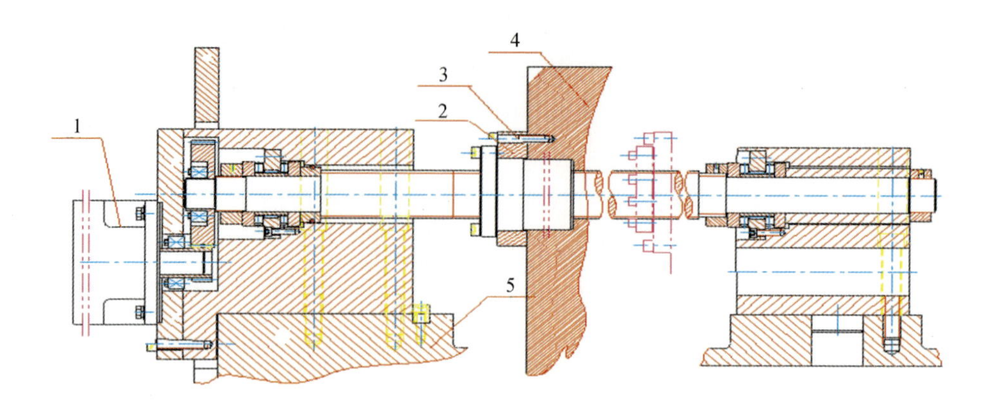

图 6.30　滚珠丝杠的安装

1—电动机；2—螺母座；3—螺钉；4—主轴箱；5—立柱

(2) 安装前的准备。

一般情况下，不必在安装前去掉防锈油。在受污染时要对滚珠丝杠进行清洗和润滑。去油脂和清洗可以使用不同的清洗剂，如水状清洗剂、有机物清洗剂，常用的清洗剂有丙酮、乙烯。(注意：严禁使用三氯乙烯！)清洗后必须立即对所有零件进行干燥处理，涂防锈油或上润滑剂。

2) 滚珠丝杠的安装

(1) 丝杠最基本的支承条件有以下四种。

① 一端固定，另一端自由：适用于低速回转、丝杠较短情况。

② 两端游动：适用于中速回转情况。

③ 一端固定，另一端游动：适用于中速回转、高精度情况。

④ 两端固定：适用于高速回转、高精度情况。

对于高速高精度的机床，滚珠丝杠的前、后支座通常都采用组合轴承的形式，同时要对丝杠进行预紧，丝杠的两端支承处设置有便于丝杠和轴承预紧的调整垫。

(2) 滚珠丝杠的安装实例。

滚珠丝杠的安装如图 6.30 所示。

① 滚珠丝杠螺母的安装。用回丝等擦拭螺母外表面和螺母座内径(薄薄地涂上一层低黏度机油，就能起到一定的防锈效果)，然后一边保持滚珠丝杠的水平，一边轻轻将螺母座与丝杠螺母相连接。

② 轴承的组装。将丝杠的端部插入轴承支座的孔内，从外部安装组合轴承于轴承支座内。为了使轴承不直接受到冲击，应使用如图 6.31 所示的专用衬套。固定轴承支座的一端，并确定一端为丝杠预紧端。

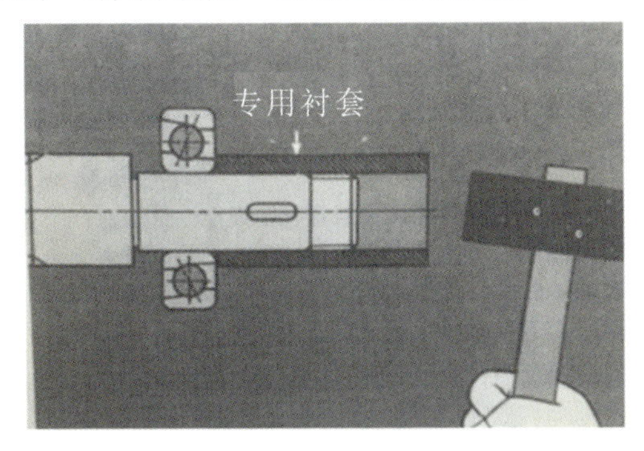

图 6.31 滚珠丝杠安装用专用衬套

③ 润滑剂的补充方法。一般丝杠生产厂家预先在滚珠丝杠内封装了润滑剂，若没有润滑剂，则涂有防锈油。先擦去防锈油，然后再按照图 6.32 所示的方法，在滚珠螺母内灌满润滑剂。

图 6.32 填充润滑剂

④ 丝杠的安装。将丝杠整体安装至立柱上，并将已定位好的轴承座复位，销钉复位，紧固螺钉达到力矩要求。

4. 滚珠丝杠的预紧

滚珠丝杠的预紧目的有两点：① 提高丝杠刚度；② 降低丝杠热膨胀的负面效应。

预拉伸滚珠丝杠所需的不可缺少的两个参数为滚珠丝杠行程补偿值 C 和预拉伸力 F。

滚珠丝杠行程补偿值 C 的计算公式为

$$C = a \cdot \Delta t \cdot L_u \tag{6.7}$$

式中:C 为行程补偿值(μm);Δt 为温度变化值,一般为 2~3 ℃;a 为丝杠的线性膨胀系数,取 $a=11.8\times10^{-6}$/℃;L_u 为滚珠丝杠的有效行程。

通常,在丝杠安装完成后,使用力矩扳手对预紧力进行控制。大型重载机床的丝杠安装形式多种多样,丝杠的行程补偿方法也有很多,通常根据设计图样的具体情况实施。常用的方法有双螺母调整法、配磨调整垫法、塞尺或量块法。下面列举生产实践中的例子进行具体说明。

1) 双螺母调整法

在前、后支座都安装好后,进行对丝杠的拉伸工作(即行程补偿)。如图 6.33所示,此种设计结构中,在左右支座 4、7 上设计了固定组合轴承外圈的螺母 2、6,在前、后支座最终用销钉定位好后,轴承外圈距离则相应固定。将丝杠及组合轴承装入支座后,拧紧螺母 2 和 6。为避免丝杠因自重产生绕曲变形,每隔 1 m 用小型千斤顶顶起丝杠,打表找平后进行丝杠的拉伸。

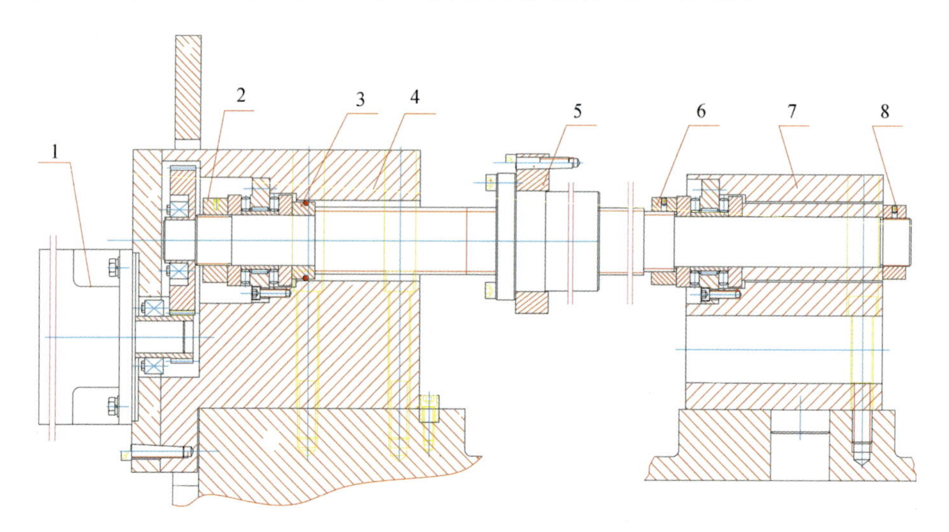

图 6.33 丝杠安装调整示意图

1—电动机;2,6,8—螺母;3—调整垫;4—左支座;5—螺母支座;7—右支座

丝杠的拉伸由尾部的螺母 8 来完成,在丝杠尾端面吸表,力矩扳手拧紧螺母 8,直到百分表显示目标拉伸值,相应的力矩扳手上应显示所需力矩达到目

标值。

2）配磨调整垫法

在前、后支座都安装好后，打好定位销，进行对丝杠的拉伸工作（即行程补偿）。如图 6.34 所示，此种设计结构在左端设有补偿调整垫 2 及拉伸调整垫 4。在安装丝杠时可先不装调整垫 4。由于左端有调整垫 2，在固定轴承时采用“先右后左”的形式。右端的组合轴承定位好后，拧紧螺母 5（力矩扳手达到拧紧力矩）。接下来对左端进行调整，组合轴承位置通过配磨调整垫 2 来保证，拧紧螺母 1（力矩扳手达到拧紧力矩）。

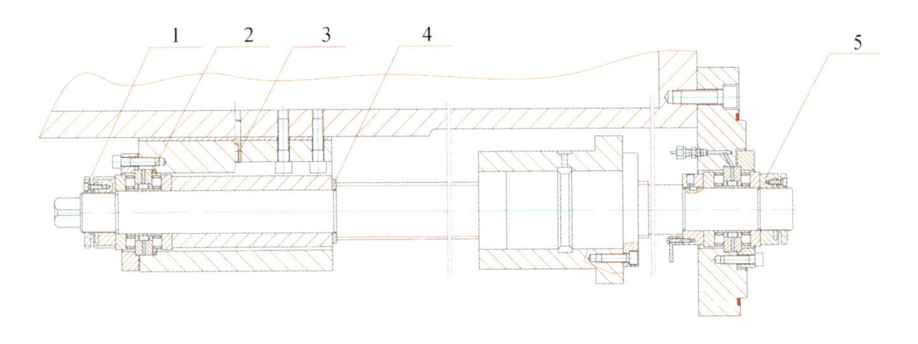

图 6.34　配磨调整垫法示意图

1，5—螺母；2—补偿调整垫；3—销钉；4—拉伸调整垫

最后，进行拉伸丝杠的环节。在左端吸表，表微微动说明丝杠此时尺寸链上无间隙。接下来，拧紧螺母 1 对丝杠进行拉伸，百分表显示所需的补偿行程后，相应的力矩扳手上应显示所需力矩达到目标值。这时用量块测量拉伸调整垫 4 处的间隙后，配磨调整垫 4。在安装调整垫 4 后可以反复进行上述过程，复查是否达到补偿行程。

以上介绍的两种方法是在大型机床产品的丝杠安装中最常见的，在设计中缺少调整垫时可用塞尺或量块法进行丝杠的拉伸。

3）塞尺或量块法

如图 6.35 所示，此种设计结构中，在左右两端都没有调整垫，那么在装配丝杠前，只能对一端支座 3 进行销钉定位，根据丝杠行程计算拉伸补偿值后，在另一端支座处塞塞尺 2 或量块，之后配销钉 4 定位支座。在配好销钉后，依然在丝杠端部打表，拿下塞尺或量块，此时由于销钉紧固，两端支座距离确定，预留的间隙值通过拧螺母 1 消除,同时百分表监测值是否达到。

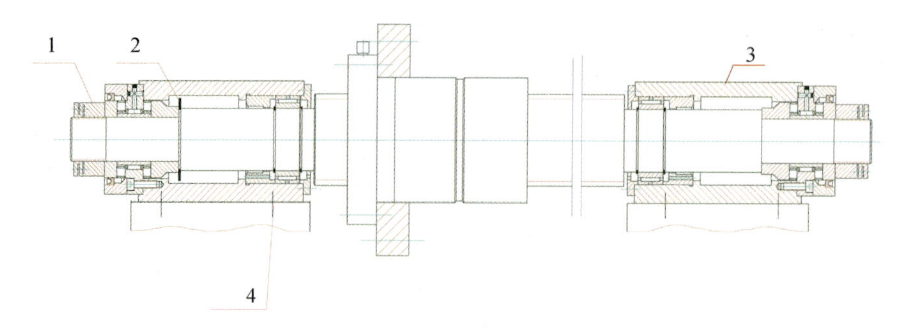

图 6.35　塞尺或量块法示意图

1—螺母;2—塞尺;3—支座;4—销钉

6.4.5　总装典型装配之二:传动系统的安装

数控落地铣镗床的立柱横向进给采用消除间隙的双齿轮与齿条传动结构,如图 6.36 所示。整个进给机构装在滑座体中,具有传动刚度高、可进行消除间隙调整的特点。下面介绍该传动系统的安装工艺,其中调整双齿轮使其与齿条消隙是重点工序。

1. 安装各轴

(1) 清洗零件,去毛刺,倒角。

(2) 按齿轮与齿轮轴配花键,将各齿轮轴装配成套。

(3) 将电动机轴装配成套。

2. 安装传动系统

(1) 安装法兰盘及盖板,安装各孔内轴承外环。

(2) 将轴 3 成套件摆放在床身上垫平,注意安全。

(3) 吊放滑座在床身上,注意对准轴 3。

(4) 安装各轴的成套件:先装轴 1、轴 4,再将轴 3 垫起,然后安装轴 2、轴 5。

(5) 安装盖板,调整各法兰盘下的垫块,使轴承预紧达到 0.02 mm,使轴 4 齿轮调整孔对准盖板上的 ϕ50 mm 孔。

(6) 安装轴 3 上的螺母并配作螺孔。

3. 调整齿轮与齿条间隙,配磨镶条板

(1) 将齿轮与齿条靠紧,使镶条板靠面尺寸一致,配磨镶条板,留出齿轮与齿条

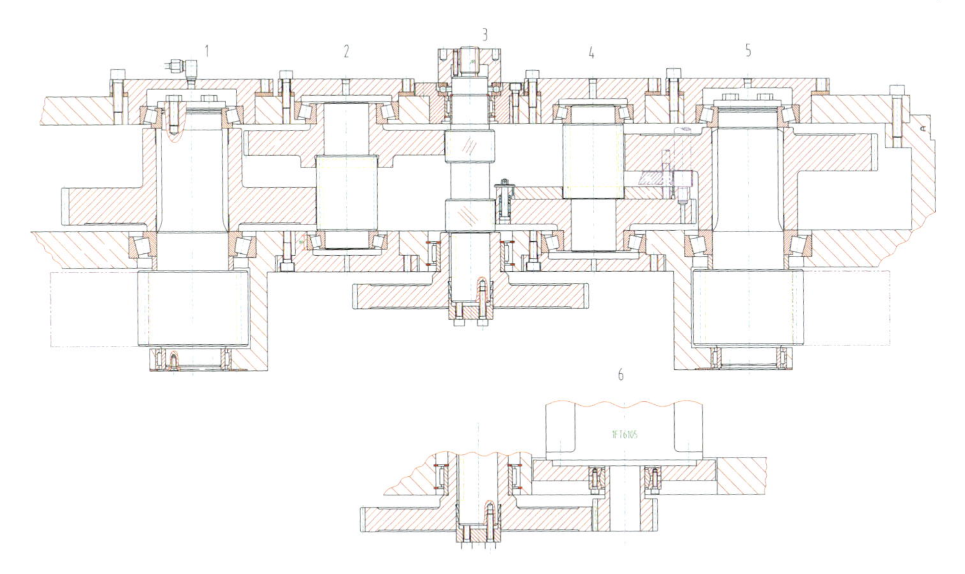

图 6.36　双齿轮与齿条传动结构

1—电动机轴；2、3、4、5、6—齿轮轴

间隙 0.12～0.20 mm，包括静压间隙 0.02 mm。调整板配磨数据，按照 1∶0.68 配磨。

(2) 调整镶条间隙 0.02 mm，画线，切去多余部分，在滑座上安装镶条板。

(注意：应在静压系统建立起来后再切去镶条。)

技术条件：

(1) 齿轮、齿条及平镶条的间隙为 0.12～0.20 mm；

(2) 斜镶条与床身间隙为 0.02(入)～0.04 mm(不入)。

4. 调整电动机轴

按电动机在安装板上配作螺孔 4-M16，将电动机装配成套。调整齿轮间隙，配作螺孔 12-M16，4-ϕ12。

将齿轮靠紧，然后打表检测间隙。

技术条件：

(1) 齿轮啮合间隙为 0.09～0.15 mm；

(2) 锥销孔的接触面积占比达到 70%，且靠近大端。

5. 安装多头泵、油管、刮油板及盖板

按多头泵在滑座上配作螺孔 32-M8。分油器配作 8-M8。按刮油板在滑座上配作螺孔 32-M6。安装滑座上盖板。

安装油管,要求油管排列整齐,各供油点准确并配作油管卡子。

6. 双齿轮消隙调整

在使用期,若因长期运转,间隙需重新精调时,先取出止动螺钉,再调整螺母,然后在轴上重钻止动孔并装上止动螺钉,防止螺母松动。

6.4.6 灌胶工艺技术在机床总装中的应用

1. 机床立柱的调整技术

立柱作为大型重载机床的基础件,通过横梁、主轴箱等部件建立起机床的主轴结构,机床主轴与各进给轴、工作台间均有几何形状和位置精度的要求。特别是对于立柱移动的机床,在整机调试过程中要达到设计精度要求,立柱与滑座间的接合面是很重要的工序点,相关精度的误差在此接合面表现突出,故在原有的工艺中,为消除综合误差,需对立柱下端接合面进行返序补充加工或人工修饰,这种方式工作量大,费时费力且效率低下。在现工艺中采用了接合面灌胶新工艺,解决了调整中零件返序机加工存在的问题。

镗床行业标准 G5 精度要求——主轴箱移动(Y 轴线)对立柱滑座移动(X 轴线)的垂直度公差要求为 0.03 mm/1000 mm,如图 6.37 所示。该项精度要求在主轴箱挂箱后,立柱的导轨与床身导轨在水平及垂直平面内的垂直度均满足标准要求。

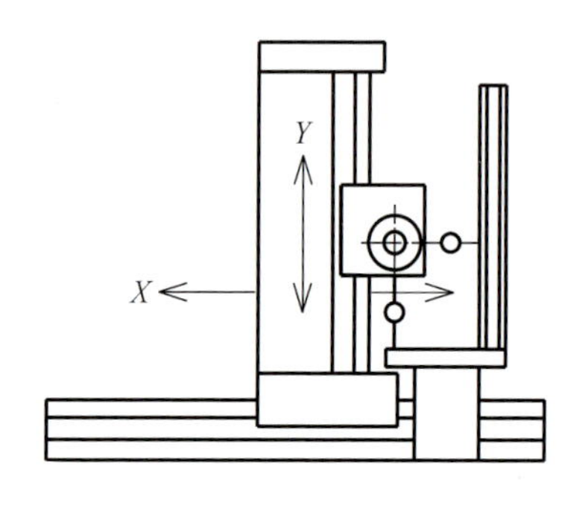

图 6.37 镗床本体结构示意图

为消除主轴箱挂箱后形成的偏载,对于 TKB 系列产品,要求立柱正向前倾(X 正向)偏载为 0.02 mm/1000 mm,侧向后仰(Z 正向)偏载为 0.03 mm/1000 mm。在总装前,立柱吊装在滑座(床身、滑座已配合安装好)上,检测立柱导轨与床身导轨的垂直度情况,之后根据测量偏载数据与“前倾后仰”参数,返序加工滑座的接触面。

立柱导轨与床身导轨的垂直度情况检测方法如图6.38所示。

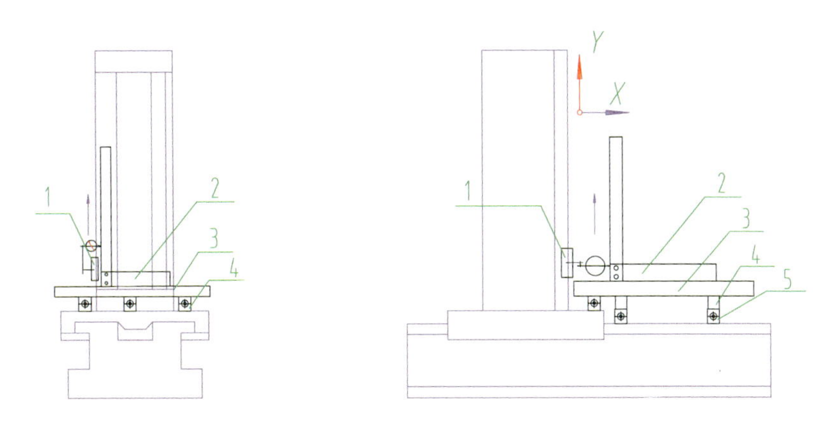

图6.38　立柱导轨与床身导轨的垂直度检测示意图

1—百分表、表座；2—角尺；3—平尺；4—垫铁；5—调整垫铁

立柱偏载数据检查方法如下。

(1) 将滑座及立柱放在床身的正中间，在滑座两端根部的床身上放水平仪，检测其水泡移动格数，相同即可。在床身上摆放平尺，使之接近立柱的导轨面，按床身精度拉表找正平尺精度，再安放角尺，以立柱正导轨为基准拉表检测立柱前后倾偏载为0.02 mm/1000 mm。

(2) 在滑座上摆放平尺并找正精度使之与床身水平精度一致，再架角尺，以立柱侧导轨为基准拉表检测立柱左右倾偏载(+0.02～+0.04) mm/1000 mm。

此种方法有以下弊端。

(1) 采用此方法，需返序加工滑座平面，耗费大量时间，影响工期，占用机床加工设备。

(2) 偏载数据采集所需工装为等高垫、平尺及角尺的累加，中间必然存在累积误差，有时候数据采集不准确，主轴箱挂箱后仍不满足G5精度要求，会造成多次返序加工。

(3) 大型重载机床经常承受重切削。重切削、大扭力考验立柱与滑座的接触刚度，长时间使用后机床需要重新调整精度，仍需返修滑座，非常烦琐。

2. 调整螺钉和灌胶技术的应用

为避免滑座返修，并且考虑到长时间使用后机床精度重新调整的便捷性，采用调整螺钉和灌胶技术对立柱的偏载情况进行调整。灌胶所用定位胶为高强度定位胶，接触面积大，剪切强度≥12 MPa，抗压强度≥120 MPa，硬度≥80 HB，固化收缩率为0.06%～0.08%。

该技术主要是在连接立柱及滑座的孔中设置螺纹套和作为紧固件的螺栓，如图6.39所示，在主轴箱挂箱后，通过这些调整螺纹套及螺栓来调整立柱。使用该方法需要在立柱与底座安装孔中加工出螺纹，用以安装调整螺纹套。调整好后紧固螺钉并配作销钉，灌胶即可。

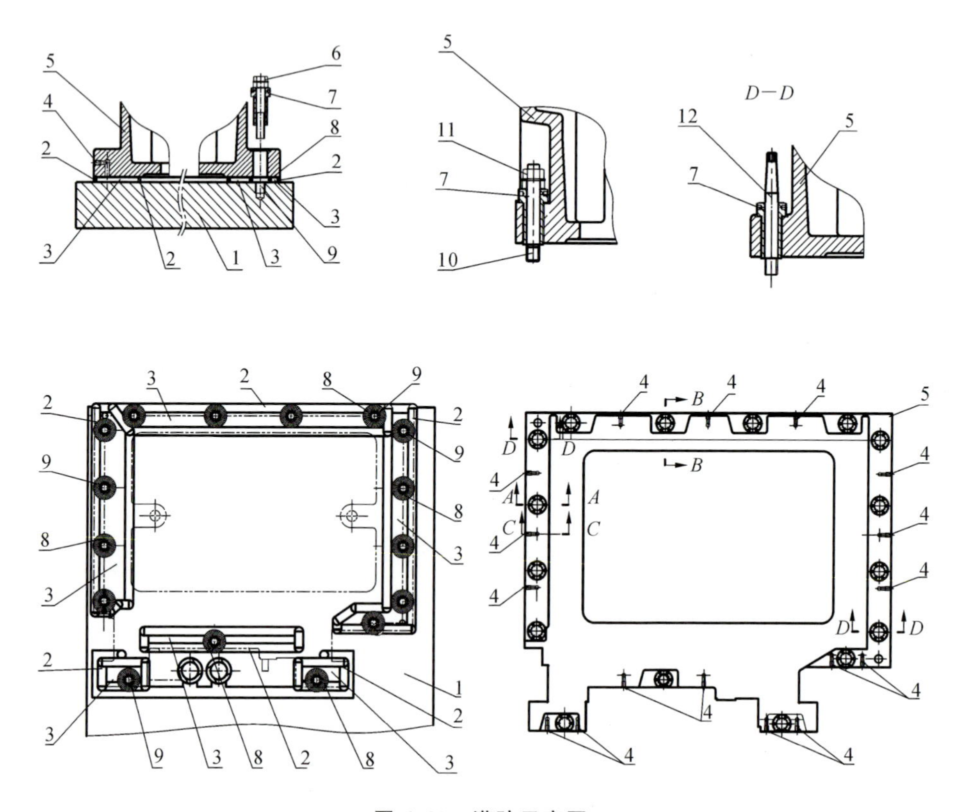

图6.39　灌胶示意图

1—滑座；2—胶条；3—灌胶区域；4—进胶孔/出胶孔；5—立柱；6—螺栓；7—调整螺纹套；8—密封圈；9—固定立柱及滑座上的孔；10—双头螺栓；11—螺母；12—工艺导向杆

立柱和滑座接合面灌胶工艺步骤详细描述如下。

(1) 清洗零、部件：清洗滑座1和立柱5接合面，清洗各紧固件和调整元件，清除毛刺、铁屑、污物。

(2) 粘接密封元件：在滑座、立柱上布置胶条2和密封圈8，并粘接固化。

(3) 布置紧固件:在连接和固定立柱 5 及滑座 1 的孔中布置双头螺栓 10 和工艺导向杆 12。

(4) 安装立柱:根据导向杆的位置,将立柱吊于滑座上,取下工艺导向杆 12,换上螺栓 6 或双头螺栓 10,穿调整螺纹套 7 并上螺母 11。将调整螺纹套 7 拧到位,即贴住滑座但不过紧。将螺母 11、螺栓 6 拧到位。

(5) 安装主轴箱。

(6) 调整立柱,预检行业标准 G5 几何精度:不断调整螺纹套 7 的位置,预检 G5 几何精度合格后,紧固螺母 11、螺栓 6,打定位销。打定位销前检查滑座、立柱接合面间隙,紧固。

(7) 灌胶与固化:从进胶孔灌胶,直至出胶孔流出胶料,封堵各进胶孔和出胶孔,固化后完成。

(8) 终检 G5 几何精度。

6.4.7 机床空运转试验及几何精度检查

总装完成后进入机床的试验、精度检验及试切削环节。本小节主要介绍机床空运转试验前的检测环节,机床空运转试验的目的、试验内容,以及机床空运转试验中发现问题后的一些解决方法。

1. 机床空运转试验前检测

机床整机安装初步完成后进入机床空运转试验环节,机床空运转试验前要对机床规格、外观等进行系列检测,主要包括以下几个方面:

(1) 机床装配质量检查;

(2) 机床外观检查;

(3) 电气装置的检查和试验;

(4) 机床主要规格检查;

(5) 机床液压和润滑系统的检查;

(6) 机床操作部分的检查。

其中,对机床液压和润滑系统的检查是很重要的流程,在此进行详细介绍。检查项目包括液压变速机构等的检查和滑座静压油膜压力建立情况检查。

1) 液压变速机构等的检查

(1) 检查液压变速机构和拉刀机构的可靠性和灵活性,检查刀具拉紧力(理论值为 3000 kgf,1 kgf=9.80665 N)。

(2) 检查滚珠丝杠副齿轮、轴承、压板、镶条、拨叉等部位是否有适当的润滑油。

(3) 检查油压系统接头处是否有渗漏。

2) 滑座静压油膜压力建立情况检查

滑座油膜浮升量及各油腔油压的检查:检查滑座四角,如图 6.40 所示。滑座油膜浮升量检测内容如表 6.8 所示。

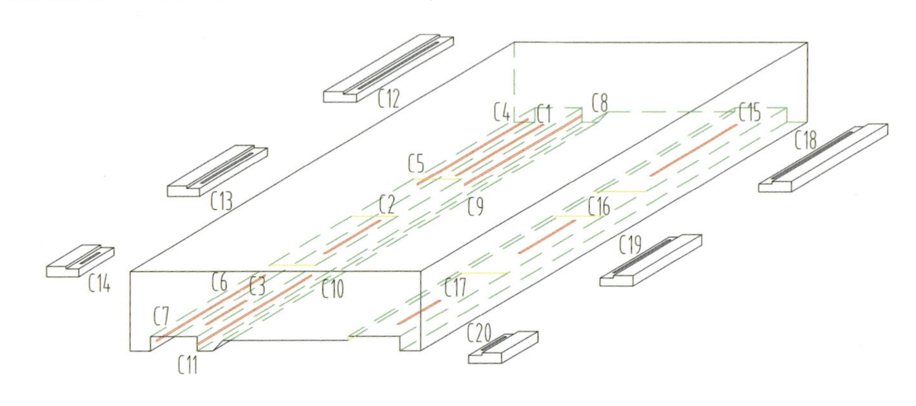

图 6.40　滑座四角检查示意图

表 6.8　滑座油膜浮升量检测内容

序号	规定值/mm	实测值/mm		油腔号	规定值/(kg/cm²)	实测值/(kg/cm²)	油腔号	规定值/(kg/cm²)	实测值/(kg/cm²)
		未装压板	装压板	立柱滑座压板			立柱滑座压板		
1	≥0.02			C1	15±5	C12		15±5	
2				C2		C13			
3				C3		C14			
4				C15		C18			
				C16		C19			
				C17		C20			

2. 机床空运转试验

机床的规格、外观、液压、润滑等都检验合格后,开始进行机床的空运转试验。机床的空运转试验是整个机床试验中最重要的组成部分,该试验的目的是验证机床最核心部位即主轴系统的稳定性。

1) 试验前的准备

在机床空运转之前主要完成以下准备工作:

(1) 擦净润滑油箱等部件内腔后,注入设计规定的清洁润滑油,同时检查油路系统,确保无渗漏现象;

(2) 仔细检查机床各部件,应装配齐备、装配良好且满足设计要求;

(3) 调整滑座、主轴箱及滑枕静压系统。

按设计要求调整各点油压,并测量工作台的浮升量。调整镶条使侧导轨间隙达到设计要求。

技术条件:

(1) 滑座台面浮升量为 0.03~0.04 mm;

(2) 侧面浮升量为 0.02~0.03 mm。

2) 主运动空运转试验

主轴在四个机械挡中,每挡依次从低速到高速进行空运转,每种转速运转 3 min,最高速度正反转各运转 90 min,详见表 6.9。

表 6.9　主轴空运转试验

机械挡	转速		空运转	转速差	运转时间/min	备注
	标示值/(r/min)	实测值	电流(≤10%)			
Ⅰ	2				3	
	49				3	
	111.3				3	
Ⅱ	4				3	
	100				3	
	226				3	
Ⅲ	8.84				3	
	221				3	
	493				3	
Ⅳ	18				3	
	447.5				3	
	1000				180	正反各 90 min

3) 镗杆、铣轴、滑枕的热伸长量试验

在主轴按 1000 r/min 的速度连续运转 180 min(正转 90 min 后立即反转90 min)

后,记录镗杆、铣轴、滑枕的热伸长量与温度的关系。测量点位置示意图如图 6.41 所示。

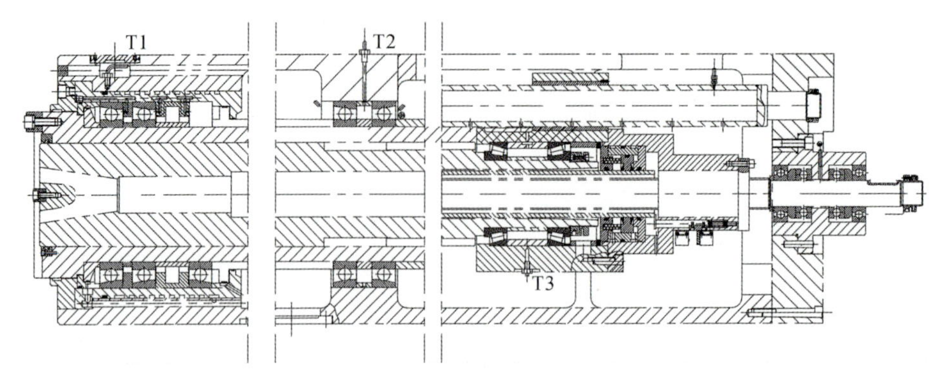

图 6.41　测量点位置示意图

(要求:T1 处的温升不超过 25 ℃,T2 处的温升不超过 35 ℃,T3 处的温升不超过 40 ℃,测量点的实测温度不超过 70 ℃。)

4) 整机连续空运转试验

在进行连续空运转试验时,整个运转过程中不应发生故障,连续运转 48 h。试验时自动循环应包括所有功能和全部工作范围,各次自动循环之间的休止时间不得超过 1 min。如在试验中出现异常或故障,在查明原因进行调整或排除后,应重新开始试验。

3. 机床的几何精度调整

数控落地铣镗床的几何精度误差反映机床的关键机械零件(包括床身、立柱、主轴箱)的几何形状误差及其组装后的几何精度误差,详见数控落地铣镗床几何精度检测行业标准。

在进行几何精度检测时,需要注意以下几点:

(1) 检测时,机床基座稳固;

(2) 检测时要尽量减小检测工具与检测方法的误差;

(3) 按照相关行业标准,先接通机床电源对机床进行预热,并让主轴沿机床各坐标轴往复运动数次,使主轴以中速运行数分钟后再进行;

(4) 几何精度必须在机床精调后一次完成,不得调一项测一项,因为有些几何精度是相互联系与影响的。

6.4.8 机床切削试验

切削精度检验按加工方式的不同可以分为单项加工精度检验和综合性加工精度检验两种方式。

要保证数控机床的切削精度达标，就必须要求机床的几何精度和定位精度在最佳状态，且要求比允许误差小，越小越好。一般情况下，要求整机组装完后各项几何精度、定位精度的实测误差值控制在公差的 50%以内，个别关键项目的实测值要求控制在公差的 30%以内。这样经过机床实际加工误差的适当放大，才能确保机床的加工精度在公差范围之内。

根据机床的实际加工情况，具体试验有以下几项。

1. 端面铣削试验

该试验的主要作用是测试主传动电动机的功率，是一项硬指标考核项目，将实测主传动电动机的实际工作电流值与理论额定电流值进行比较，进而测试出主轴的切削功率情况，如图 6.42 所示。

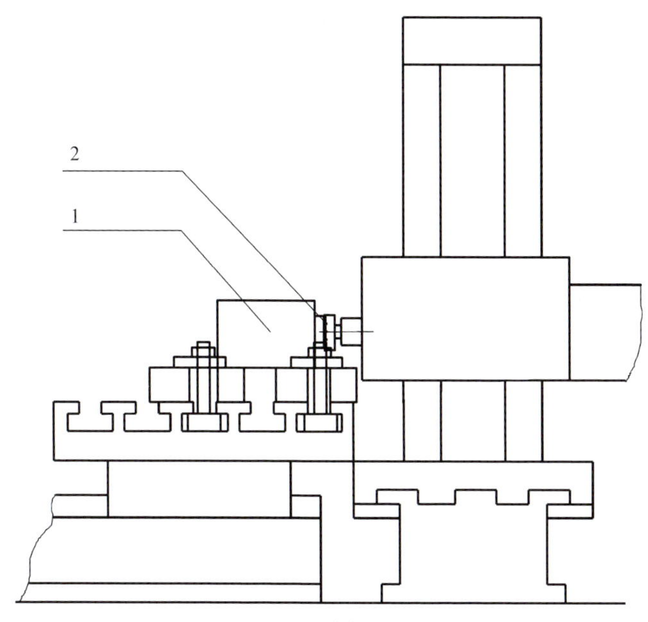

图 6.42　端面铣削试验示意图

1—试件 ZG55；2—ϕ250 mm 刀盘

试验前的准备如下。

(1) 试件：ZG55。

(2) 主轴挡位:主轴选用第Ⅱ挡调磁。

(3) 工具:镶硬质合金刀片的端面铣刀,刀盘直径 $D=400$ mm,齿数 $z=12$。

(4) 主轴悬伸:铣刀端面离主轴箱端面 400 mm。

将铸钢切削试料装卡于工作台的台面上,垫实后,紧固牢靠。安装以上选定刀具,移动主轴进给至合适的悬伸量,准备加工。

试验前的理论计算:铣削的纯切削功率计算。

为方便阅读,将使用到的参数及其含义、单位列于表 6.10 中。

表 6.10　纯切削功率计算参数含义及单位

参数	含义/单位
a_p	铣削深度/mm
a_e	铣削宽度/mm
d_0	刀盘直径/mm
V_f	进给速度/(mm/min)
n	主轴转速/(r/min)
f_z	每齿进给量/(mm/齿)
z	刀盘齿数
V_c	切削速度/(m/min)

$$P_c = a_p \times a_e \times V_f \times K_s/(60 \times 102 \times 1000 \times \eta) \tag{6.8}$$

式中:K_s 需要根据 f_z 和加工材质查表得到;η 为机械效率,取 $\eta=80\%$。

计算获得切削功率后,反推出主传动电动机电流为

$$I = P_c/(KU_{额}) \tag{6.9}$$

按以上公式计算取值,以某镗床为例,计算得到表 6.11 中的数据。根据表 6.11 进行机床实际试验。

表 6.11　某铣床主传动电动机电流实测表

铣削宽度 a_e/mm	铣轴转速/(r/min)	进给量		铣削深度 a_p/mm	铣削长度/mm	移动机构	电流		备注
		mm/齿	mm/min				电动机额定值/A	实测值/(%)	
300	90	0.30	324	11	1000	前立柱	173		X 坐标
300	90	0.30	324	11	1000	主轴箱	173		Y 坐标

按数控系统机床实际运行的加工参数显示，记录实测主传动电动机电流数据。

要求电动机实测电流围绕理论计算值173 A，上下偏差不得超过±10%，由于功率正比于电流，即可认为机床实际切削功率在额定功率的±10%以内，在合格的范围内，则基本达到了设计要求。如果超差过大，则说明主轴主传动电动机的功率不足，机床需更换功率更大的主传动电动机。

2. 镗孔试验

该试验的主要作用是考核主轴镗杆的扭矩，同时兼带考核镗杆的强度与刚度。

镗削加工是镗床最基本的使用项目，刀头刀齿少、吃刀量大、低转速低挡位快进给，是考核机床主轴扭矩（即机床加工潜能）的最佳方式。数控镗床不仅要满足普通镗床所有镗削加工功能与参数要求，而且还要凸显高加工质量、高几何精度、高精准、高效率等优点。

考核的方法还是依赖于计算：根据镗杆的最大承载扭矩，反推计算出主传动电动机承载时的电流，再根据其与主传动电动机额定电流的百分比，即可以测试出主轴镗杆的抗扭情况。完成后，打表检查主轴镗杆的相关几何精度，从而也可以了解镗杆的强度与刚度。可见镗孔试验是数控镗床非常关键的一项切削试验，也是一项机床硬指标考核的试验，镗孔试验示意图如图6.43所示。

试验前的准备如下。

（1）试料：ZG55。

（2）主轴挡位：主轴选用第Ⅰ挡。

（3）刀具：双刀头可调粗镗刀，刀盘直径按试验数据表调至要求。

（4）刀片：YT15。

（5）主轴悬伸：镗刀端面初始镗点离主轴箱端面400 mm。

（6）试件的装卡：吊弯板装卡于工作台的台面上，垫实后，紧固牢靠；再安装铸钢切削试件于弯板的固定孔内，螺钉固定牢靠以防止重切削时产生滑移。

试验前的理论计算如下。

（1）以某镗床为例，主轴机械分Ⅰ、Ⅱ、Ⅲ、Ⅳ共四个挡位，电气辅助变压与弱磁两种变速方式，按机床功率、扭矩的关系：

$$T = 9550\, P_w / n_w \qquad (6.10)$$

计算出低速挡Ⅰ的机床最大扭矩 $T_{max}=12000$ N·m,如图 6.44 所示。

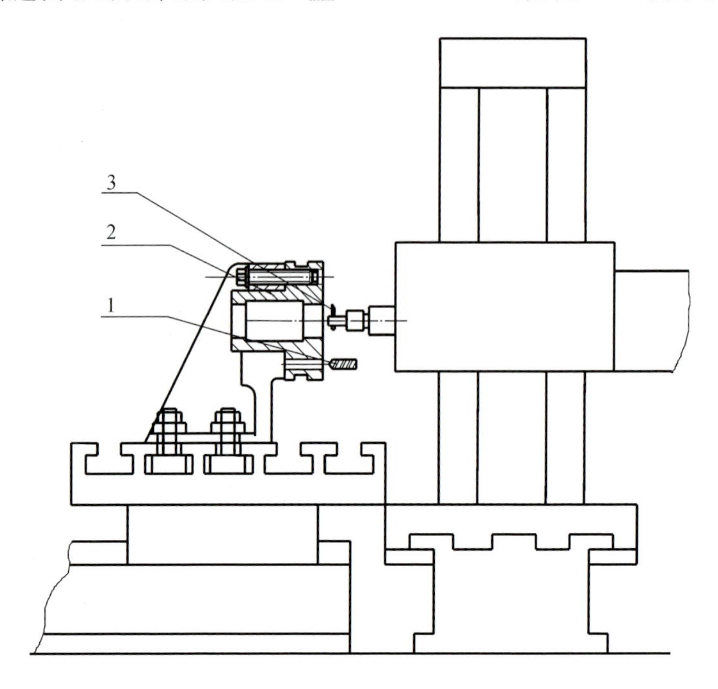

图 6.43　镗孔试验示意图

1—镗刀、合金钻头;2—镗孔试料 ZG55;3—机卡镗刀

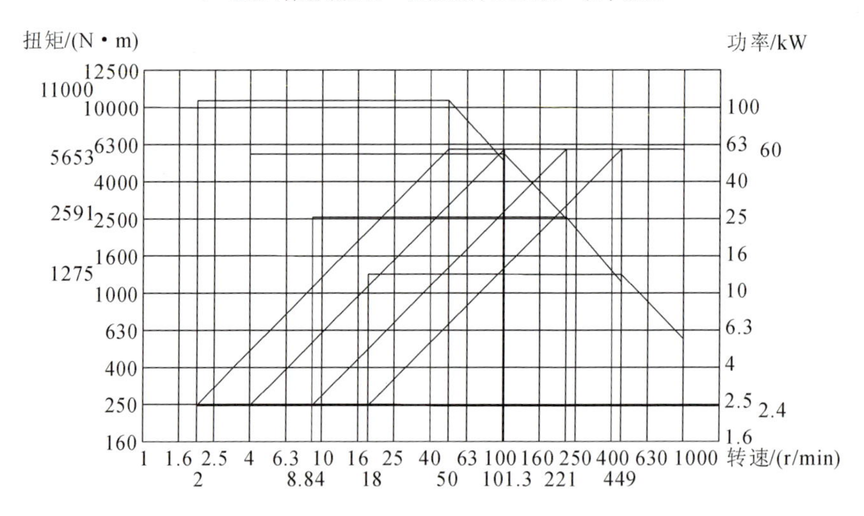

图 6.44　机床功率扭矩图

(2) 机械切削功率计算。

为方便阅读,将使用到的参数及其含义、单位列于表 6.12。

表 6.12 机械切削功率计算参数含义及单位

参数	含义/单位
a_p	镗削深度/mm
f_r	走刀量/(mm/r)
D	镗孔直径/mm
V_c	切削速度/(m/min)
n	主轴转速/(r/min)
V	金属去除率/(mm/min)
k_c	工件材料强度/(N/mm^2)

$$V_c = (3.14 \times D \times n)/2 \tag{6.11}$$

$$V = V_c \times a_p \times f_r \tag{6.12}$$

$$P_c = V_c \times a_p \times f_r \times k_c/60037.2 \tag{6.13}$$

$$F = k_c \times a_p \times f_r \tag{6.14}$$

$$T = F \times (D/2) = P_c \times 9549/n \tag{6.15}$$

工件材料 ZG55，取 $k_c=800\ N/mm^2$，代入以上公式计算，得表 6.13 中的数据，进行试验加工。质检人员记录电流显示的百分比值。

表 6.13 某镗床主轴扭矩实测表

序号	镗孔前试料内孔直径/mm	镗孔直径/mm	主轴转速/(r/min)	滑枕进给/(mm/min)	镗孔深度/mm	切削深度/mm	电流公差值/(%)		切削计算扭矩/(N·m)
							理论值	实测值	
1	580	620	16	34	100	10×2	30%		11700
2	620	620	16	32	100	10×2	30%		11700

按以上参数，依据功率正比于电流的原理，计算得出实际加工功率 $P_c=17.28$ kW，电动机的额定功率为 60 kW，因电流比等于功率比，故电流公差值$=17.28/60\approx30\%$。要求实际值围绕理论计算值，上下偏差不得超过±10%，且加工过程中，同时考核相关几何精度、位置精度及机床刚性变形情况，如果变化不大，则在实际值合格的范围内，说明主轴扭矩达到了设计要求。如果电流百分比超差过大或机床部分精度丧失，则证明主轴扭矩不足和机床刚度不够。

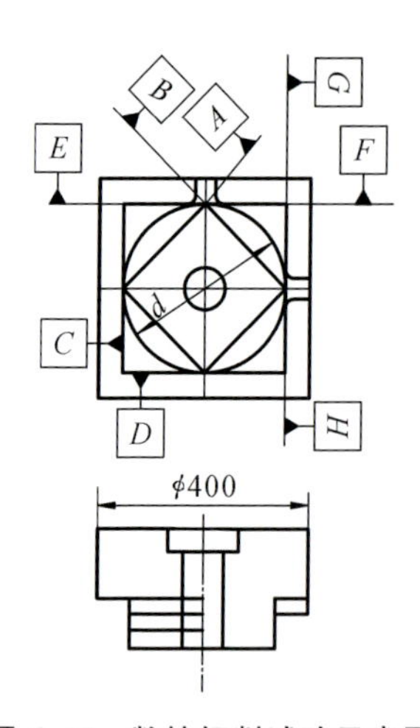

图 6.45　数控切削试验示意图

3. 数控切削试验

该试验的主要作用是考核机床的重复定位精度和插补精度。

该试验须在几何精度和位置精度完全检验完成后才能进行。机床几何精度合格是保证零件几何精度达标的前提,机床位置精度合格是确保零件重复定位精度达标的条件。而试件的铣圆形和铣菱形的精度反映机床两轴或三轴联动的插补精度。因此,试件圆、菱、方的加工试验,是一个综合检验机床软指标的试验。数控切削试验示意图如图 6.45 所示。

试验前的准备如下。

(1) 试料:HT200。

(2) 主轴挡位:主轴选用高速挡Ⅲ或Ⅳ挡。

(3) 刀具:ϕ20 mm×100 mm 整体合金立铣刀或 ϕ50 mm×150 mm 普通工具钢成形立铣刀。

(4) 主轴悬伸:镗杆端面离主轴箱端面 300 mm。

(5) 试件的装卡:吊弯板装卡于工作台的台面上,垫实后,紧固牢靠;再安装 HT200 铸铁试件(铸铁需经过焖火处理)于弯板上,紧固,机床主机找平、找正、找好基准。

(6) 程序准备:程序员编辑、测试好程序,调节好加工参数。

试验要求:

(1) A、B、C、D 面与其对边的平行度公差为 0.02 mm;

(2) 外圆 d 的圆度为 0.04 mm;

(3) E 面对 F 面、G 面对 H 面的位置度公差为 0.02 mm。

方形的平行度与垂直度直接取决于机床的几何精度;方形的位置度取决于机床螺距补偿修正后的机床的重复定位精度;圆形的圆度、菱形的对边平行度则分别取决于数控机床两轴的圆弧、直线插补精度。

几何精度与位置精度在这里不做详细描述,两轴直线与圆弧的插补精度与原理简介如下:

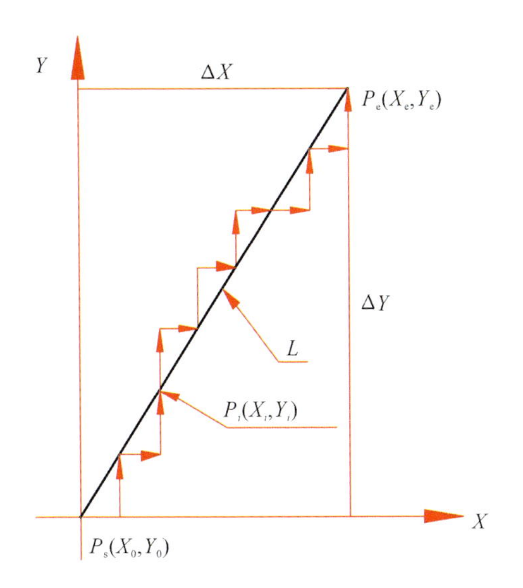

图 6.46　直线插补原理示意图

目前大型数控机床大部分采用交流伺服闭环式结构，此结构采用数据采样逐点比较插补法，这种方法就是将加工一段曲线(直线或圆弧)的时间划分成若干个相等的插补周期，一个周期数控系统就进行一次采样计算、运动加工，直至结束。

1) 直线插补算法的基本原理

如图 6.46 所示，设直线起点为 $P_s(X_0,Y_0)$，终点为 $P_e(X_e,Y_e)$，插补周期为 T(ms)，采样周期与插补周期相同，任意采样点坐标为 $P_i(X_i,Y_i)$，直线段长 L，在 X 轴方向增量为 ΔX，在 Y 轴方向增量为 ΔY，进给速度为 v_f(mm/min)。

根据上述条件，直线插补计算过程如下。

(1) 程序段各坐标轴的增量计算。

$$\Delta X = X_e - X_0, \quad \Delta Y = Y_e - Y_0 \tag{6.16}$$

(2) 程序段直线长度的计算。

$$L = \sqrt{\Delta X^2 + \Delta Y^2} \tag{6.17}$$

(3) 步长系数的计算。

$$f = v_f \cdot T/(60 \times 1000 \times L) \tag{6.18}$$

(4) 程序段各坐标轴步长的计算。

$$\mathrm{d}X = f \cdot \Delta X, \quad \mathrm{d}Y = f \cdot \Delta Y \tag{6.19}$$

(5) 插补采样运算函数关系。

$$f(T)=(Y_i-X_0)/(X_i-Y_0)\propto \Delta Y/\Delta X \tag{6.20}$$

利用逐点比较的方法,X 轴和 Y 轴运动围绕理论线上下波动,直至两轴同时到达终点。

2) 圆弧插补算法的基本原理

圆弧是利用脉冲当量逐点比较进行插补的。根据给定的进给速度 v_f,计算出每个插补周期内的插补进给量即脉冲当量,也可以称为插补步长 dl。参与插补运动的各伺服几何轴以标准步长 dl 运动,数控系统在一次插补周期 dT 内,进行一次数据采样和一次理论曲线比较运算,走一步算一步直至终点,确保每步终点围绕理论圆弧上下波动。例如,假定数控系统的插补周期 $T=0.8$ ms,进给速度 $v_f=2000$ mm/min,则步长 $dl=v_f\cdot T=(2000\times0.8)/(60\times1000)=0.0267$ mm。对于铣轮廓圆弧来说,步长直接决定轮廓精度,步长越短,则圆弧轮廓精度越高;反之,步长越长,偏移理论计算曲线越远,圆弧轮廓精度越低。而步长的长短取决于插补周期与进给速度,插补周期由数控系统决定,与数控系统的运算频率相关,目前先进的数控系统的插补周期$T=0.8\sim0.12$ ms,人为决定不了。而进给速度就不一样了,可以自由设定,所以降低进给速度以提高精度是操作人员经常采用的方法。

圆弧插补采样运算函数关系为

$$f(T)=\sqrt{(X_i-0)^2+(Y_i-0)^2}\propto R \tag{6.21}$$

图 6.47 所示为圆弧插补原理示意图,当 $f(T)$计算的函数值小于理论半径 R 时,证明点在圆内,下一步应走大值;当 $f(T)$计算的函数值大于理论半径 R 时,证明点在圆外,下一步应走小值;以逼近理论曲线为目的直至终点目标。所以实际生产加工过程中,镗圆与铣圆的精度和刀纹是绝对不一样的,镗圆的精度取决于主轴径向跳动精度,刀纹为螺旋线形,而铣圆的精度取决于伺服轴插补精度,刀纹为多边形。以大型数控镗床 TK6916A 为例,出厂时标准要求:镗圆的圆度为0.075 mm,铣圆的圆度则达到0.05 mm。插补铣圆的精度远远低于镗圆的精度,选择加工类型时需考虑这两方面的差异。

另外在铣圆弧轮廓时,需要电气人员配合,目的是让各插补运动轴的运动量耦合一致(修改各轴增益系数匹配),避免在两 45°方向出现两轴误差叠加而导致圆弧圆度超差。圆弧铣削虽然精度低于镗孔切削,但是由于铣削的加工效率很高,实际生产中常常使用,诸如铣圆弧面、铣外圆凸台、铣扩圆孔等,精度不

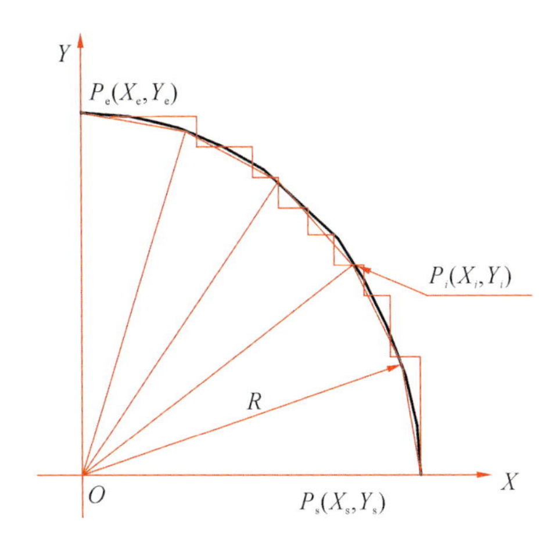

图 6.47　圆弧插补原理示意图

高的圆孔可以直接铣成形(如端盖孔、过孔等),精度高的圆孔(如轴承孔、定位孔等)可以粗铣后径向留余 0.5～1 mm,然后精镗,可大大提高机床工作效率。

此外还有钻孔、铣螺纹、攻丝等试验,其目的是检查机床的钻削抗力和加工功能。在这里由于篇幅原因,就不一一介绍了。总之,机床的切削试验是非常重要的工序。新机床只有经过以上严格试验合格后,方允许出厂,才能保证让客户满意。

本章参考文献

[1] 邱言龙,雷振国. 机床机械维修技术[M]. 北京:中国电力出版社,2014.

[2] 陈志平,章鸿. 数控机床机械装调技术[M]. 北京:北京理工大学出版社,2011.

[3] 邱言龙. 装配钳工实用技术手册[M]. 北京:中国电力出版社,2010.

[4] 付承云. 数控机床调试及维修现场实用技术[M]. 北京:机械工业出版社,2011.

[5] 胡家富. 数控机床装调维修工[M]. 上海:上海科学技术出版社,2010.

[6] 吕亚臣. 重型机械工艺手册上下册[M]. 哈尔滨:哈尔滨出版社,1998.

[7] 薛建,孟轲,曹建伟. 浅谈工程机械装配工艺的重要性与发展趋势[J]. 中国科技博览,2011(24):75.

第7章 大型重载机床的数控技术与诊断技术

数字控制(numerical control,NC)技术,是一种借助数字化信息(数字、字符)对某一工作过程(如加工、测量、装配等)发出指令并实现自动控制的技术。通过数控技术,用户可以实现一台或多台机床的运动控制,加工高精度的零件。随着航空航天、船舶、发电领域等加工对象的不断变化(巨型化),制造过程的日益复杂化,担负着重要加工任务的重载机床对数控技术的要求也越来越高。为了满足重载机床高速、高精、复合、智能化的要求,数控系统(数控技术)必须具备卓越的控制分析处理与驱动控制能力、友好的人机界面、加工程序管理与生成能力、检测元件的管理与通信能力、误差控制能力、故障分析与诊断能力。数控系统的控制分析处理能力是实现高精度加工的技术基础;驱动系统是大型重载数控机床的主要执行机构,是实现加工的实际执行者;友好的人机界面是顺利进行加工和用户维护的良好基础;加工程序的管理和生成是进行大型复杂加工的可靠保障;误差控制能力是在当前制造能力不足的前提下提高加工精度的一种手段;故障分析与诊断能力为大型重载机床的维护工作提供了可靠的支持,因为大型重载机床的样本少,维修工作复杂,所以需要合理的诊断方法对机床进行及时的维护和维修。

本章首先介绍大型重载机床对数控技术的需求、数控系统现状和数控技术发展方向,然后针对数控高速高精控制技术、多电动机驱动技术及多轴插补技术、数控智能技术进行分析和论述,最后介绍大型重载机床的诊断技术及远程诊断的运用。

7.1 大型重载机床数控技术分析

7.1.1 大型重载机床数控性能需求分析

大型重载机床主要运用于大型、特大型零件的加工,是造船、电力、航空航天、交通运输、国防军工等行业不可或缺的制造装备。其加工具有工件重量和几何尺寸大、切削力大、精度检测难度大等特点，如F-22战机后机身整体框毛坯尺寸达到4000 mm×2000 mm，A350内后侧梁尺寸达到6000 mm×1200 mm；预计在未来的设计中前述整体框毛坯尺寸将超过4500 mm×3000 mm，梁的长度将超过7000 mm。零件结构尺寸向更大方向发展带来的结果是零件结构更加复杂，零件制造精度、制造难度及精度检测难度大为提高。下面介绍大型重载机床对数控技术的性能需求。

1. 大型重载机床的高速高精控制要求

大型重载机床进行高速加工时，进给速度和进给加速度的提高，必然会加大机床结构所需承受的加速力，使机床更容易产生振动，影响零件表面质量。同时，由于机床本身的重量大，其惯性力远大于普通机床。这就要求数控系统在尽可能缩短加工时间和满足精度要求的条件下，具有实现最佳表面加工质量的运动控制能力。数控系统必须为机床制造商和用户提供最佳的路径控制方法，必须与机床紧密结合，以确保在任何加工任务下都具有高动态性能。而提高数控系统CPU的处理位数与速度，提高主轴进给速度与减少误差环节是有效的途径。

2. 大型重载机床加工能力的复合化

为了提高大型重载机床的加工效率，减少装卸，保证加工精度，节省成本和占地面积，复合化加工的要求日益突出。重载机床加工的工件重量大，装卡、找正困难，加工工序复杂繁多。采用复合加工能力强的重载机床，就可合理进行工序集中，实现一次装卡，即可完成钻、铣、攻丝、扩孔等多道工序，减少装卸。与一般的大型重载机床相比，具有复合加工能力的大型重载机床可以减少工件重复装卡产生的定位误差、装卡夹具的数量和加工件的运送成本，可以获得更高的机床利用率和加工精度。由于工序集中，从而可以减少机床台数和占地面积。

3. 大型重载机床数控系统的智能化需求

大型重载机床的加工对象一般都比较复杂。加工对象上常常有许多复杂曲面需要加工，对数控编程的能力要求极高，这就需要数控系统能自动读取计算机生成的加工程序。另外，由于大型重载机床的维修成本比一般机床高，维修工作复杂，对维修人员的能力要求高，因此其维修时造成的减产损失大，需要智能化的诊断技术。智能化故障诊断技术作为一种有效的故障防范策略，它能通过实时、自动的监测和采集重载机床的状态信息与运行参数，起到有效预测故障发生、判定故障性质、评估系统运行状态，以及延长系统正常使用寿命的作用。

7.1.2 数控系统现状

数控机床从20世纪50年代初诞生到现在，数控技术随着计算机技术和微电子技术的发展，目前已经完成了由NC到CNC(computer numerical control)的转变。数控系统性能价格比不断提高，促进了数控机床在国内外各类企业中的普及。从20世纪90年代起，开放式数控系统逐渐成为世界制造领域的研究热点，目前有以下三种典型结构的数控系统。

1. 专用NC+PC主板式数控系统

这是一类基于传统数控系统的半开放式数控系统，在传统的非开放式的CNC上插入一块专门开发的个人计算机模板，使传统的专用CNC带有个人计算机的特点。计算机模板用于辅助编程、监控、编排工艺等非实时任务，传统的专用CNC进行实时插补、伺服控制、电源控制及I/O控制等一些实时控制。此种模式的控制器主要出自CNC控制器制造商，其原因是：一方面，许多用户对他们的产品很熟悉，也习惯使用；另一方面，控制器制造商不可能在短时间内放弃他们传统的专用CNC技术。尽管这类系统已经具备了开放式数控系统的某些特点，并可根据不同用户需求进行灵活配置，但由于这种数控系统的开放性仅限于PC部分，专业的数控部分仍采用封闭结构，系统的功能和柔性受到了限制。这一类数控系统大大增强了人机界面的功能，使数控系统的功能得以完美体现，而且使用更加方便。有些厂家把这种开放式数控系统称为融合系统(fusion system)。由于它既具有原数控系统工作可靠的特点，同时它的界面又比原来的数控系统开放，生产厂家在生产这类数控系统时不必投入很大的人力、物力对原来的数控系统做大的改动，因此它受到制造商和数控设备使用者的欢迎，在国内应用非常普遍，现有的数控机床大部分都是采用这种数控系统。典型产品有SIEMENS 840D、840D sl，FANUC 0i、18i、31i，华中数控系统等。

2. 通用PC+运动控制卡式数控系统

这种数控系统由PC和开放式运动控制卡构成。所谓开放式运动控制卡，就是一个可以单独使用的数控系统，具有很强的运动控制和PLC控制能力，它还具有开放的函数库可供用户进行自主开发，以构造自己所需要的数控系统。PC作为系统的核心，可将控制卡插入PC的标准扩展槽中以完成各种标准数控功能。一般用PC处理各种非实时任务，由硬件扩展卡处理实时任务。这种模式中，计算机能提供一定意义上的开放性，控制卡能保证实时性，是目前开放式数控系统硬件体系结构的主流。这类数控系统具有可靠性高、功能强、性能好、操作简单方便、开发周期短、成本低等优点，可运行用户自定义软件、界面友好，而且适合各种类型数控系统的开发，因此这种数控系统目前被广泛应用于制造业自动化控制的各个领域。如美国Delta Tau公司用PMAC构造的PMAC-NC数控系统、810系列控制器，日本MAZAK公司用三菱电机的MELDAS-MAGIC 64构造的Mazatrol Fusion 640数控系统等，都是这种开放式数控系统。但是，由于它的NC部分（运动控制器）仍然是传统的数控系统，因此用户无法进行二次开发。

3. 完全采用PC的纯软件式(Soft型)数控系统

这是一种最新的开放式数控系统，CNC装置的主体是PC，充分利用PC不断提高的计算速度、不断扩大的存储量和性能不断优化的操作系统，实现机床控制中的运动轨迹控制和开关量的逻辑控制，仅增加与伺服驱动及I/O设备通信所必需的现场总线接口，从而实现非常简洁的硬件体系结构。Soft型开放式数控系统把运动控制（包括轴控制和机床逻辑控制）器以应用软件的形式实现，除支持数控上层软件（数控程序编辑、人机界面等）的用户定制外，其更深入的开放性还体现在支持运动控制策略（算法）的用户定制。用户可以在PC操作平台上，基于CNC内核，开发各种功能，构成各种类型的高性能数控系统。可以预见，随着计算机技术的发展，这种形态的机床控制器将具有广阔的前景。其典型产品有美国MDSI公司的Open CNC、德国Power Automation公司的PA8000 NT、美国CincinnatiMilaemn公司的A2100系统等。

7.1.3 数控技术发展方向

大型重载机床所需数控技术未来发展的核心关键技术主要集中在高档数控系统、交互式协同加工模式两个方面，同时柔性制造管理、CAD/CAPP/CAM/CNC一体化集成等方面也是重要的技术方向。

未来的高档数控系统不仅要完成对数控加工设备内部的精确控制,实现与CAD/CAPP/CAM的无缝连接、与柔性制造管理系统的准确交互,还要在线参与交互式协同加工,以满足未来加工制造业的需求。

具备上述关键技术的数控系统可以定义为智能型数控系统,采用智能型数控系统的数控机床可以称为智能机床。智能机床技术是“智能制造”的关键核心技术。

综上所述,满足制造底层加工设备智能控制的高端数控系统应满足以下功能需求。

(1) 针对单台数控加工设备的需求:开放式、软件化体系结构;多轴联动数控功能;复杂加工过程中的各种高级组合控制功能(各种不同被加工材料的温度、振动、张力、应力、形变的等控制和补偿功能);刀具磨损的在线自动补偿功能;在线机床温度补偿功能;被加工工件的各种性能参数在线检测功能;复合加工组合控制功能;数控机床在线监测和故障处理功能;复杂加工在线仿真及验证功能;数控系统在线升级和技术支持功能等。

(2) 针对CAD/CAM技术集成的需求:以通用软件操作平台为基础,便于CAD/CAM软件与数控系统的一体化集成;具有独立的后处理模块,便于数控加工设备与CAM软件配合工作;与主流的CAM软件兼容,并可快速生成有效数据接口;具有通用的网络通信接口及配套软件功能,便于实现数控加工程序和其他相关数据交互。

(3) 针对加工工艺智能规划技术集成的需求:作为数控加工设备的“大脑”,数控系统首先需要实时获取数控加工设备内部的状态信息(包括机床各部件参数、刀具参数、当前加工工件参数等),并反馈给加工工艺智能规划系统;数控系统需要根据加工程序对工件的加工工时进行准确估算,并反馈给加工工艺智能规划系统;数控系统需要通过网络通信在线接收加工工艺智能规划系统的调整信息,并及时调整加工任务。

(4) 针对柔性制造技术实现的需求:作为柔性制造系统的基础层——设备级的核心控制系统,数控系统首先必须具备卓越的设备控制能力;数控系统需要具备整体机床状态监测和故障诊断系统;数控系统需要具有良好的网络通信能力,在线接收柔性制造系统的各种指令,并将机床加工状态信息实时反馈;数控系统需要具有与机器人、桁架式机械手、运送小车、自动料库等交互协调控制的能力，对于独立柔性加工单元需要进一步具备对机器人上下料的控制能力；数控系统需要具有与测量机等设备的接口和通信能力。

(5) 针对协同制造技术实现的需求：作为协同制造体系基础层的核心单元，数控系统首先需要具备良好的网络通信能力，进而实现协同调度、协同配合控制、协同状态信息交互等基础功能；数控系统需要具备整体机床状态监测和故障诊断系统；数控系统需要在线检测被加工工件的状态信息，并提交给协同制造中的相关单元，从而保证协同加工的有效实现；数控系统需要具有根据协同制造实时需求同步调整加工控制的能力。

7.2 大型重载机床的数控关键技术

7.2.1 大型重载机床高速高精控制技术

要实现大型重载机床的高速、高精度切削，必须从CNC系统、机床的机械结构、进给驱动及辅助部分(如主轴、检测装置、刀具装卡)等方面进行研究和突破。它们并不是彼此独立的，而是互相联系、制约、促进的，其中任一方面的发展都会促进其他方面的进步。目前，重载机床高速高精控制的关键技术主要集中在以下几个方面。

1. 提高数控CPU的处理位数和速度

由于重载机床及其加工对象的巨型化、复杂化，其切削的速度和精度必然要受到数据传输速率和加工程序预处理的影响。

CNC系统是一个专用的实时多任务计算机系统，集成了当今计算机软件技术中的许多先进技术，其中最重要的是多任务并行处理和多重实时中断技术。作为一个用于工业自动化生产中的独立过程控制单元，CNC系统必须兼顾管理和控制两大任务。

系统的管理部分包括I/O处理、显示和诊断。系统的控制部分包括译码、刀具补偿、速度处理、插补和位置控制。在多数情况下，管理和控制的部分工作是同时进行的。例如，当CNC系统在加工状态工作时，操作人员经常需要及时地了解机床主轴和进给轴的速度、温度、位置等动态性能，这就需要人机界面的动态显示与CNC系统的加工程序处理同时进行。为了保证加工过程的连续性,即刀具在各程序段之间不停刀,译码、刀具补偿和速度处理模块必须与插补模块同时运行,而插补又必须与位置控制同时进行。

提高 CNC 系统的微处理器的位数和速度,将加工控制以微小程序段实现连续进给,由此引入先进的控制算法,对于提高 CNC 系统的速度极为重要。高速 CNC 系统的数据处理能力有两个重要指标:一是单个程序段处理时间,为了适应高速要求,要求单个程序段处理时间短;二是插补精度,为了确保高速下的插补精度,要有前瞻和大数目超前程序段处理功能。数字信号处理器(digital signal processor,DSP)具有很强的数据吞吐能力,在大量读取加工指令后,计算出伺服电动机的位移量,驱动电动机快速响应,达到实时控制效果。

2. 提高主轴速度和进给速度

在大型重载机床的高速化中,切削效率是衡量机床先进性的一项极为重要的指标。提高主轴速度和进给速度,可以缩短加工时间,提高生产效率,降低加工面的粗糙度值。其中,主轴的高速化,可以相对降低 80%的切削时间。

但是,由于大型重载机床的主轴功率一般都在 100 kW 以上,因此实际生产对主轴的刚度和热稳定性都有相当高的要求。主轴的高速化将产生大量的热变形,如何控制主轴的发热量,如何对热变形量进行实时监控和补偿,都是必须解决的问题。为了尽量避免主轴高速化产生大量热变形的情况,一般采取以下几个办法。一是尽量减少主轴运动产生的发热量,如直接选用高速电主轴或水冷电动机,对主轴轴承进行油气冷却,设计有利于散热的主轴结构。高速电主轴和水冷电动机是实现高速切削的基础,它直接将电动机转子作为机床的输出轴,实现了零传动,减少了传动过程中的功率损耗和传动误差。二是采用系统软件功能,对机床进行三维实时热补偿。

大型重载机床的进给轴一般采用大惯量电动机驱动,如何在保障轴刚度的同时兼顾响应速度和定位精度是极其重要的。这一问题的解决要依赖于高性能的伺服系统。伺服系统(servo system)又称随动系统,是用来精确地跟随或复现某个过程的反馈控制系统。伺服系统对伺服电动机控制具有如下基本要求:稳定性好、精度高、动态响应快、抗干扰能力强。

针对伺服系统的控制性能,近年来国内外已有许多学者应用预测控制理论进行研究和分析。如采用模糊预测控制算法控制永磁同步电动机;提出一种采用瞬时电流分量的比较控制方式，通过查询开关规则表，输出逆变器的开关状态矢量，得到了电动机平稳的直流电流响应和快速平稳的交流电流响应，将预测控制应用于永磁同步电动机的速度控制；在预测控制最坏的情况下，通过满足确定的线性矩阵不平等量实现控制器的鲁棒性，建立了电动机的电流环控制器；提出一种低脉动、快速动态响应、恒开关频率的直接推力电压矢量预测控制方法，分别针对不同类型伺服电动机进行运用，等等。

这里介绍一种对一般伺服电动机通用的模型。伺服电动机的电流环需要快速稳定，而且电流环直接影响电动机的输出扭矩，对负载的动力学控制有很大的影响。针对伺服电动机，给出其电流环的预测控制模型，利用上升时间和稳定值确定电流环等效方法，并对伺服电动机的速度环和位置环进行比例积分-微分控制。其物理模型如图 7.1 所示。

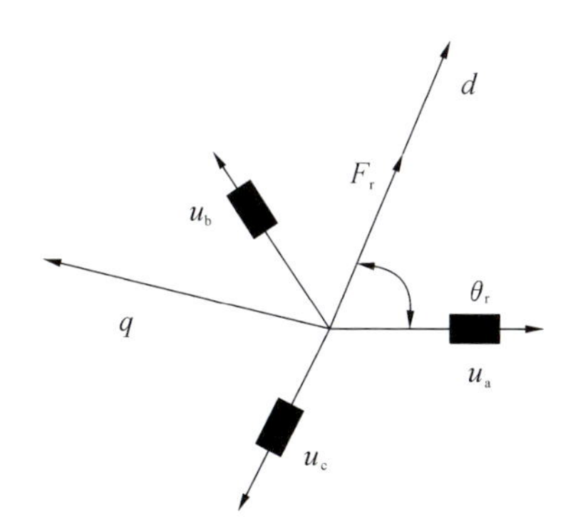

图 7.1　伺服电动机物理模型

图 7.1 中，u_a、u_b、u_c 分别表示定子三相电压，d、q 为轴，F_r 为励磁磁动势。

其数学模型如下：

$$\begin{cases} u_{sd} = R_s i_{sd} + \dfrac{\mathrm{d}\Psi_{sd}}{\mathrm{d}t} - \omega\varphi_{sq} \\ u_{sq} = R_s i_{sq} + \dfrac{\mathrm{d}\Psi_{sq}}{\mathrm{d}t} + \omega\varphi_{sd} \\ T_e = nP(\Psi_{sd} i_{sq} - \Psi_{sq} i_{sd}) = np[L_{md} I_f i_{sq} + (L_{sd} - L_{sq}) i_{sd} i_{sq}] \end{cases} \tag{7.1}$$

式中：u_{sd}、u_{sq} 和 φ_{sd}、φ_{sq} 分别为 d、q 轴上的电压和磁链；i_{sd}、i_{sq} 分别为 d、q 轴上的电流；Ψ_f 为永磁体励磁链；I_f 为虚拟励磁电流；R_s 为每相定子的绕组；L_{sd} 和 L_{sq} 为等效两相定子绕组自感；L_{md} 为 d 轴电枢反应电感；T_e 为伺服电动机的扭矩；

n 为伺服电动机的转速；P 为伺服电动机的功率。

采取转子磁链定向控制，简化得到

$$I_f = \frac{\Psi_f - L_{md} i_{sd}}{L_f} \tag{7.2}$$

由此生成伺服电动机的电流环、位置环、速度环的结构，如图 7.2 所示。

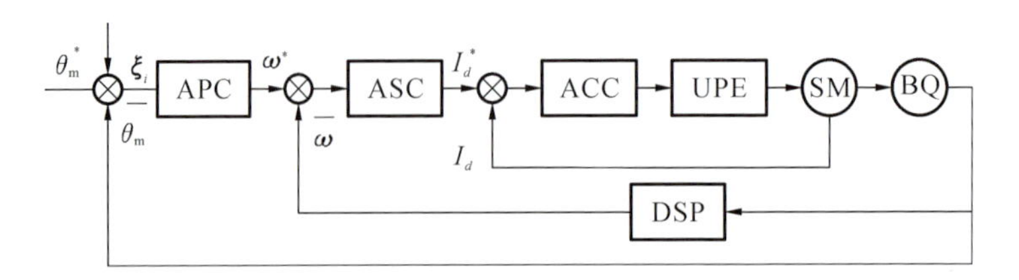

图 7.2　伺服电动机的控制结构图

图 7.2 中，APC(a position controller)为位置环的控制器，ASC(a speed controller)为速度环的控制器，ACC(a current controller)为电流环的控制器，DSP 为数字信号处理器，SM(servo motor)为伺服电动机，BQ 为光电位置传感器，ξ_i为噪声扰动。

3. 提高数控软件性能

提高数控系统的控制能力，不仅需要增强数控系统对伺服系统的控制能力，也需要优化数控系统对加工轨迹的控制算法，这在下一节多轴插补中会进一步进行描述。而提高加工精度主要还是从减小数控系统的控制误差和对误差进行补偿两个方面进行。

为了减小数控系统的控制误差，一般可采取以下几种办法：提高数控系统的最小分辨率，通过微小程序段实现连续进给；采用精细化的数字控制单元，提高位置检测精度；采用具有前馈控制与非线性控制功能的位置伺服系统；采用光学检测元件(如光栅尺)作为外接位置检测(目前检测精度最高已达±0.002 mm)。

为了对误差进行补偿，一般可采取以下几种办法：对机床的进给轴运行精度进行位置误差补偿，对机床的反向间隙进行补偿，对机床的变形进行空间误差补偿，对主轴的热变形进行温度补偿，对机床轴的控制进行过象限补偿。目前，针对大型的高精度机床，最多可以执行 21 项空间矢量补偿。值得注意的是，由于大型重载机床行程长，加工处和非加工处很有可能存在温差，在没有完全预热和对进给轴进行温度补偿的情况下，很有可能产生较大的加工误差，所以对于大型重载机床而言,对误差进行补偿尤为重要。

7.2.2 大型重载机床多电动机驱动技术

随着伺服系统在高精度、高动态性能、大惯量以及大功率场合的应用越来越广泛,人们对多电动机驱动系统的需求也越来越迫切。大型重载机床不仅本身移动部件重,而且加工工件动辄几十吨甚至上百吨,机床承载量是随着加工对象的变化而变化的,因此,移动部件一般都采用静压导轨的结构形式,如图7.3所示。

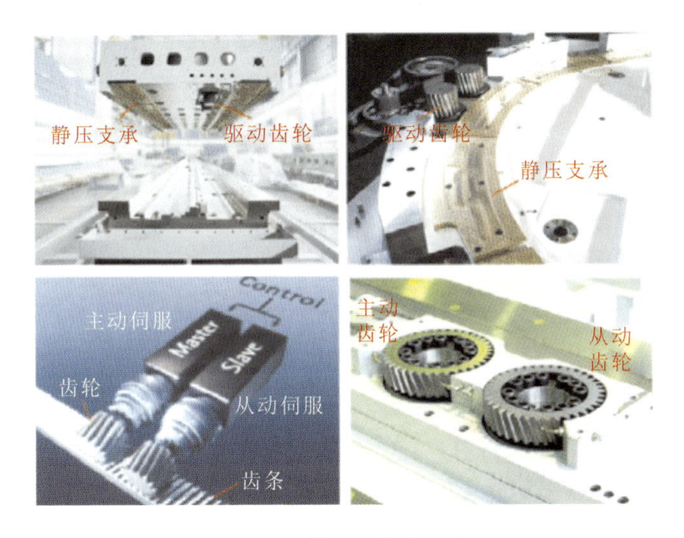

图7.3 静压导轨与驱动

由图7.3可知:往复运动的工作台面上安装有静压支承;回转工作台的底座圆周上分布着静压支承;大型重载机床长距离移动时,一般采用齿轮齿条传动。为了消除反向间隙,通常采用两个伺服电动机进行主从控制来完成进给(如铣镗床的立柱移动和大型工作台的回转运动)。随着立柱和工作台的不断加大,有时也需要四个电动机进行力矩驱动,一般分为两组,对称安装在立柱或工作台两侧,每组电动机组合实现消隙,两组电动机共同运行,提高轴的动态性能,减少齿轮箱磨损,实现动态实时响应。

大型重载机床被大量运用于加工大型整体框、整体梁等整体结构类零件,为满足这些零件的加工需求,一般采用龙门结构,典型结构的大型动梁龙门移动铣床如图7.4所示。

图 7.4　大型动梁龙门移动铣床

由图 7.4 可知，动梁龙门移动铣床的龙门移动采用双电动机、双检测同步驱动，保证龙门移动的同步和位置精度。横梁上下移动也采用双电动机、双检测同步驱动，保证横梁进给的同步和位置精度。

大型重载机床中，随着主轴箱和龙门框架的不断加重，经常需要同时满足消隙和位置同步的双重目的。在这种情况下，一般采用四个电动机驱动，两个为一组，每组电动机组合实现消隙，两组电动机之间构成位置同步，达到实时同步、动态反应迅速的目的。

从以上分析可见，多电动机驱动主要实现两种目的：消除反向间隙和实现位置同步。下面就从理论上来分析这两种实现情况。

1. 双电动机消隙控制技术

普通机床使用的工作台分度装置，都是采用单电动机驱动，对输出齿轮通过施加液压力来消除齿轮啮合间隙。此结构由于不具有在齿轮传动时适时进行间隙补偿的功能，因此无法保证机床的可靠运行。在加工空间曲面精密零件时，其加工几何尺寸精度难以达到设计要求，加工精度较低，影响了精密零件的使用性能，从而不能满足精密加工的需要。

大型重载机床则一般采用双电动机无间隙传动技术，其目的是：针对现有技术中消隙参数不能灵活调整以满足现代加工需要的不足，提出一种能够根据机床运行中的负载扭矩情况对工作台消隙参数进行适时自动修改的间隙补偿技术，使机床的工作台分度精度能更好地满足高精度大型复杂零件的加工工艺的要求。

双电动机驱动工作台分度装置包括两组定位在箱体上的传动系。每组传动系依照传动次序包括电动机轴、同步轮、同步带、一级或一级以上的传动轴，在每个传动轴上分别固定两个齿轮构成一级。当传动齿轮及传动轴有两组以上时，其传动关系是逐级进行传动的，每组传动系中的最后一级齿轮与工作台齿轮相啮合。

双电动机驱动工作台分度装置的工作原理如下。每个电动机通过电动机轴上的同步轮、传动带带动齿轮传动轴，每级传动轴之间通过一级或一级以上的传动齿轮传动以增大扭矩，将动力传到工作台齿轮上，共形成两组传动系。将两电动机调整到相差一个相位角，此相位角所在位置消除输出扭矩齿轮与工作台齿轮啮合后工作配合的间隙，并使其记住位置。然后实现两个电动机同步，使分度装置的两个最终输出齿轮与工作台齿轮啮合并在以后工作中补偿间隙。

系统控制伺服电动机的主要原理如下。首先将两个伺服电动机初始位置定好并记住。在静止状态时，给两个伺服电动机施加两个方向相反、力矩等值的力，消除其间隙，使其在静止中能够保持位置不变并抵抗主轴切削产生的振动偏移力，保持工件平稳加工。当工作台向左运动时，电动机 1 起主导作用，电动机 2 与电动机 1 同步运转，施加一反向力矩。当工作台向右运动时，电动机 2 起主导作用，电动机 1 与电动机 2 同步运转，施加一反向力矩。系统始终保持两个伺服电动机相对位置不变，始终提供反向力矩，这样既保证该传动装置刚性连接、传动无间隙，又能提供一可调整的阻尼，克服大惯量产生的非线性环节，在系统控制指令下能达到精确定位分度。

双电动机驱动工作台分度装置，由两个电动机同步带动齿轮轴系传动，通过一次调整定位后完成间隙补偿，在以后工作过程中不需要再进行间隙补偿，工作台运行平稳，机床在以后加工零件时加工精度高。

双电动机以增加反向预紧力的方式来达到消除传动间隙的目的，原理如图 7.5所示。

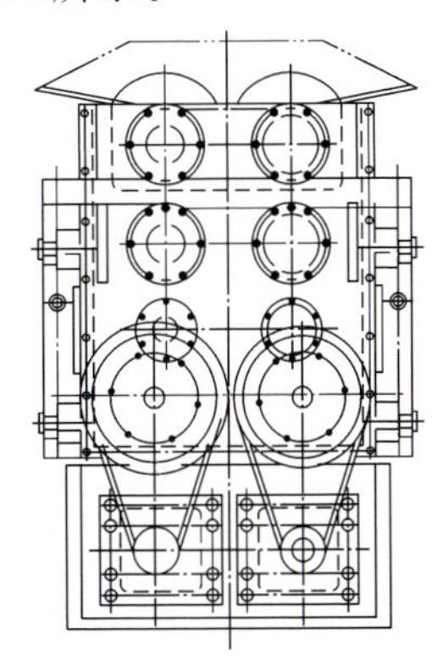

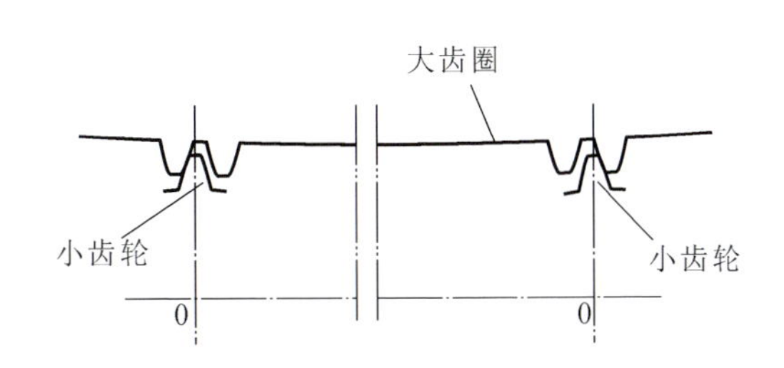

图 7.5 双电动机消除传动间隙原理图

要消除传动间隙,就要保证两个电动机的输出转矩的方向是相反的,两个电动机的输出转矩的差值决定了工作台的旋转方向。双电动机消除间隙控制框图如图7.6所示:两台驱动器均工作于转矩工作方式,伺服控制采用速度、位置双反馈的PID+前馈控制算法,其输出经处理后保证工作台朝一个方向旋转时一个电动机起驱动作用,另外一个电动机输出反方向的张紧转矩以保证电动机需要改变方向时没有传动间隙产生。

$$\begin{cases} T_1 = \dfrac{1}{2}T_T + \dfrac{1}{2}\Delta T \\ T_2 = -\dfrac{1}{2}T_T + \dfrac{1}{2}\Delta T \end{cases} \tag{7.3}$$

式中:T_T 为消除间隙的张紧转矩;ΔT 为位置控制器算出的转矩控制量。T_T 要根据实际机床工作情况动态选取,在保证消除间隙的前提下尽量减少电动机发热。为了防止冲击,惯性阻尼环节是必需的。

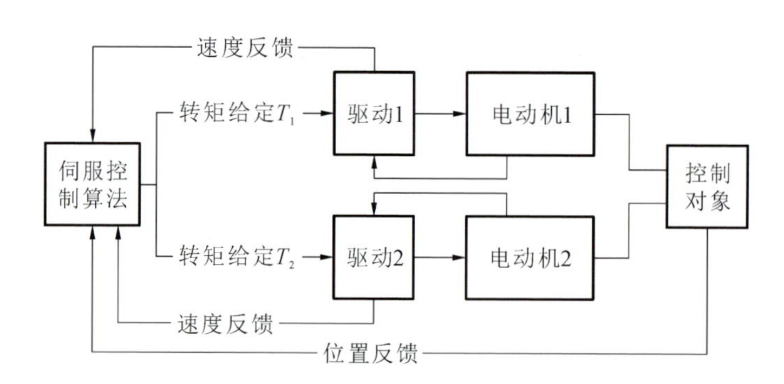

图7.6 双电动机消除间隙控制框图

定义一个虚拟轴来完成伺服控制算法,它的位置反馈来自旋转工作台的圆光栅,速度反馈来自驱动系统的位置反馈信号,其处理结果为 ΔT,通过式(7.3),在每个伺服周期得出 T_1 和 T_2,直接通过D/A转换控制两台驱动系统。

值得注意的是,伺服驱动需要根据工作台旋转方向的变化来切换两个伺服电动机的速度反馈信号。在工作台顺时针旋转时,以电动机1作为主动轴,电动机2作为从动轴;在工作台逆时针旋转时,以电动机2作为主动轴,电动机1作为从动轴,始终以主动轴的电动机位置反馈信号作为速度反馈源,以防止机械误差引起速度反馈的波动。

2. 双电动机同步控制技术

近几年，大型重载机床的结构设计主要运用将数控机床轴的驱动力作用于运动部件重心的重心驱动技术（driven at the center of gravity，DCG）。但是，在大型重载机床中，原有的单轴驱动方式一般很难保证轴的驱动力可作用于运动部件的重心。因此，许多大体积大质量的主轴箱移动轴、大跨距龙门机床的龙门轴、特殊加工中心，采用了如图7.7所示的双轴同步驱动方式。

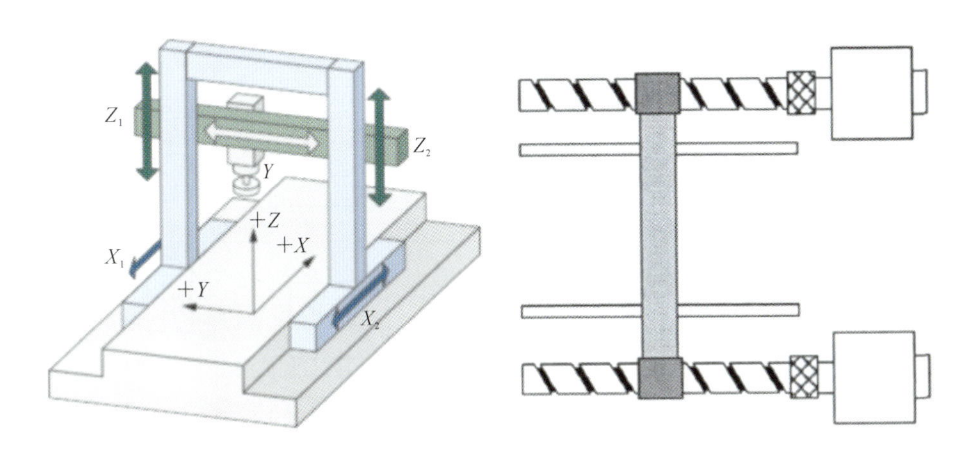

图7.7 双轴同步驱动示意图

所谓双轴同步驱动，即用一对平行布置的滚珠丝杠和伺服电动机来共同驱动运动部件的工作方式。丝杠对称布置于运动部件的两侧，可以抵消由于负载不平衡造成的额外弯矩，变相提高了滚珠丝杠的使用寿命。但如何避免丝杠受力不均造成的倾斜，保障两个驱动轴的实时同步性是一个问题。

在满足加工工艺的要求下，同步进给要求实现多轴的速度同步或位置同步或两者兼顾。但是，重载机床的设计不可能具有完全的对称性，同时由于负载不同，加工时切削力的变化，尽管采用了相同的传动机构和控制方法，但由于双轴同步的机械结构为刚性耦合，故在高速运行时很难避免运动不一致的情况。这样，就会造成运动部件扭曲，加工精度降低，极度严重的情况下还会损伤机械本身。所以如何高精度地执行双轴同步控制技术是当前需要解决的主要问题。

龙门轴同步的基本工作原理：将两个同方向运动的进给轴，一个设定为主动轴，另一个设定为从动轴，主动轴和从动轴均由一个伺服驱动器、一个伺服电动机、一个位置反馈装置及CNC位置检测装置组成伺服运动控制回路。CNC的位置控制单元同时向主动轴及从动轴的伺服控制回路发出位置伺服运动指令。两个位置检测装置的反馈信号除了送回各自的伺服驱动器比较环，还送入CNC内部的一个数字比较器进行差值比较。两个位置反馈装置的反馈信号差值就是主动轴与从动轴的同步误差：当差值超过允许值时，系统产生报警；当差值为零时，表明两个轴的位置完全同步。图7.8所示为双电动机同步控制框图。

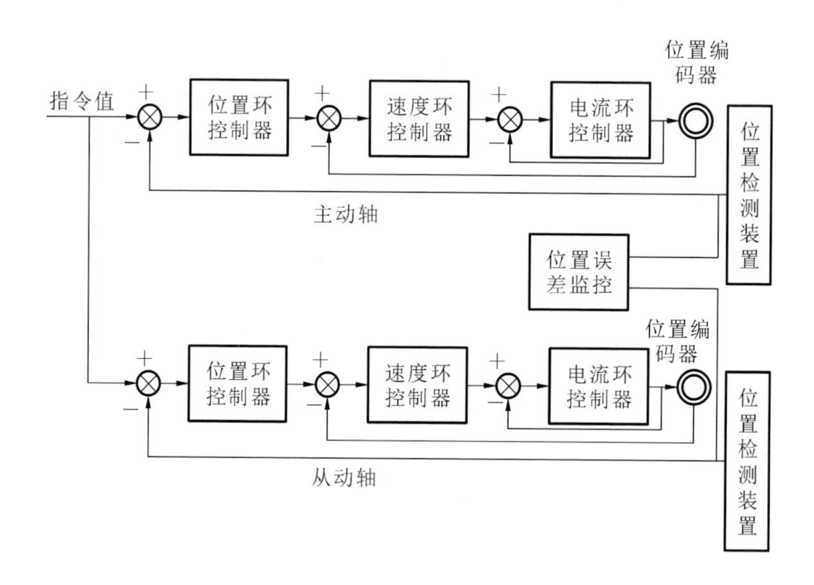

图7.8 双电动机同步控制框图

由图7.8可知，两台驱动器均工作于位置同步工作方式，同时读入一个位置指令，伺服控制采用速度、位置双反馈的PID+前馈控制算法，数控系统通过读取外接位置检测装置(如光栅尺等)一比一传动机构的数值，比较两者的位置误差值，如在机床的设定范围内，即认可两者同步。

需要注意的是，龙门轴是机械耦合轴，其运动方向、速度必须始终保持一致，且必须是在确认龙门轴的参考点后才能生效。数控系统直接控制的轴叫作主动轴，跟随主动轴一同运动的轴叫作从动轴。主动轴和从动轴的关系是固定的，并不随着轴的移动方向的变化而变化，两者共同组成龙门轴。主动轴和从动轴分别进行实时位置反馈，数控系统实时监控主动轴和从动轴之间的位置偏差，当位置偏差超过机床设定的机械容许极限值时，数控系统发出报警，禁止主动轴和从动轴的运动。

3. 同步消隙控制案例

下面以武重生产的TK6926B型数控镗床为例，介绍双电动机消隙技术和重心驱动技术在大型重载机床上的应用。机床采用西门子840D sl数控系统，机床及其控制结构如图7.9所示。

以图7.9中TK6926B的Y轴主轴箱升降为例，其重心随着滑枕和主轴的运动而不断变化，主轴箱上下左右一共安装4个伺服电动机，分别定义为Y1、Y11、Y2、Y21。在主轴箱上下往复移动时，将上下一对电动机看作一组，即Y1与Y11一组，Y2与Y21一组，机床的两组伺服电动机分别采取双电动机消隙控制；同时，两根滚珠丝杠和两根外接光栅尺可实现双电动机的位置同步控制，从而既消除了间隙对主轴箱动态运行精度的影响，又降低了振动对加工的影响。

7.2.3 多轴插补技术

20世纪60年代，国外在航空工业生产中将两个旋转运动引入数控机床，采用五坐标数控铣床加工零件。随着航空航天、船舶、发电等多个工业领域的发展，复杂形状表面的精度误差已经从早期的±(0.15～0.30)mm提高至±(0.08～0.12)mm，表面粗糙度从1.6～6.4 μm提高到0.8～1.6 μm。这样加工既要保证零件表面质量，又要保证位置精度和外形精度。因此，一次装卡、一次定位加工成形是比较合理有效的选择。数控复合加工机床是以现代柔性自动化的数控机床为基础，以组合机床和多刀半自动转塔机床的“集中工序、一次装卡实现多工序复合加工”的理念为指导发展起来的新一类数控机床。目前，复合加工机床向多主轴、多刀架、多工位、大型化方向发展。

当前电主轴和大功率力矩电动机的出现，使得五轴联动加工的复合主轴头结构大为简化，其制造难度和成本大幅度降低，数控系统的价格差距缩小，促进了复合主轴头类型五轴联动机床和复合加工机床（含五面加工机床）的发展。一台具有自动换刀装置、自动交换工作台和自动转换立卧主轴头的镗铣加工中

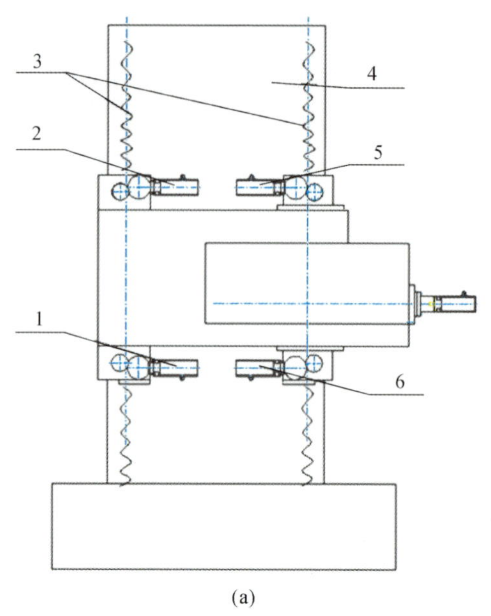

(a)

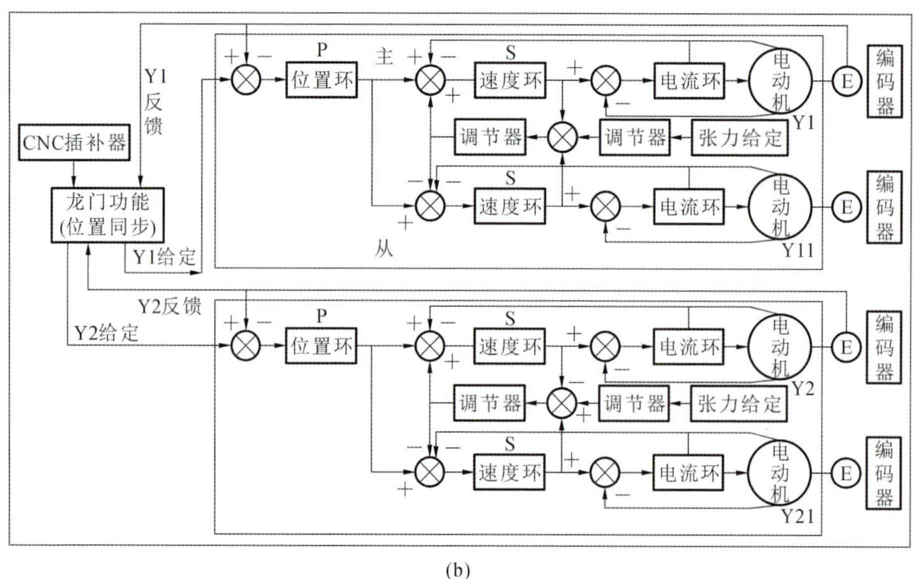

(b)

图 7.9　TK6926B 机床及其控制结构示意图

1—Y11;2—Y1;3—滚珠丝杠;4—立柱;5—Y2;6—Y21

心,一次装卡不仅可以完成镗、铣、钻、铰、攻丝和检验等工序,还可以完成箱体五个面粗、精加工的工序。

1. 五轴联动数控加工技术

五轴联动数控加工的主要运行原理：数控编程系统将被加工零件的有关信息（几何信息、工艺信息等）转换成数控装置所能接收的指令；然后由数控装置对指令进行处理，计算出控制机床各个坐标轴运动的控制信息；最后由执行装置将控制信息转换成机床各个坐标部件的实际运动，并通过机床结构将坐标运动合成，形成刀具实际空间运动轨迹，加工出符合设计要求的零件，如图 7.10 所示。

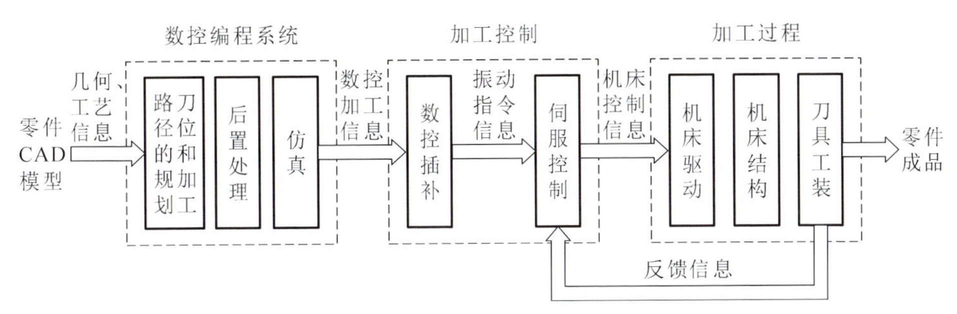

图 7.10　五轴联动数控加工的主要运行原理

由图 7.10 可知，五轴联动数控加工技术是一门综合化的技术，包含很多相关技术，主要如下。

1）复杂零件曲面和实体造型技术

对零件进行数控加工的第一步就是对零件的曲线或实体进行造型，这是 CAD 技术中的经典研究领域，经过几十年的发展，已经形成一个比较完善的曲面及实体表达的理论体系。其中较为重要的理论有：1962 年，Bézier 创立的 Bézier 曲线曲面设计方法和理论；1964 年，Ferguson 将参数 B 样条引入曲面设计中；1984 年 Pigel等人在前人研究的基础上，对有理 B 样条（NURBS）曲线曲面进行了深入研究，使得它在理论和应用上走向成熟；1967 年，MIT 的 Coons 提出通过曲面四条边界曲线来定义曲面即 Coons 曲面等。目前这些理论已经实际运用到商业化 CAD 软件系统中，在复杂零件造型上已经取得了较好的效果。

2）刀具空间运动轨迹的规划技术

刀具空间运动轨迹的规划技术是五轴联动数控加工技术的核心内容。在零件造型结束后，根据零件的形状、给定的误差，选取合适的机床、刀具、走刀方式、刀位，最终给出刀具加工曲面的空间运动轨迹。这一步直接决定了加工曲面质量、加工效率。

3）后置处理技术

在五轴联动数控加工中，一般将刀位和加工路径的规划过程称为前置处理，其任务是得到工件坐标系中刀具相对于工件运动的刀位文件。对于五轴联动数控加工，其前置处理部分是通用的，不考虑具体的机床结构和数控系统的指令格式；但要在数控机床上进行加工，还需要将前置处理得到的刀位文件转换成指定数控机床能执行的数控加工程序，该过程一般称为后置处理。后置处理的具体任务一般包括以下几个方面：机床运动求解、非线性运动误差校核与处理、进给速度的校核与修正、数控加工程序生成。

4）仿真技术

仿真就是对加工刀位的切削过程或者机床运动时的切削过程进行模拟，来验证刀具轨迹或数控指令的正确性。仿真技术在五轴联动数控加工中扮演着重要的角色。五轴联动数控加工中最常见而且最棘手的问题是干涉问题，如刀具与工件、刀具与夹具、刀具与机床间发生干涉。由于五轴联动数控加工中零、部件的运动相当复杂，这种干涉问题很难一次性计算解决，因此，对五轴联动数控加工过程进行仿真是必不可少的。

5）数控插补技术

数控插补是对刀具运动轨迹进一步分解细化，按照采样周期求得机床运动的实时控制输出量。这一过程主要由数控系统中插补算法完成。插补技术是数控加工中非常关键的环节之一，该技术的好坏直接关系到数控系统的优劣。特别在实时数控系统中，其算法的快慢决定着实时加工能否顺利实现。因此，该技术一直是数控加工技术中研究的重点。

6）伺服控制技术

伺服系统是五轴联动数控机床的重要组成部分，用以实现刀具的位置伺服控制。伺服系统的性能在很大程度上决定了数控机床的动态性能。例如，最高进给速度、运动平稳性、轨迹跟随精度、定位精度等重要指标均取决于伺服系统的性能。而伺服系统的性能主要取决于机床进给驱动机构、传感器技术、伺服控制算法的性能。

目前大多数数控系统中，伺服系统的控制都由软件实现，在伺服进给系统的驱动部件和位置检测元件的动态响应、精度等都满足要求的前提下，优良的伺服控制策略将是影响伺服系统性能的主要因素。

2. 多轴数控插补技术

轨迹插补是数控系统中的核心技术。插补的基本定义：根据给定的刀具路径，按要求的精度与密度进行坐标点密化的过程。虽然从数控加工原理上看，轨迹插补只不过是一种将刀具路径按照给定的移动当量，即最小设定单位来控制机床各轴运动的方法，但是这一过程必须沿给定的路径进行大量坐标值的密化，不但要保证很高的精度，而且要在极短的时间里完成，因此具有相当高的难度。因此自数控技术诞生以来，对轨迹插补的研究就一直没有停止过。

针对五轴联动数控加工，其刀具的空间运动不仅包含平移运动，而且还包含两方向的转动，其空间运动的形式、轨迹都较三轴联动加工中刀具运动更为复杂。因此，五轴联动插补技术始终都是五轴联动数控技术中的重点和难点。

下面先介绍一种新的三轴联动的数控插补算法，然后介绍基于双 NURBS 拟合法的五轴联动数控插补算法。相对于目前广泛采用的五轴线性插补技术，该五轴联动数控插补算法有效提高了加工速度与加工零件的表面质量。

1）数控插补算法

目前常用的插补算法大致分为如下两类。

（1）脉冲增量插补。

这类插补算法主要用于采用步进电动机驱动的数控系统。其特点：每次插补的结果是仅产生一个单位的行程增量（一个脉冲当量），以一个脉冲的方式输出给进给电动机。插补速度与进给速度密切相关，而且还受到步进电动机的最高运行频率的限制。脉冲增量插补的实现较为简单。

（2）数字增量插补。

数字增量插补又称为时间标量插补。这类插补算法主要用于交、直流伺服电动机为伺服驱动系统的闭环、半闭环数控系统。目前大多数数控系统均采用此方法。

数字增量插补算法的特点：插补程序以一定的时间间隔定时（插补周期）运行，在每个周期内根据进给速度计算出各个坐标轴在下个插补周期内的位移增量（数字量）。数字增量插补运算的速度与进给速度无严格关系，因而采用这类插补算法时，可以达到较高的进给速度，插补采样周期和插补精度成反比。数字增量插补算法的实现较脉冲增量插补算法复杂，它对计算机的运行速度有一定的要求,不过现在的计算机均能满足它的要求。

2）三轴联动数控插补算法

为了达到高性能,现代数控系统普遍采用数字增量插补。其主要算法有线性插补、椭圆插补、螺旋线插补、参数直接插补等。对于传统曲线曲面的加工,往往采用线性插补算法实现,即将曲线细分为许多小直线段,然后进行直线插补。随着造型技术发展,NURBS 参数曲线曲面建模由于既能描述自由型曲线曲面,又能精确表述二次曲线弧和二次曲面,因此在许多高档数控系统中得到应用。

参数直接插补中,被插补曲线建立了相应的参数化数学模型。这样,实时插补计算时,可以直接以绝对方式进行,即每一轨迹坐标都以模型原点为基准进行,以消除累积误差,有效保障插补的速度和精度。其主要步骤如下。

(1）设参数直接插补中轨迹计算公式的一般形式为

$$\begin{cases} x = f_1(u) \\ y = f_2(u) \\ z = f_3(u) \end{cases} \tag{7.4}$$

式中:u 为参变量,一般在[0,1]内。

对于 NURBS 参数直接插补算法,其轨迹参数方程为

$$\begin{bmatrix} x \\ y \\ z \end{bmatrix} = \frac{\sum_{i=0}^{n} N_{i,k}(u)\omega_i \begin{bmatrix} d_{i_x} \\ d_{i_y} \\ d_{i_z} \end{bmatrix}}{\sum_{i=0}^{n} N_{i,k}(u)\omega_i} \tag{7.5}$$

式中:$\begin{bmatrix} d_{i_x} \\ d_{i_y} \\ d_{i_z} \end{bmatrix}$为控制点 d_i 的坐标。

(2）实时插补计算。

实时插补计算的任务是在每一个插补周期内,按上述轨迹公式实时计算插补轨迹上下一点的坐标值。实时插补计算包括以下几个步骤。

首先,计算每个插补周期内参变量的增量 Δu_i,主要是从加工允许误差、设

定的插补周期及机床的进给速度三个方面考虑。

然后，计算出当前插补周期的参变量：

$$u_i = u_{i-1} + \Delta u_i \tag{7.6}$$

式中：u_{i-1} 为上一周期的参变量取值。

最后将 u_i 代入轨迹计算公式，即可得到插补轨迹当前点的坐标值。

如果轨迹参数曲线采用 NURBS 曲线的参数直接进行插补，则称为 NURBS 曲线参数直接插补。

3）五轴联动数控插补算法

相较于三轴联动数控机床，五轴联动数控机床存在着两个方向的旋转运动，因此在五轴联动 NURBS 参数混合插补算法中加入了机床运动的逆解过程算法。

五轴联动数控机床结构无论如何变化，都是三个水平坐标轴附加两个旋转轴的组合，类型一般都可以归纳为以下三种：双摆头式、双转台式、摆头及转台式，如图 7.11 所示。一般而言，其平动坐标主要有固定床身式、升降台式、龙门式三种。固定床身式为工件做纵向、横向的平移，刀具做垂直方向的升降，故其坐标轴的配置为 $X'—Y'—Z$；所谓升降台式就是刀具不动，平动均由工件的平移实现，即坐标轴配置为 $X'—Y'—Z'$；而龙门式则为工件仅做纵向的平移，刀具做横向和垂直方向的平移，故其坐标轴的配置为 $X'—Y—Z$。

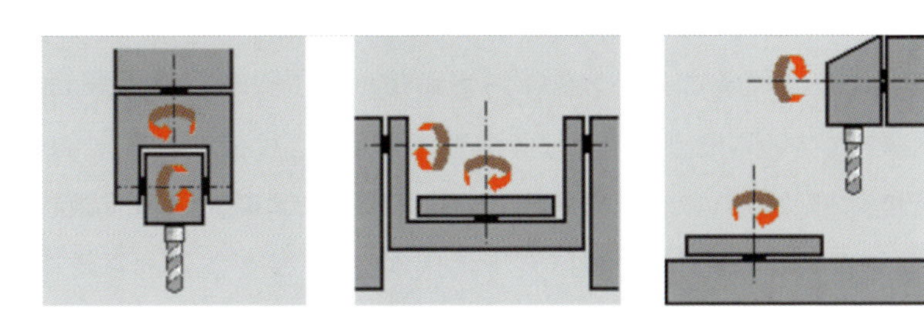

图 7.11　五轴联动数控机床的旋转轴类型

因此，结合平移坐标与转动坐标的配置，可以得到 36 种常见五轴联动数控机床的结构形式。在确定了数控机床机构的模型和结构参数后，机床的机构模型也就完全确定，可以得到该机床的运动逆解公式。

由此得出五轴联动 NURBS 参数混合插补算法，这种轨迹规划方法将产生

一个多阶连续的光滑刀具运动轨迹,其统一表述方式为

$$\begin{bmatrix} C(u) \\ P'(u) \end{bmatrix} = \begin{bmatrix} C_x(u) \\ C_y(u) \\ C_z(u) \\ P'_x(u) \\ P'_y(u) \\ P'_z(u) \end{bmatrix} = \sum_{i=0}^{n} R_{i,k}(u) \begin{bmatrix} DC_{i_x} \\ DC_{i_y} \\ DC_{i_z} \\ DP'_{i_x} \\ DP'_{i_y} \\ DP'_{i_z} \end{bmatrix}, u \in [u_{\min}, u_{\max}], k \geqslant 2 \tag{7.7}$$

式中:$C(u)$代表刀位点在 WCS 系下的运动轨迹,可以用 NURBS 曲线表述;$P'(u)$代表刀轴单位矢量的端点在 WCS 系下的运动轨迹,可以用 NURBS 曲线表述;$R_{i,k}(u)$为 NURBS 曲线的有理基函数;$DC_i = [DC_{i_x} \quad DC_{i_y} \quad DC_{i_z}]^T$ 为刀位点运动轨迹的控制点;$DP'_i = [DP'_{i_x} \quad DP'_{i_y} \quad DP'_{i_z}]^T$ 为轴单位矢量端点运动轨迹的控制点。

由此可以得到一种新型的五轴联动数控参数直接插补算法。这种算法不仅大大提高了机床的进给速度,而且有效降低了进给速度波动及冲击产生的幅度,提高了机床工作效率与零件的表面质量。

7.2.4 大型重载机床智能技术

“绿色、智能、超常、融合、服务”为机械工程技术发展的五大趋势。相应地,离散制造业的核心装备之一——机床的智能化也成了机床行业发展趋势之一。特别是大型重载机床,由于样本少,多半是专用定制,目前的发展时间有限,尤其需要智能化帮助用户实现机床的操作、编程、维护、诊断。大型重载机床结构复杂,功能繁多,有时加工件的价值高于机床本身,需要智能化的系统来帮助用户管理编写加工程序,保障加工精度,保护加工工件和刀具。

1. 机床智能化的发展现状

美国国家标准技术研究所(National Institute of Standards and Technology,NIST)下属的制造工程实验室(Manufacturing Engineering Laboratory,MEL)认为,智能机床是具有如下功能的数控机床或加工中心:①能够感知其自身的状态和加工能力并能够进行标定;②能够监视和优化自身的加工行为;

③能够对所加工工件的质量进行评估;④具有自学习的能力。

Atluru 等提出了一个智能机床监控的系统框架。Corbett 指出机床自动监测和监督的主要领域包括刀具、机床子系统(轴承、导轨和驱动系统)和整机系统(涉及温度、振动情况及工件的加工几何尺寸与表面质量)。石磊等在智能加工中心的研究中提出智能加工中心应具有感知功能、通信功能、学习功能等。

对于智能机床技术的研究,国内外主要集中在以下几个方面。

(1) 针对机床运行过程中的智能化,如:机床热误差补偿功能;机床几何误差补偿功能;机床振动检测与抑制功能;基于数控系统的机床防碰撞功能;刀具磨损检测和补偿系统;加工件在机质量检测系统;监控多种加工状态的自适应系统;数控机床上下工件机械手设计流程;数控机床润滑系统自动控制系统;通过检测机床能耗构成情况,提出了提高能源利用效率的方法。

(2) 针对机床准备运行阶段的智能化,如:对几种工艺参数的智能决策与优化;基于数控系统的交互式编程方法;程序模拟加工系统;刀具、附件及工件动态管理系统;机床节能调度方法。

(3) 针对机床维护阶段的智能化,如机床故障诊断与维护的模式、专家系统、模糊神经网络等人工智能方法。

智能化的范围太广,由于篇幅有限,本小节中仅针对机床运行中的智能化——监控加工状态的自适应技术进行说明。

2. 监控加工状态的自适应技术

大型重载机床在进行数控切削时,由于切削力大,惯量大,如何对工件加工过程进行监控,得到合理的切削力,保障工件、刀具和机床的安全是一个问题。本书采用自适应控制的原理,通过对主轴功率和切削力关系的分析,实现加工过程自调节的目的。

1) 自适应控制技术

自适应控制(adaptive control)是通过认识过程及其环境的变化并能适应地调整控制策略,以保证在过程未知和环境条件变化的情况下仍能保持过程性能最优的控制技术。

自适应控制可分为增益自适应控制、模型参考自适应控制(MRAC)、自校正控制(STC)、直接优化目标函数自适应控制、模糊自适应控制、多模型自适应控制、自适应逆控制等。其中最主要的类型是模型参考自适应控制和自校正控制。

自适应控制系统主要由控制器、被控对象、自适应器及反馈控制回路和自适应回路组成。自适应控制的原理框图如图7.12所示。

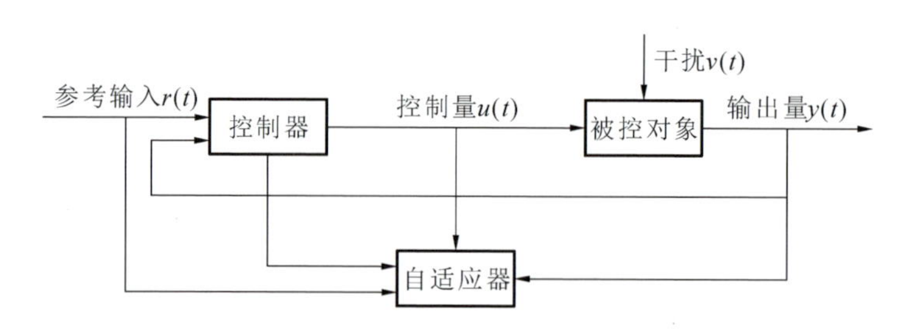

图7.12 自适应控制原理框图

2）自适应控制实例分析

下面以武重集团自主研发的ZK5540A两轴数控立式加工中心为研究对象，分析机床主轴电流信息与钻削条件、钻削参数之间的关系。

(1) 钻削参数与主轴电流的关系。

钻削加工中，刀具所受的扭矩 T 与主轴电动机电磁转矩 T_m 大小相等，而 T_m 的值由下式给出：

$$T_m \approx C_m \Phi_m I_a \cos\varphi_2 \tag{7.8}$$

式中：C_m 为电磁转矩时间常数；Φ_m 为每极气隙磁通量；I_a 为转子电枢电流，即主轴电流；φ_2 为转子电枢电流的相位角。

钻削加工中，由于刀具直径、主轴转速、主轴电动机结构等参数是一定的，因此，刀具扭矩的变化便反映到主轴电流的变化上。每把刀具都有一定的强度极限，钻削加工中刀具的扭矩过大会影响刀具的耐用度，当扭矩超过强度极限时，会出现刀具破损或崩碎，严重时甚至导致安全事故。因此刀具的扭矩必须控制在一定范围内。因为不便对刀具扭矩进行直接测量，所以可以通过监测主轴电流的变化来得出刀具扭矩变化，进而通过控制主轴电流将刀具扭矩大小控制在合理范围内。在一定的加工条件下主轴电流的变化可以通过建立主轴电流与主轴转速、进给量的关系模型来进行预测。这样，通过控制主轴转速和进给量就可以实现对钻削扭矩的控制。

(2) 检测数据分析。

为了分析主轴电流对钻削加工的影响，通过实验，画出主轴转速、进给量和主轴电流的关系曲线。实验中的信号采集系统所采集的主轴电流是在一个采样周期下的很多时间点的值，如图 7.13 所示。

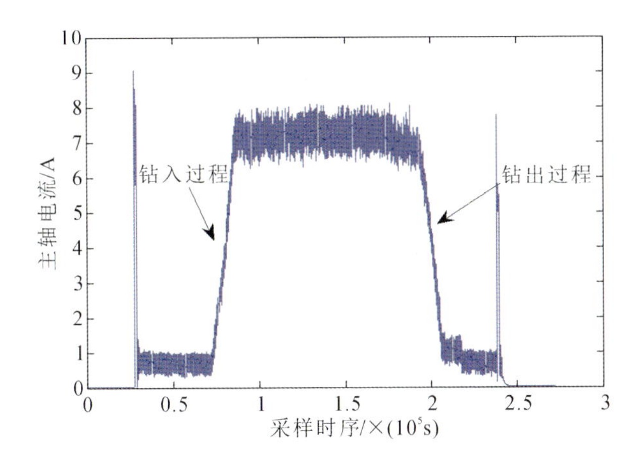

图 7.13　钻削过程中的主轴电流

图 7.13 中的数据无法直接用于研究主轴电流与主轴转速、进给量之间的关系，必须进行相应处理。将数据导入 MATLAB 中，求其均值，对均值进行分析，可以得出如下结论。

①钻削加工中主轴电流的大小主要受进给量的影响，考虑到信号采集的波动和误差，可以认为钻削过程中主轴电流和进给量呈正比关系。因此，可以直接通过调整主轴进给量来调整主轴电流大小，进而限制钻削过程中扭矩的大小，以防出现扭矩过大的刀具严重磨损、断裂甚至安全事故。

②钻削加工中主轴转速对主轴电流的影响不大，因此，在钻削加工中调整主轴转速时无须考虑主轴电流、钻削扭矩等的限制。

(3) 实现自适应控制。

通过智能自适应控制器，可以在钻削过程中根据钻削负荷的变化，自动调控钻削参数，控制钻削负荷，提高加工效率，达到保护机床和刀具的目的。该功能既可以在独立的外挂模块上实现，也可以集成到数控系统中。通过在数控系统上进行二次开发，可实现自适应控制功能在数控系统中的集成。控制器智能自适应控制结构如图 7.14 所示，自适应控制原理如图 7.15 所示。

根据图 7.15 所示的自适应控制原理可知，PLC 读取 HMI 的信息(如使能、参数、加工负荷、进给倍率和报警等)；PLC 自适应控制程序对采集的数据进行

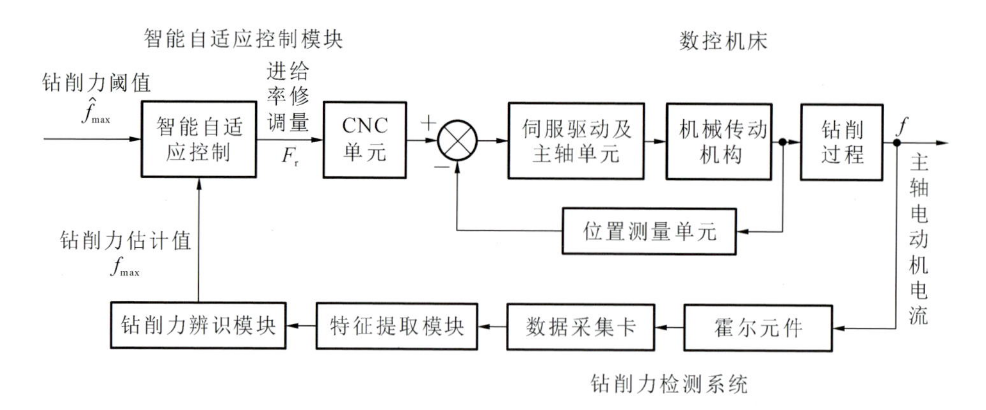

图 7.14　控制器智能自适应控制结构图

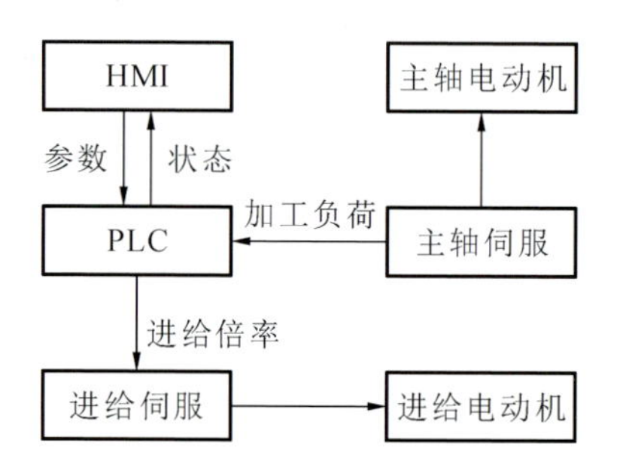

图 7.15　自适应控制原理图

处理、决策，在自适应加工功能使能的状态下，自动屏蔽旋转开关的作用，实时计算下一时刻的进给倍率，修改 PLC 中的存储进给倍率的寄存器变量(此变量对应于操作面板上的波段开关所控制的倍率，修改该变量，相当于改变了操作面板的旋转开关的挡位)，实现对机床倍率的调控，达到实时控制钻削的目的。

7.3　大型重载机床的诊断技术

7.3.1　机床故障诊断技术的发展现状

机床在制造业中发挥了举足轻重的作用，保证其长期安全可靠运行对制造型企业意义重大。针对数控机床的状态监测，健康度、可靠度分析，故障诊断，维修决策及其相关技术的研究，是目前制造领域的热点之一。

1. 机床故障的分类与特性

根据机床的故障信息对其进行分类，如表7.1所示。

表7.1 常见机床故障诊断分类

序号	故障分类的条件	具体分类
1	故障部件	主机故障；电气故障
2	故障性质	系统性故障；随机性故障
3	有无报警	有报警显示故障；无报警显示故障
4	破坏性	破坏性故障；非破坏性故障
5	发生的原因	机床自身故障；外部引起的故障
6	发生部位	软故障；硬故障
7	发生时间	早期故障；偶然故障；损耗故障
8	故障范围	局部故障；整体故障
9	故障过程	突然故障；渐变故障

数控机床故障还可分为三类：电气系统故障；机床机械传动与气动、润滑和液压等设备故障，如丝杠和导轨故障、气动和液压故障、主轴箱故障；数控装置故障。

机床故障曲线如图7.16所示。

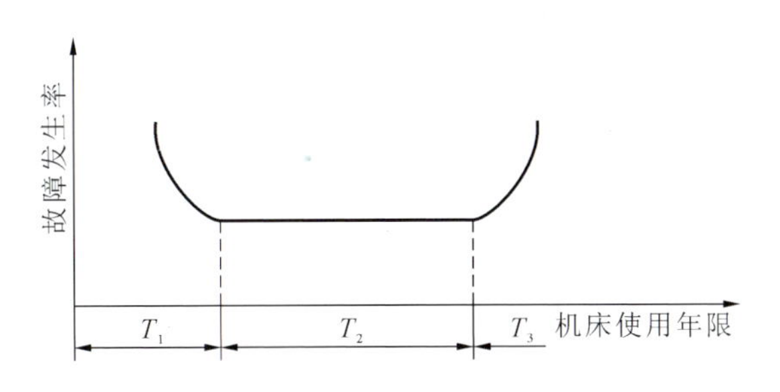

图7.16 机床故障曲线

T_1 是磨合期，故障率呈现递减趋势。原因是零件加工表面有几何形状的误差，不光滑，电气元件受到一定的冲击，故障发生可能性高。早期故障被排除后，机床的运行开始稳定，故障率也最低，T_2 的时候已经变平，所以 T_2 是稳定工作期，这期间的故障诊断非常重要。T_3 是衰退期，机床零、部件达到正常寿命后，很快开始磨损和老化，故障时常发生。这个时期的故障都有很强的规律性,大部分能通过故障诊断的方法诊断出来。

2. 机床故障诊断方法

故障诊断技术主要应用于机械设备,对机械设备状态进行实时监测和故障判断。其过程为:收集正在运行的设备振动信号和操作参数,查明装置发生故障的原因,再针对故障原因,找出适当的解决方案,同时预测设备未来可能出现的状态。它的目的是延长设备的使用寿命,提高设备的可靠性,同时减少维护成本。

数控机床故障的诊断方法有以下几种:直观法,利用数控系统硬件和软件报警自诊断功能;参数检验法,利用状态显示的诊断功能;备件置换法;测量比较法;敲击法;局部升温法;故障树分析法。

一直以来,国内外对数控设备故障诊断的研究都非常重视,而且开展了很多研究。早在 20 世纪 60 年代末,美国国家航空航天局(NASA)成立了美国机械故障预防小组(Machinery Fault Prevention Group ,MFPG);美国斯坦福大学和麻省理工学院也分别开展了关于 Internet 的远程故障诊断技术的研究;日本的故障诊断技术起步于 20 世纪 70 年代,主要用于化工、钢铁、铁路工业部门,同时日本的 MAZAK 公司建立了维修中心;另外,德国的 SIEMENS 公司、瑞士的 ABB 公司都开发了关于诊断系统及信号检测的装置。

我国故障诊断技术经过几十年的发展,取得了一定的成果,如上海理工大学获得了“基于数控机床故障案例的故障树构造方法”的专利;西安交通大学还研发了大型离心式压缩机组运行状态监测与故障诊断系统。进入 21 世纪以来,我国在水力发电、钢铁、风力发电、炼铝、空分等行业内研发的故障诊断技术开始得到重视与应用,并呈现上升趋势。

3. 机床故障技术发展方向

在任何时候,数控机床在机械制造业中都扮演着重要的角色,所以提高机床质量、加强维修维护保养、准确判断故障一直受到人们的重视。随着科学技术的发展,多传感器信息融合、建立集成检测与智能诊断维修系统等方面的研究将更加受到重视,新技术的不断应用也会给数控机床故障诊断与维修带来新的生机。

1) 融合人工智能数据库和故障诊断专家系统

该新技术是利用数据库中的资料,通过推理机构得到所需结论。这个技术包含故障诊断专家系统和人工智能数据库两方面。专家系统因为其智能化程度高、实时性强，所以广泛应用于很多领域。与传统诊断技术相比，专家系统具有突破专家个人的局限性、克服供不应求的矛盾、可结合其他诊断方法和人机联合诊断等特点。把故障诊断专家系统和人工智能数据库两种技术融合在一起，建立一个综合专家系统，不仅可以提高系统的诊断和维护能力，还可以提高系统的可靠性。

2）应用人工神经网络

人工神经网络(artificial neural network，ANN)具有适应性强、容错度高和自学习能力强等优势，近年来有了诸多研究和应用。被诊断系统的运行状态是人工神经网络的输入，人工神经网络的输出就是需要找出的故障。人工神经网络将学习得到的知识存储在网络上，输出的每个节点代表着一种故障。现在常用方法有径向基函数模型、BP(back propagation)神经网络算法和模糊认知映射(FCM)等。

3）多传感器信息融合技术

由于数控系统越来越复杂，以前单一化的监测系统和数据分析处理技术已经不能满足要求，因此多传感器信息融合技术，为数控机床状态监测开辟了新途径。为了保证数控机床长期无故障运行，以及在故障情况下可快速诊断和排除故障，则在未出现故障情况下需要监测系统对加工状态进行监视；另外，还需要对状态信息进行特征提取，方便故障诊断在线监测时使用。

这种技术就是利用不同的传感器，提取监测对象的有用信息，这种方法可以极大地减少在诊断时的漏判率、错判率，提高诊断的准确性。采用多传感器信息融合技术可获得比单一传感器更具体更准确的诊断结果。

4）智能化集成诊断维修

现在数控机床故障诊断的新方向就是将神经网络算法、多传感器信息融合技术、人工智能技术等相结合，形成集成诊断维修系统。集成诊断维修系统能充分利用各种知识进行推理诊断，结合所有故障信息，进行故障判断，达到实时监测故障的目的，同时提高数控机床自动化诊断程度。

因此，机床故障诊断技术是监测、诊断和预示连续运行机床的状态和故障，保障机床安全运行的一门科学技术，也是20世纪60年代以来借助多种学科的现代化技术成果迅速发展形成的一门新兴学科。其突出特点是理论研究与工程实际应用紧密结合。机床故障诊断对于保障设备安全运行意义重大。机床一旦出现事故,将带来巨大的经济损失甚至人员伤亡。

7.3.2 大型重载机床的故障诊断系统

目前,大型重载机床的利用率和可靠度指标等远未达到理想水平,主要是因为受到故障维修的影响。大型重载机床故障诊断与维修现状可归纳如下。

(1) 以定期维修为主,依据机床说明书制定的维修周期不科学,维修过剩或维修不足情况严重。

(2) 基于关键部位传感器信号分析的状态监测故障诊断尚处于试验研究阶段。大型重载机床具有结构庞杂、加工工况各异、故障关联错综复杂的特点,使其工程应用的目标实现十分困难。

(3) 突发故障应对能力低,修复响应慢,故障发生极易打乱车间的生产计划安排。

(4) 传真、电话召修周期长,成本高。

(5) 故障及维修信息记录不当、不及时,故障信息管理落后。

这些因素大大降低了大型重载机床的利用率。本书介绍一种面向大型重载机床故障诊断的混合型专家系统诊断方法,以辅助故障定位、提供维修建议、提高大型重载机床的故障修复响应速度。

1. 混合型专家系统的总体框架设计

设备可能发生的状态(正常/故障)组成状态空间 S,其可观测量特征的取值范围全体构成特征空间 Y,当系统处于某一状态 s 时,具有特定的特征 y,即存在映射关系

$$g: s \rightarrow y \tag{7.9}$$

反之,一定的特征也对应确定的状态,存在映射关系

$$f: y \rightarrow s \tag{7.10}$$

一个诊断对象如果存在某种故障,则该诊断对象必然出现该故障所具有的全部征兆;一个有征兆的诊断对象必然具有某些故障,如果某些故障的征兆全部出现在诊断对象上,就认为该诊断对象确有这些故障。因此,如果建立“故障征兆-故障原因”库,则故障诊断就是一个根据征兆确定出所有可能原因集合后进行逐一排查的过程。

大型重载机床一般由计算机数控装置、输入输出装置、伺服驱动装置、逻辑

控制装置、机床主体等部分组成，各部分功能密切联系。大型重载机床结构的复杂性使其故障具有复杂性、特殊性和多层次性，故障与现象之间没有一一对应的关系，因此引起某一机械故障或电气故障的原因很可能有多种，难以将一次故障的原因定位到某一零部件上。

基于故障诊断的基本论断结合大型重载机床的故障特征，利用基于规则推理（rule-based reasoning，RBR）简明直观的特点表达出大型重载机床某子系统或某部件的故障特征与其诊断结论的专家知识，而大型重载机床的复杂性决定了其故障经验知识的不确定性，再融合基于案例推理（case-based reasoning，CBR）技术，用隐含于案例及案例与案例间的故障机理和故障规律知识辅助RBR明确性专家知识，可完成大型重载机床专家系统知识库的组织，最后结合RBR的明确诊断结果和CBR的相似案例诊断结果得出较为可信的故障诊断结论。可见，RBR技术和CBR技术互为补充，相辅相成，两者融合可较好地解决大型重载机床故障诊断问题。

本书设计了如图7.17所示的面向大型重载机床的融合RBR和CBR技术的混合型专家系统。

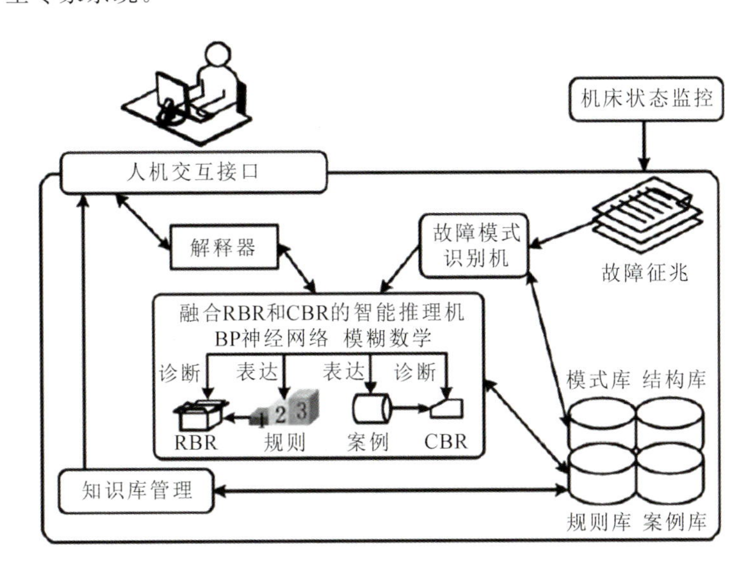

图7.17 混合型专家系统结构图

其中，结构库、模式库、规则库和案例库等组成了专家系统知识库的主体；故障模式识别机是对故障征兆进行识别的算法集合；解释器向用户输出关于推理过程和最终结果的解释;融合 RBR 和 CBR 的智能推理机运用一种包含基于 BP 神经网络的规则表达和 RBR 故障诊断,以及基于模糊数学的案例表达和 CBR 故障诊断的知识表达和诊断算法;知识库管理包括对规则和案例的管理操作等。

2. 知识库的设计

1) 结构故障树模型

实践证明,运用传统的产生式规则表示法对大型重载机床等大型复杂系统的规则进行逐条列举的知识组织方式,极易导致匹配冲突、组合爆炸、无穷递归、效率低下和维护困难等诸多难以克服的瓶颈问题,而一个设计无效的专家系统很大程度上归咎于知识的遗漏、冗余和凌乱等组织管理上的问题。

大型重载机床是集机、电、液于一体的极度复杂装备,其故障受机床本身设计、装配、加工对象、环境和操作行为等多方面的影响,故障间的关系错综复杂。因此,寻求一个有效的知识管理途径是构建专家系统的首要任务,设计原则如下。

(1) 故障的定义。将一次故障分解为一个或多个故障征兆及其对应的故障原因和维修措施等信息的向量空间,而将一个故障征兆分解为一个故障对象和故障模式的关联向量,即

故障 =[(故障征兆 1,故障原因 1,维修措施 1),(故障征兆 2,故障原因 2,维修措施 2),…,(故障征兆 n,故障原因 n,维修措施 n)];

故障征兆 =(故障对象,故障模式)。

(2) 故障等级的划分。按故障对象等级的不同将故障分为三个等级:①机床级故障,如加工精度超差、死机等;②子系统级故障,如进给系统窜动;③部件级故障,如主轴异响。由此可知,故障对象包含机床、子系统和部件三个级别。按故障征兆情况又将故障分为单对象单模式故障、单对象多模式故障和多对象故障三类。

(3) 故障征兆的表达。利用产品结构树物料清单(bill of material,BOM)组织故障数据,结合三级故障的划分方式,可在产品结构树的各个节点(故障对象)关联故障模式,形成“故障对象-故障模式”对,完成故障征兆的表达。

(4) 规则的组织结构。引入“规则诊断体”的概念:规则诊断体为故障征兆(“故障对象-故障模式”对)与所有对应故障原因及原因 CF 值构成的向量空间,其中 CF 的含义与产生式规则的不确定度不同,它是一个理论概率值,表示一次故障征兆是由该故障原因引起的概率,则对于一个规则诊断体而言,原因 CF 值为 $\sum$ CF。根据故障对象的等级,规则诊断体可分为整机诊断体、子系统诊断体和部件诊断体三类,如规则诊断体=[对象,模式,(原因 1,…)]。

（5）故障关联。故障间的关联通过规则诊断体的模式映射来表示，这里以主轴和主电动机的部件诊断体为例，如图7.18所示。

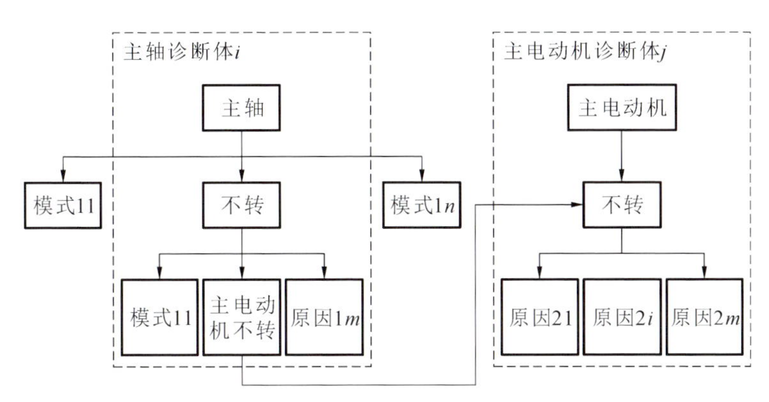

图7.18　故障关联的规则诊断体表示

（6）案例的组织结构。再引入“案例诊断体”概念：案例诊断体为故障征兆与关联的全部案例构成的向量空间，案例诊断体的构造过程即案例的组织过程。案例诊断体=[对象，模式，(案例1，…)]。

（7）案例的表示。采用框架表示法将案例表示为(***A***，***B***，***C***，***D***，***E***，***F***)，其中***A***为案例标志向量，包含案例号、案例名、案例树路径等信息；***B***为案例描述向量，主要包含案例故障征兆和一些其他特征属性；***C***为特征属性权重向量，对应***B***中各特征属性的权重值；***D***为特征属性值向量，对应***B***中各特征属性的值；***E***为维修措施信息向量；***F***为维修结论向量，包含维修成果、解释和经验总结信息等。

由此建立大型重载机床知识库的组织结构，该融合RBR和CBR技术的混合型专家系统的知识库都是以产品结构树为基础演化而成的，二者具有共同的故障对象和故障模式，这对于知识维护和二者的融合诊断具有重要作用。由于这种组织模式与产品结构树相关联，又类似故障树，故称为“结构故障树”，如图7.19所示。

2）数据库设计

混合型专家系统数据库组织结构如图7.20所示，该系统通过新建工程机床的步骤将数据库与操作进行关联。其中，信息库、结构库和诊断库为三个主要故障诊断数据库。信息库保存全部机床、机床类型、子系统、部件、模式、原因和对策等基本信息；结构库保存默认机床、工程机床和特定机床的产品结构信息；诊断库主要包含三级诊断规则库和案例库。

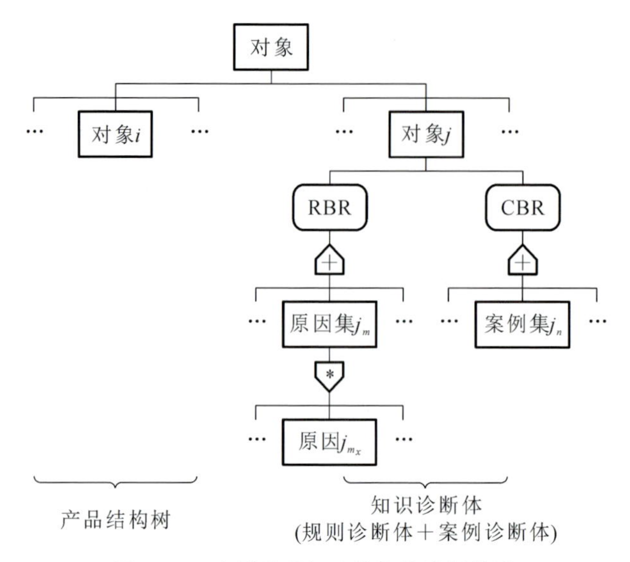

图 7.19　大型重载机床结构故障树模型

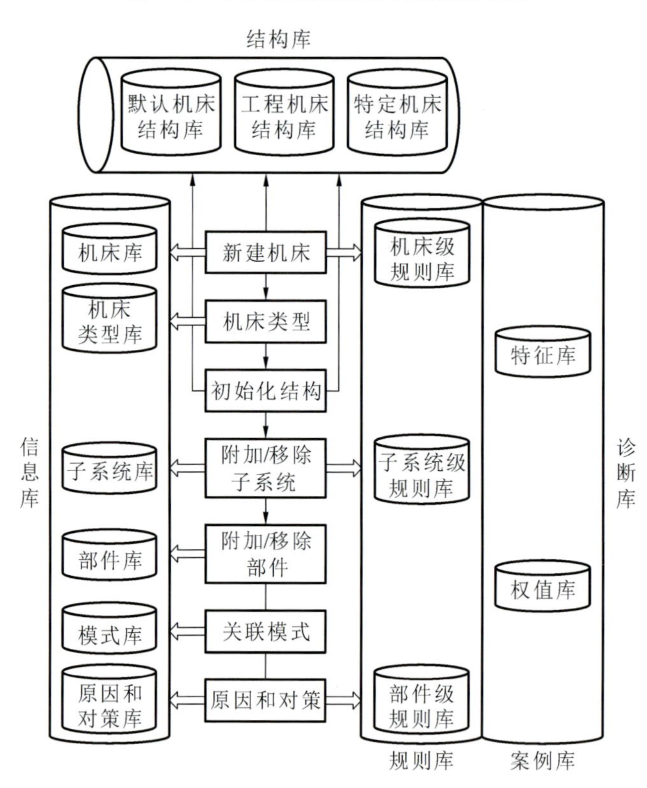

图 7.20　混合型专家系统数据库组织结构

7.3.3 大型重载机床的远程诊断系统

随着机床的大型化、复杂化、高速化、自动化和智能化，大型重载机床的故障诊断迫切需要融合智能传感网络、智能诊断算法、智能决策预示的智能诊断系统、专家会诊平台和远程诊断技术等。不同类型的智能诊断方法针对某一特定的、相对简单的对象进行故障诊断时有其各自的优点和不足，例如专家系统诊断技术存在知识获取“瓶颈”，缺乏有效的诊断知识表达方式，推理效率低；神经网络诊断技术需要的训练样本获取困难；模糊故障诊断技术往往需要由先验知识人工确定隶属函数及模糊关系矩阵，但实际上获得与设备实际情况相符的隶属函数及模糊关系矩阵存在许多困难。

值得注意的是，由于大型重载机床的样本少，经验数据不足，仅仅依靠在机床生产厂家获取的数据缺乏经验支撑，无法得到比较完善的专家库信息。所以，大型重载机床采用远程诊断系统兼具采集数据、推进机床的进一步完善与维护机床的运行、减少维修维护成本两个任务。

1. 数控机床远程诊断系统的意义及现状

数控机床远程诊断系统能实现对数控机床的远程检测和管理，从而保证机床正常运行；可以实现网络上的诊断数据共享，利用网络专家对机床故障进行远程会诊，提高故障诊断的智能化水平和可靠性；可以缩短分析故障信息的时间，提高诊断效率，减少停机时间，增强企业的竞争力；可以方便数控机床使用者、机床制造方和专家之间联系，能够在较短时间内获得大量信息、维修经验，提升服务水平。

国外数控机床制造商在所生产的产品中添加了远程诊断模块，有利于远程指导和维修。当数控机床在使用过程中出现故障时，可以通过网络从制造商维护中心获得相关资料，对于常见故障，可以利用网络通信加以解决；对于严重故障，可以通过信息交互模式，快速解决。国内数控机床制造商在远程诊断方面的技术还比较薄弱，还没有成熟的产品或集成功能的网络技术。近年来，我国数控研究者相继开发了蓝天Ⅰ型、航天Ⅰ型等开放式数控系统，为实现远程故障诊断提供相应技术准备。

2. 远程诊断系统的研究

1）结构框图

数控机床远程诊断系统结构体系主要分为数控机床状态监测和故障预处

理终端、远程故障诊断中心两部分。状态监测和故障预处理终端安装在数控机床上,用于监控数控机床现场的状态和对故障信息进行预处理;远程故障诊断中心安装在数控机床服务中心的服务器上,实现专家系统故障分析和诊断功能。系统结构如图 7.21 所示。

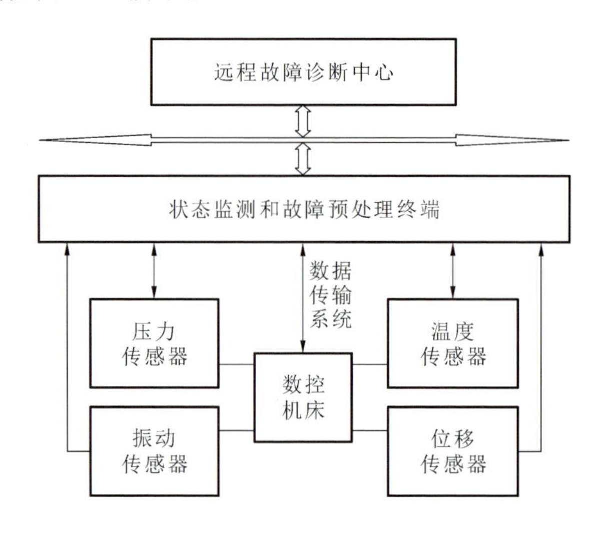

图 7.21　数控机床远程诊断系统结构

数控机床状态监测和故障预处理终端是状态监测和故障诊断的关键部件,根据需要,将不同功能的传感器安装在数控机床相应位置,获得数控机床实时运行状态信息,如温度、位移、振动、压力等;通过数据传输系统,获得数控机床各种运行参数和故障代码,对数控机床的运行数据和故障特征进行综合预处理,利用神经网络技术和故障处理技术,形成状态数据和故障数据包,当数控机床运行状态异常或有潜在异常时,利用网络将数据发送到远程故障诊断中心,获得故障机床的状态监测信息,利用专家系统进行故障分析,完成故障的远程检测。对于疑难故障,可以进行远程专家会诊,判断故障内容,提出处理方案,指导数控机床维修人员对机床进行维修。

2) 实现功能

系统由故障诊断系统、故障信息系统、数据传输系统和远程故障预警与诊断中心组成。

(1) 故障诊断系统。

该系统由信息处理系统和信息采集系统组成。信息采集系统在线采集数控机床的运行状态，并将数控机床的温度、位移、振动等信号由电荷放大装置和A/D转换装置进行信号转换，再经过信息处理系统中除噪、信号分析等环节，最后对信号进行分类，做归一化处理，输入故障信息系统。

（2）故障信息系统。

故障信息系统定时采集各个子系统的特征信号，丰富数据库；运用小波分析法和神经网络技术对所接收到的信号进行分析；对数控机床当前运行状态进行评估，并给出预测结论。当数控机床运行参数偏离正常范围时，系统将根据不同情况，给出相应警告及处理办法。

（3）数据传输系统。

数据传输系统将数控机床的运行状态特征通过网络输送到远程故障诊断中心，再将诊断意见输送到故障信息系统。

（4）远程故障预警与诊断中心。

远程故障预警与诊断中心是数控机床远程诊断系统的核心和关键技术，主要由信息交流模块、故障诊断模块、知识库模块、用户模块和机床信息管理模块等5部分组成。信息交流模块主要实现故障诊断中心、故障诊断模块与故障信息系统之间的信息交流。故障诊断模块是故障诊断的核心部分，主要对远程诊断请求信号进行处理、分类，可以提供在线诊断和离线诊断等功能。知识库中的知识数量和质量决定了诊断的准确性。诊断系统中各诊断程序与知识库相互独立，知识库具有自动更新的功能，随着数控机床故障的发生与解决，自行将故障信息进行整合，得出对应故障特征向量和故障代码，不断完善和充实知识库，从而提高诊断的质量和性能，达到满足远程诊断的需要。当数控机床发生故障，知识库将求助于远程故障诊断中心，增加“临床”机会，增加知识积累，同时专家也可以根据具体情况对知识库进行整理，提高诊断效率。用户模块主要实现用户的注册、管理及信息查询，用户主要包括专家和企业技术人员。机床的信息管理是按照时间顺序对每一台机床建立相应的档案，内容主要包括机床生产的时间、技术文档，机床维护时间、维护档案，机床发生故障时间、故障原因、处理结论，主要部件生产时间、技术文档等。

3）武重的运用实例

以武重厂内机床与武重用户机床为管理对象，与西门子联合开发远程管理平台，平台能实现数据采集与分析、NC程序传输与管理、机床远程诊断与维护三个方面的内容。

其中,机床远程诊断与维护的网络构成如图 7.22 所示。

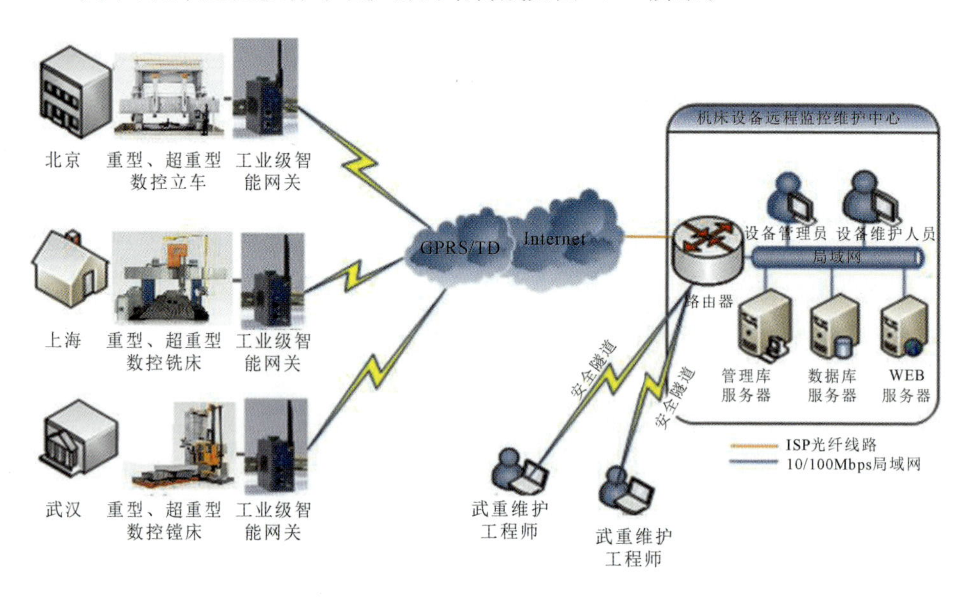

图 7.22 机床远程诊断与维护的网络构成

通过监测电动机负载、温度等相关变量,将被动式维修和计划式维修逐步转变为预防式维修,达到了良好的效果,得到了用户的好评。

本章参考文献

[1] 梅雪松,许睦旬,徐学武. 机床数控技术[M]. 北京:高等教育出版社,2013.

[2] 阮毅,陈维钧. 运动控制系统[M]. 北京:清华大学出版社,2006.

[3] 许振伟,蒋静坪,骆再飞. 模糊模型算法控制的永磁同步电动机位置伺服系统[J]. 电工技术学报,2003,18(4):99-102.

[4] 曾光,李新民,辛建坤,等. 永磁同步电动机的电流比较控制及速度预测控制[J]. 西安理工大学学报,2003,19(2):110-114.

[5] CYCHOWSKI M T. Efficient approximate robust MPC based on quad-tree partitioning[C]//Proceedings of 2005 IEEE Conference on Control Applications. Washington,D. C. :IEEE,Computer Society,2005:28-31.

[6] 邹积浩,朱善安. 基于电压预测的直线永磁同步电动机直接推力控制[J]. 仪

器仪表学报,2003,26(12):1262-1266.

[7] 曹荣敏,侯忠生.直线电机的非参数模型直接自适应预测控制[J].控制理论与应用,2008,25(3):587-590.

[8] 张猛,肖曦,李永东.基于区域电压矢量表的永磁同步电机直接转矩预测控制[J].清华大学学报(自然科学版),2008,48(1):1-4.

[9] CORTES P, WILSON A, KOURO S., et al. Model predictive control of multilevel cascaded H-bridge inverters[J]. IEEE Transactions on Industrial Electronics,2010,57(8):2691-2699.

[10] 黄玉钏,曲道奎,徐方,等.伺服电机的预测控制与比例-积分-微分控制[J].计算机应用,2012,32(10):2944-2947.

[11] 陈丽,吴海,刘长有.数控机床高速高精度化的实现方法及发展趋势[J].沈阳工业大学学报,2003,25(6):459-462.

[12] NIST. Smart machine tools[EB/OL]. [2003-02-18]. http://mel. nist. gov/proj/smt. html.

[13] ATLURU S, HUANG S H, SNYDER J P. A smart machine supervisory system framework[J]. International Journal of Advanced Manufacturing Technology,2012,58(5-8):563-572.

[14] CORBETT J. Smart machine tools[J]. Proceedings of the Institution of Mechanical Engineers, Part I: Journal of Systems and Control Engineering, 1998,212(3):203-213.

[15] 石磊,杨叔子,刘延林,等.一种智能加工中心的设计与原型构造[J].华中理工大学学报,1995,23(6):66-69.

第 8 章 大型重载机床热变形与误差补偿技术

非恒温条件下机床受内外热源的共同作用，产生非线性温度响应和复杂结构热变形，导致加工精度降低甚至精度失效，由热变形引起的误差占机床运行总误差的 40%～70%。热误差补偿是提高机床精度的低成本有效方法。大型重载机床通常处于非恒温条件，受内外热源共同影响，在运行过程中会产生更大的热变形，相对于普通尺寸的数控机床以及坐标测量机等，大型重载机床有以下独特的几何特性和热特性。

第一，环境温度对大型重载机床的热误差影响严重，占总热误差的比例高。由于热交换表面积大，环境温度分布和波动会带来较大的机床姿态变化。大型重载机床结构热变形响应相对于环境温度的波动在时间上存在滞后，响应幅值也与环境温差呈非线性关系。通过计算和对比实验发现，机床运行条件下，环境温度引起大型重载机床的热误差占总热误差的 30%～60%。

第二，大型重载机床空间热变形引起的误差大。虽然大型重载机床单个移动轴多数都有光栅尺闭环等位置反馈环节，但是光栅尺闭环只能控制轴向位置误差，对其他方向的误差无法控制，由于导轨长达十几米甚至几十米，移动部件重达几十吨甚至上百吨，机床运动过程中的直线度、垂直度、角度等误差及其随温度改变的变化严重。空间误差无法由光栅尺等实施闭环控制，尤其在长时间长行程加工时对精度影响更严重。

第三，误差补偿系统在大型重载机床数控系统集成时的稳定性和可靠性需要得到保证。一方面，补偿系统的传感器数量更多，引线更长，电磁干扰源多，铁屑、冷却液、静压油等可导致传感器导线硬化、接头断裂等，误差补偿系统容易产生故障；另一方面，大型重载机床的加工对象一般价值高昂，属于单件定制产品，零件成本可达几百万甚至上千万，误差补偿系统的故障引起加工失误带来的损失将是不可估量的。因此，在应用误差补偿系统时，需要保证补偿系统具有高可靠性和稳定性，避免误差补偿系统出现故障时影响加工效率和质量。

以上几个问题是影响大型重载机床热状态的感知以及热误差实时补偿的关键因素，也是当前普通尺寸机床误差分析中考虑较少的因素。本章将针对以上几个关键问题进行研究和探讨。目的是：揭示环境温度对大型重载机床热变形的影响规律，并在热误差预测模型中引入环境温度的非线性影响因素，提高误差预测的精度；提出可快速辨识热误差元素的大型重载机床空间综合误差理论模型，建立包含主轴热误差和移动轴误差的综合预测模型；分别在国产华中数控 HNC-818B 系统和 SIEMENS 840D 数控系统实现综合误差补偿的集成；最后提出综合误差补偿系统的稳定性保障方法，确保综合误差补偿系统稳定可靠运行。

8.1 大型重载机床热变形分析与测量

对机床热状态和热变形量的测量是进行补偿的前提，根据不同的机床，需要选择不同的温度测量方式和不同的热变形测量方法。温度测量涉及传感器选型、布点优化、温度采集系统稳定性保障等技术；而热变形测量包含测量方法、仪器设备、辅助工具，以及与机床检验相关的测量和检验标准等的选择。本节主要对这些内容进行讨论。

8.1.1 大型重载机床热源发热量计算

一般来说，机床热源分为内部热源和外部热源。内部热源主要是指切削热和摩擦热，其热量主要以热传导的形式传递；外部热源主要是指机床外部的、以对流传热为主要传递形式的环境温度（它与气温变化、通风、空气对流和周围环境等有关）和各种辐射热（包括阳光、照明、暖气设备发出的辐射热）等，对于大型重载数控机床来说，其热源与普通机床既有相似之处，也有一些区别。主要的热源特征如下。

（1）大型重载机床加工时间长，通常都须昼夜加工，环境温差较大，引起机床各零、部件的热变形不一样，从而影响机床加工精度。此外，机床由于体积大，局部有可能受到日光照射，且照射部位随时间变化，这也会引起机床各部位不同的温升和热变形。

(2) 主轴转动时,主轴轴承摩擦产生大量的热量,虽然冷却液能够带走部分热量,但仍有残留热量;同时主轴头摆动也会产生热量,这些都会使电主轴受热变形,影响零件加工精度。

(3) 一般移动轴电动机的安装位置远离机床床身,具有较好的散热结构,产生的大部分热量都散发在空气中。Z 轴电动机虽靠近主轴箱,但主轴箱的温升和热变形对电主轴的热变形影响不大。

(4) 机床床身、导轨较长,加工时移动轴往复运动,横导轨与滑块的摩擦使得导轨面与机床床身产生较大温差,导轨产生较大的弯曲变形,致使机床主轴与工件间的相对位置发生变化,影响机床加工精度。

(5) 龙门机床的顶梁和立柱连接在一起,即整个龙门架,其结构很庞大,内部热源和周围环境温度的变化以及热辐射使其受热不均,从而导致顶梁和立柱相对位置发生变化,引起机床加工误差。

(6) 电气柜、冷却系统等,通常置于机床床身外面,所发热量大都散发在空气中,对机床温度场影响不大。

大型重载机床结构上的热源主要有轴承及电动机两类。下面分别介绍其发热量计算公式。

1) 轴承热计算

轴承热主要由摩擦力引起,主要包含负载摩擦力矩 M_l,黏性摩擦力矩 M_ν 和滚子自旋摩擦力矩 M_s 三项。Palmgren 建立了角接触轴承摩擦力矩的经验公式:

$$H_{\text{bearing}} = 0.001 \cdot (M_l + M_\nu)(\pi n/30) + M_s \omega_{so} \tag{8.1}$$

其中,圆柱滚子轴承发热量由负载摩擦力矩、自旋摩擦力矩和滚子端面法兰盘摩擦力矩引起。则有

$$H_{\text{bearing}} = 0.001 \cdot (M_l + M_\nu)(\pi n/30) + M_f \omega_m \tag{8.2}$$

轴承保持架与滚子摩擦也会产生热量,但是热功率很小,在简化计算中通常忽略。在参数设置合理的情况下,Palmgren 轴承热模型的精度满足建模要求,下面分别介绍几个摩擦力矩的计算。

(1) 负载摩擦力矩。

负载摩擦力矩与轴承负载相关,其计算公式为

$$M_l = f_l P_l \left(\frac{F_s}{C_0}\right)^c d_m \tag{8.3}$$

式中：F_s 为等效静载荷；C_0 为额定载荷，由轴承生产商提供；f_l、c 的值与轴承结构和润滑类型相关。对于角接触球轴承，有

$$F_s = X_s F_r + Y_s F_a \tag{8.4}$$

式中：F_r 和 F_a 分别为轴承的径向载荷和轴向载荷；X_s、Y_s 为静载荷系数，由轴承生产商提供。

P_l 是轴承等效载荷，对应角接触球轴承，计算公式为

$$\begin{cases} P_l = 0.9F_a\cot\alpha - 0.1F_r & \text{当 } 0.9\cot\alpha \leqslant 3 \text{ 时，} \\ P_l = 3F_a - 0.1F_r & \text{当 } 0.9\cot\alpha > 3 \text{ 时} \end{cases} \tag{8.5}$$

当轴承承受较大径向载荷时，等效载荷为

$$P_l = F_r \tag{8.6}$$

对于圆柱滚子轴承，负载摩擦转矩为

$$M_l = f_l P_l d_m \tag{8.7}$$

式中：d_m 为轴承中径。

表 8.1 所示为高速轴承摩擦力矩相关系数。

表 8.1　高速轴承摩擦力矩相关系数

轴承类型	轴承润滑系数 f_0			轴承载荷系数 $f_l(\times 10^{-4})$	轴承类型系数 c
	油脂润滑	气雾(油雾)润滑	喷射润滑		
角接触球轴承	2	1.7	3.3	10	0.33
双列角接触球轴承	1.5～4	1.4～2	6～8	20	0.33
圆柱滚子轴承	0.6～1	1.5～2.8	2.2～4	2～4	—

(2) 黏性摩擦力矩。

轴承黏性摩擦力矩与轴承润滑油有关，其计算公式为

$$M_\nu = \begin{cases} 10^{-7} f_0 (\nu_0 n)^{2/3} d_m^3 & \text{当 } \nu_0 n \geqslant 2000 \text{ 时，} \\ 160 \times 10^{-7} f_0 d_m^3 & \text{当 } \nu_0 n < 2000 \text{ 时} \end{cases} \tag{8.8}$$

式中：f_0 为轴承润滑系数，取值如表 8.1 所示；ν_0 为润滑油黏度。润滑油的最低动力黏度依据轴承的 $d_m n$ 值选取，润滑油动力黏度最高值依据经验公式选取。标号越高的润滑油润滑效果越好，但是黏滞系数也越高，会导致更多的轴承热；而且润

滑油黏度与温度相关。依据 ASTM 标准,推荐的 D341 温度-动力学黏度计算公式为

$$\lg[\lg(\nu+0.7)]=A-B\lg T \tag{8.9}$$

式中:A 与 B 为待定系数。通过这个公式,已知润滑油在两个温度下的黏度,就可以计算得到润滑油在这两个温度值之间的温度与黏度对应关系。

(3) 自旋摩擦力矩。

接触角不为零时,滚子与滚道之间存在自旋运动(在轴承中,自旋运动不能忽略)。自旋摩擦力矩简化计算公式为

$$M_{\mathrm{s}}=\frac{3\mu Qa\overline{A}}{8} \tag{8.10}$$

(4) 滚子端面法兰盘摩擦力矩。

对于圆柱滚子轴承,还有滚子端面法兰盘摩擦力矩,其计算公式为

$$M_{\mathrm{f}}=f_{\mathrm{f}}F_{\mathrm{a}}d_{\mathrm{m}} \tag{8.11}$$

式中:f_{f} 为摩擦系数,脂润滑时为 0.003,油润滑时为 0.002。

2) 电动机热计算

电动机热计算参考《电动机内热交换》一书。依据交流感应电动机的工作原理,电动机的有效输入功率为

$$P_{\mathrm{motor}}=\sqrt{3}UI\cos\varphi \tag{8.12}$$

式中:U 为输入电压;I 为输入电流;φ 为相位角。

主轴电动机输出功率为

$$P_{\mathrm{motor\_out}}=T_{\mathrm{cut}}\cdot\omega_{\mathrm{rotor}} \tag{8.13}$$

式中:T_{cut} 为切削扭矩;ω_{rotor} 为转子角速度。

电动机输入功率减去输出功率即为电动机的损耗功率,主轴的发热就来源于此。主轴电动机损耗功率包括机械损耗、电损耗、磁损耗以及附加损耗。机械损耗包括前面计算的轴承摩擦损耗以及电动机绕组的空气摩擦损耗;电损耗为电动机线圈绕组中的电阻产生的热量;磁损耗是在定子、转子铁心内因磁滞和涡流所产生的微量损耗;附加损耗一般只占额定功率的 1%～5%。

电动机的机械损耗主要是转子高速运转时与定子间隙的空气的摩擦损耗,该部分热量主要被转子和定子之间的空气带走。转子和定子之间空气的剪切应力为

$$\tau = \frac{\mu_{\text{air}} \omega_{\text{rotor}} d_{\text{rotor}}}{2h_{\text{gap}}} \tag{8.14}$$

对该部分剪切应力积分，可以得到定子与转子间空气摩擦力的力矩为

$$T_{\text{windage}} = \frac{\pi d_{\text{rotor}}^3 L_{\text{rotor}} \mu_{\text{air}} \omega_{\text{rotor}}}{4h_{\text{gap}}} \tag{8.15}$$

式中：μ_{air} 为空气动力黏度，取值依据温度而定；h_{gap} 为定子与转子之间的间隙；d_{rotor} 为转子的直径；ω_{rotor} 为转子角速度；L_{rotor} 为转子长度。

转子与空气摩擦的损耗功率为

$$P_{\text{windage}} = T_{\text{windage}} \omega_{\text{rotor}} = \frac{\pi d_{\text{rotor}}^3 L_{\text{rotor}} \mu_{\text{air}} \omega_{\text{rotor}}^2}{4h_{\text{gap}}} \tag{8.16}$$

通常，电动机有效功率系数计算公式为

$$\eta_{\text{motor}} = \frac{P_{\text{motor\_out}} + \sum H_{\text{bearing}} + P_{\text{windage}}}{P_{\text{motor}}} \tag{8.17}$$

依据能量守恒定律，主轴电动机电损耗、磁损耗以及附加损耗功率和为

$$P_{\text{loss}} = (1 - \eta_{\text{motor}}) P_{\text{motor}} \tag{8.18}$$

电动机转子和定子的热量分布是不均匀的，它们的计算公式分别为

$$H_{\text{rotor}} = P_{\text{loss}} \frac{f_{\text{slip}}}{f_{\text{sync}}} \tag{8.19}$$

$$H_{\text{stator}} = P_{\text{loss}} - H_{\text{rator}} \tag{8.20}$$

式中：滑差频率 f_{slip} 是转子转动频率与磁场转动频率的差值，它与电动机刚度和负载有关，由电动机生产厂商提供；同步频率 f_{sync} 与电动机设定转动频率一致。

8.1.2 温度传感器及测温点优化技术

温度传感器是大型重载机床获得热状态感知和实现机床热误差补偿所必需的传感器。实施热误差补偿的过程是在机床合适的位置布置测温点，建立热误差与测温点温度及其他参数之间的对应关系（即建立热误差模型），通过建立好的热误差模型和测量的温度值来实时预测热误差，并将预测值传送到数控系统中，从而实现实时补偿。

温度传感器系统的选择和设置对于大型重载机床的热误差补偿的实施是非常重要的。温度传感器的测温点优化技术，是热误差补偿技术的主要研究内容之一。大型重载机床体积大、热源多、发热类型多、温度分布梯度复杂。用在

系统热误差补偿的温度传感器数量有限,温度传感器在机床上的安装位置直接影响所建立的热误差模型的精度。传感器的布点通常先基于工程判断,在不同位置安装大量传感器;再采用统计分析方法选出少量的温度传感器位置用于误差分量的建模。因此,从大量传感器中选择适当的温度传感器位置就成为机床热误差模型精确建模成功的关键。

误差补偿系统在大型重载机床集成时的稳定性和可靠性需要得到保证。一方面,补偿系统的传感器多、传感器连接线可长达几十米,现场大功率电动机、变频器等电磁干扰源多,油污、冷却液、切削液等可导致传感器导线硬化、接头断裂等,补偿系统容易产生故障。另一方面,大型重载机床的加工对象一般价值高昂,零件成本可达几百万元甚至上千万元,如大型核电转子等的加工,系统故障引起加工失误带来的损失不可估量。在应用热误差补偿系统时,用户希望补偿系统具有高可靠性和稳定性,在出现部分故障的情况下,能够保证长时间连续正常加工。

本小节将针对大型机床所用温度传感器的类型和选择方法进行探讨,并进一步讨论温度传感器的测温点优化技术,以及机床温度传感器系统可靠性保障技术。

1. 机床温度测量传感器选择

数控机床上使用的温度传感器大致可分为两大类:模拟式温度传感器和数字式温度传感器。前者主要以热电阻型和热电偶型为代表,后者则可分为普通型和高精度型数字温度传感器。下面对这些类型的传感器进行讨论。

目前,国内外学者多通过实验建立热误差与机床温度场关系的数学模型,在加工过程中实时测量机床的温度场并计算热变形,然后反馈给数控系统进行误差补偿。如何选择有效的测温元件、搭建测温系统、获取机床温度变化量,是实现机床热变形建模与补偿需要考虑的重要因素。在数控机床上使用的温度传感器的发展大致经历了以下三个阶段:传统温度传感器、模拟集成温度传感器/控制器、智能温度传感器。

传统温度传感器以热电阻、热电偶、热敏电阻为代表,这些传感器一般以模拟信号输出,需要后续信号处理与 A/D 转换电路的配合。此类传感器存在线性度差、信号量小、抗干扰能力差等缺点,这些因素是影响模拟式温度传感器的最终检测精度和稳定性的主要因素。模拟温度传感器包括以下类型。

(1) 热电偶型温度传感器。热电偶型温度传感器是通过把温度信号转换成热电动势信号来测量温度大小的。热电偶测量时，要求其冷端的温度保持不变。冷端温度变化将影响测量的准确性，因此需要在冷端采取一定的补偿措施来消除冷端温度变化的影响。通常实现冷端精确补偿的成本较高。此外，热电偶的测试温度范围较宽，一般在 250 ℃以上，而机床温度敏感点的变化范围一般在 0～60 ℃，热电偶较宽的测试范围使热电偶型温度传感器一般不适用于机床温度检测。

(2) 热电阻型温度传感器。该类传感器是基于金属导体的电阻随温度的增加而增加这一特性来进行温度测量的。通常工业测量时采用铂电阻作为热电阻型传感器的感温元件，热电阻型传感器测温范围同样较宽，如铂电阻测试线性范围在 0～650 ℃，机床的温度一般处于线性温度范围内，铂电阻型温度传感器在机床温度测量中应用较多，主要需要解决的是现场的电磁干扰对测量准确性和稳定性的影响。另外，热电阻型温度传感器有一定的衰减性，即随着时间的增加，其电阻-温度比例关系会逐步衰减变化，因而需要定期重新标定。此外，每个传感器都需要连接到数据采集卡上，大量布点时实验布置工作量大。

模拟集成温度传感器采用硅半导体集成工艺制成；模拟集成温度控制器主要包括温控开关、可编程温度控制器，自成系统，工作时不受微处理器的控制，具有一定的市场占用率。传统的温度传感器与模拟集成温度传感器/控制器应用十分广泛，但新型智能温度传感器由于具有无法比拟的优势，正逐渐将它们取代。

目前，国际上新型温度传感器正从模拟式向数字式，由集成化向智能化、网络化的方向发展。数字式温度传感器是一种新型的温度传感器，结合了微电子技术、计算机技术和自动测量技术，在传感器芯片内部集成了温度检测和变送单元、A/D 转换单元、信号处理单元和存储单元、电源调理单元等，具有抗干扰能力强、分辨力高、线性度好、成本低等优点。在设计数控机床的测温系统时，可优先考虑选择数字式温度传感器作为温度测量元件，但是需要解决的是数字式温度传感器与 PLC 以及数控系统的通信问题。数字式温度传感器包括以下类型。

(1) 普通型数字式温度传感器。

普通型数字式温度传感器通常以 DS1820、DS1822、DS18B20 等芯片作为核心部件，其内部集成了温度采集和 A/D 转换的功能，采用“单总线”的双向数据传输协议，可实现温度数据的数字化直接输出。常用的 DS18B20 型温度传感器，其温度监测与数字输出全集成在一个芯片上,从而具有很强的抗干扰能力;其测温范围为−55～125 ℃,也满足一般机床温度测量需求;其线性度明显优于模拟式温度传感器,因而也可满足线性测试的要求。该款传感器还具有价格低廉、性价比较高的优点,且多个传感器可串联后连接到采集卡,布线简单。但是DS18B20型温度传感器最大的缺点在于测量精度较低(只有±0.5 ℃),相对于大型机床热误差的预测来说,其较大的精度偏差将引起误差补偿的严重偏失。因此,DS18B20型温度传感器比较适合用于对机床温度场的趋势进行定性研究,而对于需要精确测量温度敏感点实时温度的机床误差补偿,并不是最佳的选择。

(2) 高精度型数字式温度传感器。

有研究者使用了一种高精度型数字式温度传感器,采用瑞士IST公司生产的TSic-506F型温度传感器集成芯片,其主要特点是精度高、响应速度快、成本低、抗干扰性强及衰减率极低。该款芯片采用温度自动检测和数字滤波,内部集成了高精度的A/D转换模块,采用单信号线传输数据信号,使用者无须进行额定校准。由于其衰减率很低,使用5年以上的精度偏差在0.1 ℃左右,因而无须进行定期标定。该传感器功耗很低,也可设计为无线传输型传感装置。此外,该传感器最大的特点是精度很高,达到±0.1 ℃,并且其测试范围为−10～60 ℃;而线性度最高的测试区为5～45 ℃,区内测试精度高达0.0625 ℃,完全符合机床热敏感点温度的测试精度和测试范围要求。高精度型数字式温度传感器的缺点是价格高昂、布线多,而机床热分析和建模期间需要大量温度传感器,操作实现困难。

作为机床温度敏感点测量用的温度传感器,在设计中需要考虑多方面的因素,主要包括:①安装牢固可靠且快捷方便;②温度传感器热传导效果好;③温度传感器抗外界温度干扰;④温度传感器信号电缆抗电磁干扰;⑤温度传感器信号电缆压降对测量结果影响小。因此,对于不同测量对象和实验目标,需要合理选择温度传感器及其温度采集系统。

2. 温度传感器测温点优化技术

实验分析是机床热分析的常用手段,温度传感器在机床上的安装位置直接影响所建立的热误差模型的精度。选择适当的温度传感器位置就成为机床热误差精确建模成败的关键。常见的布点优化方法有试凑法、高斯积分法、聚类与相关分析法、模糊理论、引入虚拟仪器技术、遗传算法优化、热模态分析优化法等。

1）温度敏感点

在数控机床热误差补偿技术中，合理选择测温点的位置是关键所在。由于热误差是时间的函数，所以在误差测量的同时，必须记录机床的温度场特征。实验表明，数控机床表面及内部各点的温升对机床热误差的影响程度不同，总存在一些点，这些点的温升变化会引起机床热误差的明显变化，在热误差补偿系统中，只有将这些点作为模型的输入，才能在保证精度的情况下，使测温点数最少，实时补偿时计算速度最快，补偿效果最佳，这些点被称为影响数控机床热误差的敏感点。

2）温度传感器布置原则

温度传感器应能迅速、准确地反映温度信息的变化，以提高系统的检测精度。依据温度敏感点理论，应该将温度传感器布置在对信号的变化反应最敏感、受其他测温点干扰最小的地方，即温度变化最敏感的地方，以精确地反映温度变量信号的变化。要成功地实现热误差建模，系统必须满足可控性和可观性条件，对于温度传感器的布置，在满足可观性条件后，一般遵循以下准则：① 传感器应尽可能地布置在热源激励处，或热变形最大处，如均匀加热，传感器应布置在固定端；② 传感器彼此不应靠得很近，以减小相互干扰，提高系统检测的敏感度。

一般说来，机床上测温点数越多，所建立的热误差模型越精确，对热误差的估计也越精确。但过多的测温点数会大大增加数据处理的工作量，传感器之间的信息耦合反而影响模型稳定性。考虑到温度测量系统的成本，也有必要对测温点进行优化运算和处理。测温点的优化是指在保证热误差模型精度的条件下，以较少的测温点代替众多的测温点，以简化热误差建模与补偿系统。对温度传感器布点位置优化，目前国内外采用了以下几种方法。

（1）试凑法。

在多数的热误差补偿系统中，温度传感器确定的过程在一定程度上是根据经验试凑的过程。通常是先基于工程判断，在不同位置安装大量的温度传感器；再采用统计或分析方法选出少量的温度传感器用于误差分量的建模。试凑法是最直接、最直观的方法，但存在的缺陷在于工程判断的准确性会影响热误差模型的预测精度和鲁棒性，建立综合误差和温度场的对应关系时，要耗费大量的时间和传感器，而这些传感器在优化后就不再用于最终的热误差建模。如果能在保证补偿精度的条件下，使用最少的测温点，将给补偿技术实际应用带来极大方便并降低使用成本。

(2) 高斯积分法。

高斯积分法是对机床温度场进行理论建模的一种方法。它通过构建机床温度场与热变形场的解析方程并进行求解,以获得机床热变形模型,并可依据此模型进行后续热误差补偿。Krulewich 通过高斯积分法,对整个机床温度场进行分析,将温度传感器布置点作为高斯积分点,分布在预先确定的温度场中。因为可以预先确定测温点的数量和分布位置,所以避免了为获得机床温度场所需的大量的测量时间。由于测温点即方程的输入,因此,测温点的数量只与方程的维数有关,即满足方程维数所需的测温点数,则模型得以构建,相对于其他方法,试验所需要的测温点数显著减少并可预先获得。通过这种方法建立的热误差模型可以减少主轴热误差。高斯积分法获得的模型是一个简单的理论线性模型,但实际数控机床热变形场是一个多因素作用的非线性系统,理论模型与实际变形过程存在一定的偏差,故高斯积分法具有很大的局限性。

(3) 热模态分析优化法。

热模态分析优化法是将模态分析方法引入机床热变形问题中,依据热模态与振动模态的相似性,忽略量纲上的差异,以获得机床的热模态特性的方法。根据热模态理论,运用热模态分析方法,寻找热敏感度最高的几个点,作为温度传感器的优化布置点。热敏感点的搜寻策略如下:① 将机床按基础件分解为数块;② 对基础件(如箱体)按面查寻;③ 按面查寻时,先激励网状节点,比较其热敏感度,逐次收缩激励点所围区域,确定最佳点;④ 比较各面最佳点,确定基础件最佳点,进一步确定整机最佳点。运用热模态分析优化法,虽然可以在理论上反复验证布点位置,但由于热模态概念并不具有直观的物理含义,热载荷很难用试验方法获取;因此,热模态分析法实施起来较为困难。

(4) 聚类与相关分析法。

聚类与相关分析法是近年来在数控机床热误差建模的测温点优化选择中使用最频繁的方法。它先根据聚类结果选择一定的变量,再利用逐步回归的方法进一步剔除回归模型中不需要的温度变量,建立最优回归模型。聚类与相关分析法两种方法的结合抵消了聚类分析中不同聚合方法产生的结果差异的影响,并且减少了逐步回归对变量逐个判别的工作量,可以很方便地选择最少数量的温度变量,建立达到精度要求的模型。对于变量筛选过程,聚类分析中的距离选择为相似系数,可以得到变量间的相似矩阵。按照重心法进行聚类,按相似系数将距离最近的变量合并为一类,再比较新类和剩下类的相似关系,选择距离最近的两个类继续合并,直到所有的变量都聚合为一类为止,以此实现温度变量的优化选择。

聚类与相关分析法在测温点优化中体现出其显著的优势,但仍有待进一步探索与完善。如果能够找到热误差与所选温度场测量数据之间的线性或接近线性的关系,则补偿模型可以大大简化,而且热特性辨识时间将由于线性预报模型所具有的良好内插和外插性能而大大减少。

近年来,一些新的传感器布点优化方法得到迅速的发展,如拓扑优化、奇异值分解、遗传算法等。这些方法在振动执行器/控制器、阻尼器以及材料探测器优化等领域得到了广泛的应用,但鲜有涉及机床热误差建模领域中的传感器优化。将这些方法引入机床温度传感器的布点优化中,可以作为新的探索与尝试。

(5)遗传算法优化。

遗传算法的基本思想就是在遗传计算过程中,适应度较大的个体基因得到遗传,而适应度较差的个体基因会逐渐地消失。选择、交叉和变异,是遗传算法的3个主要操作算子,它们构成了所谓的遗传操作,使遗传算法具有其他传统方法所没有的特性。遗传算法包含了如下5个基本要素:参数编码、初始群体的设定、适应度函数的设计、遗传操作的设计、控制参数的设定。这5个要素构成了遗传算法的核心内容。在可查阅的文献报道中,遗传算法并未在机床热误差建模领域的传感器优化问题中得到应用。理论证明,只要选择合适的适应度函数,遗传算法就可以引入机床温度传感器布点优化领域,以改善其优化结果,作为机床热误差建模温度传感器布点优化问题的一个研究方向。

(6)引入虚拟仪器技术。

温度传感器布点优化的另外一个研究方向是引入虚拟仪器技术。虚拟仪器是通过软件将通用计算机与有关仪器硬件结合起来,用户通过图形界面(graphical user interface,GUI)进行操作的一种仪器。其利用计算机系统的强大功能,结合相应的仪器硬件,采用模块式结构,大大突破了传统仪器在信号传送、数据处理、显示和存储等方面的限制,可以方便用户对仪器进行定义、维护、扩展和升级等;同时实现了资源共享,降低了成本,从而显示出强大的生命力,并推动仪器技术与计算机技术的进一步结合。采用虚拟仪器技术,为实现机床热误差建模领域中的传感器布点优化开辟了另外一条道路。

3. 温度传感器布点优化应用案例

温度传感器的布点和选择直接影响到建模的精度和鲁棒性。在机床上的测温点越多,越有利于精确地计算温度场,从而较精确地计算出热变形,但同时也使得在机床上安装温度传感器的工作量及计算量加重,并且拖线过多会影响机床的正常工作。若能用最少的测温点代替众多的测温点而不失精度地用于热误差建模,就能简化热误差补偿系统,方便安装、方便使用、方便管理和降低成本,因此温度传感器的布点优化是个关键问题。目前对测温点的布置策略主要包括:主因素策略、能观测性策略、互不相关策略、最少布点策略、最大灵敏度策略和最近线性策略等。如果能够把温度传感器布置在一些"策略"的位置,则线性模型可用于热误差分析。以上六个策略互相之间是有联系和影响的,有些仅考虑的角度不同,因此在机床关键测温点的具体选择过程中还要根据实际情况和条件进行综合、全面的考虑。

有研究者先考虑主因素策略,即将各测温点的温度数据分别和热误差数据做相关分析,选出与热误差有一定关系的测温点;然后考虑互不相关策略,即将各测温点之间的温度数据做相关分析,通过聚类分析进行聚类;最后综合考虑最大灵敏度策略在各类测温点中选取代表点并进行验证。为解决温度变量之间的相关性和耦合关系影响建模精度,使结果严重偏离实际值的问题,采用聚类分析法对温度变量进行优选,选取少量测温点,从而减小各温度变量之间的相关性和耦合关系,提高热误差建模预测精度。

聚类分析的基本原理:首先按照相似程度(两变量与另一变量之间相关系数的接近程度)高低将一定数量的样本进行分类;然后从每一类中选出一个样本作为该类的代表;最后将各代表样本组成一个变量组,用于回归建模分析。在热误差建模过程中,将各温度变量(温度传感器测量值)与热误差做相关分析,研究者所研究的热误差是通过测量热误差 $\Delta X(t_{in},t_e)$ 减去环境温度引起的热误差 $\Delta X_{env}(t_e)$ 得到的。然后按照相似程度(温度变量与位移变量之间相关系数的接近程度)将各温度变量分类。最后从每一类中选取一个温度变量用于回归建模,而剔除同一类中其他温度变量,完成温度变量的优选。具体分析过程如下。

(1) 确定各温度变量与位移变量之间的相关系数。可取实验过程中温度、位移测量数据作为样本进行聚类分析,相关系数的计算公式为

$$r_{\mathrm{TX}}=\frac{\sum(T_i-\overline{T})(X_i-\overline{X})}{\sqrt{\sum(T_i-\overline{T})^2}\sqrt{\sum(X_i-\overline{X})^2}} \tag{8.21}$$

式中：X、T 分别为位移变量与温度变量；X_i、T_i 分别为该组变量中第 i 个样本的值；$\overline{X}$、$\overline{T}$ 分别为该组变量的平均值；r_{TX} 为最后得到的温度变量与位移变量之间的相关系数。

(2)将相关系数接近的进行分组，再从各组中选出相关系数最大的作为用于回归建模的温度变量，从而完成温度变量的优化选择。

研究者在 XK2650 定梁龙门移动镗铣床上布置了 59 个数字式温度传感器，布点现场如图 8.1、图 8.2 所示，温度传感器的布点序号及位置如表 8.2 所示，布点位置包括横梁、立柱、溜板、滑枕、床身导轨、静压油泵管路、回油槽等。结合测量得到的布点温度建立温度传感器 t_{in} 与剔除环境温度导致的热误差后的剩余误差 $\delta_x(t_{\mathrm{in}})$ 之间的相关矩阵，本实验得到的最优布点为 T3、T16和 T23，即横梁中部、立柱侧面和滑枕前端。

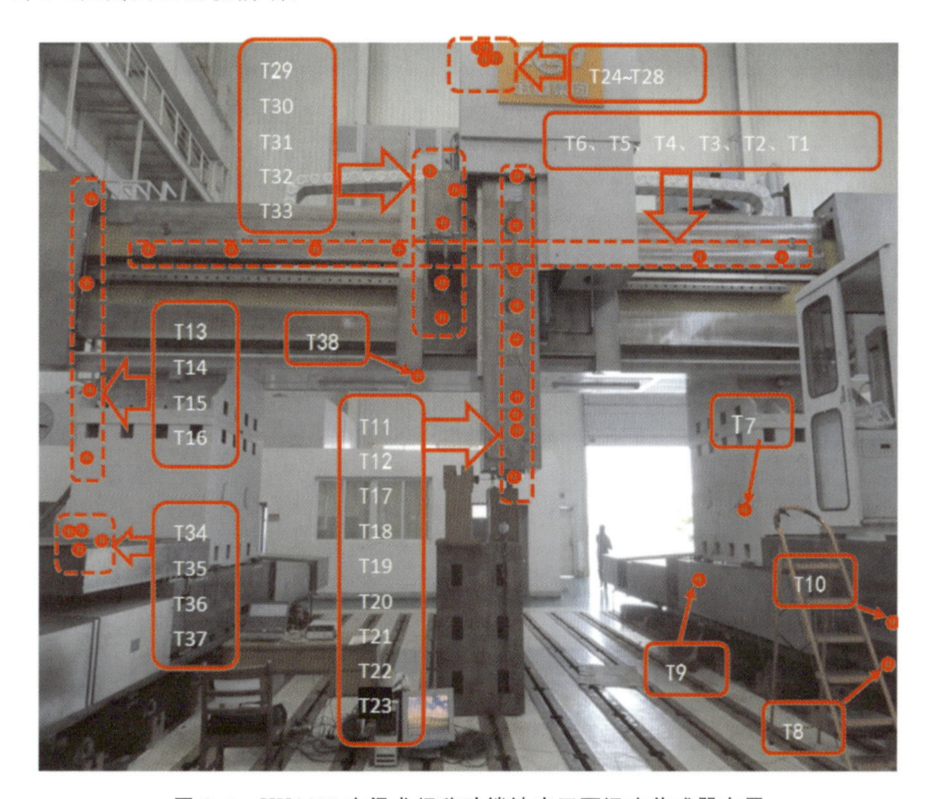

图 8.1　XK2650 定梁龙门移动镗铣床正面温度传感器布置

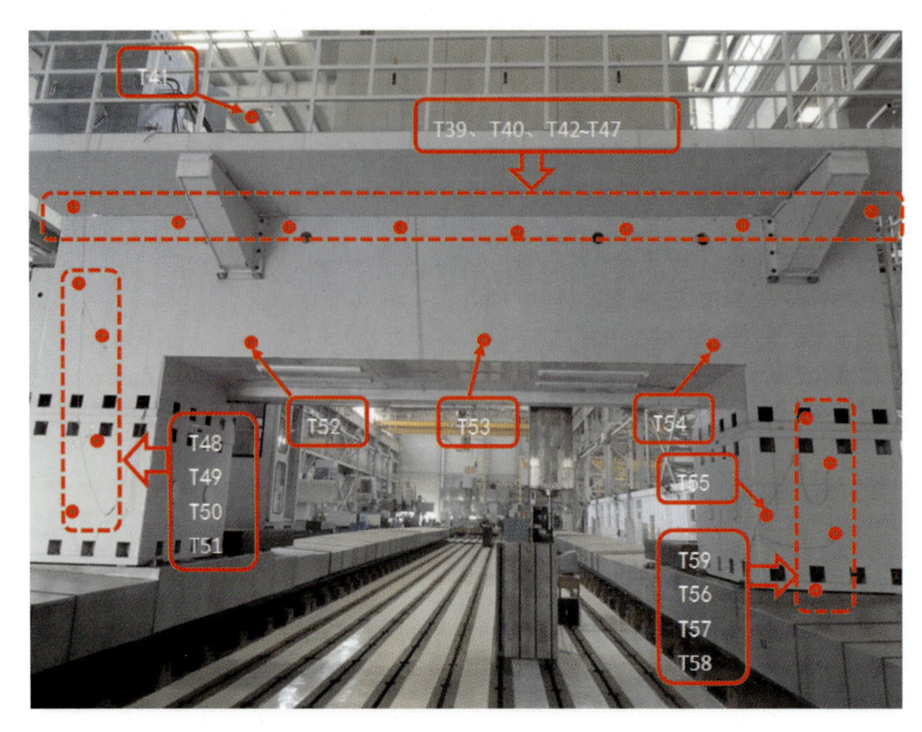

图 8.2 XK2650 定梁龙门移动镗铣床背面温度传感器布置

表 8.2 温度传感器的布点序号及位置

序号	位置	序号	位置
T1～T6	横梁正面,从右往左	T24、T25	滑枕丝杠轴承座
T7	立柱内壁	T27、T28	滑枕升降电动机支座
T8	回油槽	T29、T30	溜板上
T9	床身滑座	T31	Y 轴移动电动机安装座
T10	床身导轨	T32、T33	溜板下
T11、T12、T17～T22	滑枕侧面,从上往下	T34～T37	X 轴移动电动机安装座、齿轮箱、静压油泵管路
T13	横梁顶部	T38	横梁下面
T14	横梁中间	T39、T40、T42～T47	横梁背面,从左往右
T15	横梁底部	T48～T51	横梁背面、左侧及立柱
T16	立柱侧面	T52～T54	横梁背面下侧
T23	滑枕前端	T55～T58	立柱右侧背面
T26	丝杠螺母	T59	立柱内部

8.1.3 温度采集系统的稳定性保障技术

本小节介绍通过对温度传感器的信息熵进行假设检验统计，进而判断传感器是否发生故障的方法。该方法提取温度传感器数据的信息熵、联合熵和互信息，并提出信息相关系数的概念，将待检样本与正常总体的信息相关系数进行比较，实时判断传感器是否异常。另外，该方法建立总体正常数据的各个变量之间的最小二乘支持向量机模型(LS-SVM)，根据当前其他通道的正常数据预测当前待检通道的“正常状态值”。一旦某个通道的温度传感器判断为“异常”，就用所计算的“正常状态值”替代故障温度传感器温度值，使得故障温度传感器通道得以继续使用。对于正在加工的机床，可保证当前工序正常进行，加工完成后再进行补偿系统的检修和维护。

1. 温度传感器的在线故障诊断策略

机床在工作时，内外热源产生的热量通过传导、对流、辐射传递给机床的各个部件，引起温升，产生热膨胀。加工工况和环境温度不同导致热源分布不均匀以及产生的热量不等，各零、部件结构不同，质量不均匀，导致机床各部位温升不一致，从而产生不均匀的温度场。因此，各测温点间的温度数据具有很强的非线性特征。

大型机床的测温点温度变化服从平稳随机分布特征，它的不确定度可以用信息熵进行定量描述。信息熵可用来表示系统状态的无序程度，信息熵越小，表明信息的确定程度越高，反之亦然。对于变量 X，其信息熵表示为

$$H(X)=-\int_{x}p(x)\lg p(x)\mathrm{d}x \tag{8.22}$$

式中：$p(x)$为随机变量 X 的概率密度函数。

两个变量 X 和 Y 之间的信息熵可由多种定义进行描述，包括条件熵 $H(X|Y)$、联合熵 $H(X,Y)$、互信息 $I(X;Y)$等。它们的定义分别如下：

$$H(X\mid Y)=\int_{y}p(y)H(X\mid Y)\mathrm{d}y=-\int_{y}\int_{x}p(x,y)\lg p(x\mid y)\mathrm{d}x\mathrm{d}y \tag{8.23}$$

$$H(X,Y)=-\int_{y}\int_{x}p(x,y)\lg p(x,y)\mathrm{d}x\mathrm{d}y \tag{8.24}$$

$$I(X;Y)=-\int_{y}\int_{x}p(x,y)\lg\frac{p(x,y)}{p(x)p(y)}\mathrm{d}x\mathrm{d}y \tag{8.25}$$

它们之间的相互关系如图 8.3 所示。

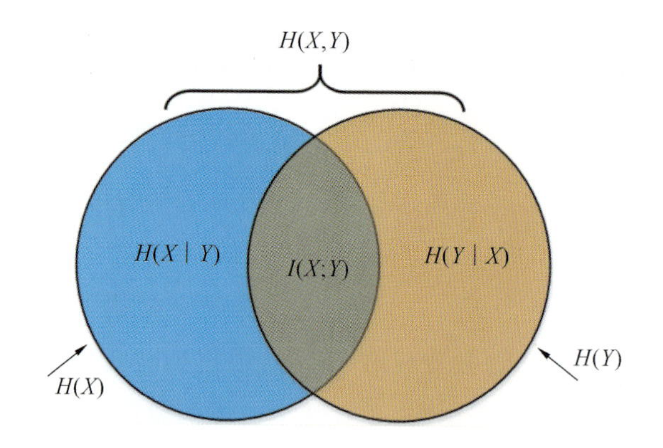

图 8.3 信息熵各定义之间的相关关系

联合熵与互信息分别可以评价各测温点温度拥有的信息含量之和与各测温点温度间共同拥有的信息含量。根据信息熵的定义,随机变量的概率密度函数应该事先已知,但实际上温度变量的概率密度函数通常是未知的。随机变量 X 和 Y 的概率密度、联合概率密度和条件概率密度用高斯核函数近似估计得到,高斯核函数的定义为

$$G(x-x_i,\Sigma_x)=\frac{1}{(2\pi h)\left|\Sigma_x\right|^{1/2}}\exp\left[-\frac{(x-x_i)^{\mathrm{T}}\Sigma_x^{-1}(x-x_i)}{2h^2}\right] \tag{8.26}$$

概率密度函数、联合概率密度函数、条件概率密度函数分别定义为

$$p(x)=\frac{1}{n}\sum_{i=1}^{n}G(x-x_i,\Sigma_x) \tag{8.27}$$

$$p(x,y)=\frac{1}{n^2}\sum_{i=1}^{n}\sum_{j=1}^{n}G(x_i-y_j,\Sigma_x+\Sigma_y) \tag{8.28}$$

$$p(x\mid y)=\left[\frac{1}{n^2}\sum_{i=1}^{n}\sum_{j=1}^{n}G(x_i-y_j,\Sigma_x+\Sigma_y)\right]\Big/\left[\frac{1}{n}\sum_{i=1}^{n}G(y-y_i,\Sigma_y)\right] \tag{8.29}$$

式中:Σ_x 为样本均值,$\Sigma_x=\frac{1}{n}\sum_{i=1}^{n}x_i$ 。

信息熵能够准确量化变量的不确定性程度,可以作为温度传感器异常的度量标准。由于信息熵衍生出来的信息度量是非线性、与参数无关、与样本具体取值无关的,因此它在现实中应用较多。在此主要考虑温度变量之间的波动关系,X、Y 表示不同通道的温度信息。虽然联合熵或互信息可以度量变量之间的相关程度,但是简单利用联合熵或互信息很难区分出正常或异常状况,因为当

其他熵值发生较大变化时，联合熵或互信息有可能并不会发生变化。例如，布置于主轴前端轴承座的温度传感器（假定为变量 X）受加工条件影响变化大，加工时确定程度变强，信息熵减少，而布置于床身基础的温度传感器（假定为变量 Y）同时受到环境、冷却液、切屑等影响，加工时不确定性强，信息熵增大，但两个通道 X、Y 的联合熵或互信息可能没有发生变化。为了表征独立性强度，并更合理地代表两个变量之间的通用信息，在此提出信息相关系数的概念，定义如下：给定两个随机变量 X 和 Y，如果它们之间的信息熵不为零，即 $H(X,Y)\neq 0$，那么 X 和 Y 的信息相关系数ICC($X;Y$)为它们之间的互信息与联合熵之比，即

$$\mathrm{ICC}(X;Y)=\frac{I(X;Y)}{H(X,Y)} \tag{8.30}$$

另外，当 $H(X,Y)=0$ 时，$\mathrm{ICC}(X;Y)=1$。

由定义可知，信息相关系数的取值范围是 0～1，即 $0\leqslant \mathrm{ICC}(X;Y)\leqslant 1$。它反映了两个变量之间相互依赖的程度，并且依赖程度越高，它们之间的信息相关系数 ICC($X;Y$)也就越大。$\mathrm{ICC}(X;Y)=1$ 表示变量 X 和变量 Y 是完全依赖或相关的；而当 $\mathrm{ICC}(X;Y)=0$ 时，它们两者之间是相互独立的；否则称变量 X 与变量 Y 是部分依赖的。这个性质适用于温度传感器异常的判断，正常温度传感器之间的依赖程度 $\mathrm{ICC}(X;Y)_{\mathrm{nor}}$ 处在特定的范围内；而异常的待检温度数据会带来更多的不确定信息，温度传感器之间的依赖程度 $\mathrm{ICC}(X;Y)_{\mathrm{chk}}$ 变小，超出 $\mathrm{ICC}(X;Y)_{\mathrm{nor}}$ 的取值范围。此外，信息相关系数还满足对称性，即 $\mathrm{ICC}(X;Y)=\mathrm{ICC}(Y;X)$，信息相关系数 ICC($X;Y$)与 X 或 Y 的具体组成成分也是无关的，即表达值的数量并不会影响它们两者之间的信息相关系数。

2. 温度传感器故障诊断

正常状态下的信息相关系数（$\mathrm{ICC}_{\mathrm{nor}}$）处在特定的范围内，代表了系统的整体分布特征，异常情况时信息相关系数一般会超出正常范围。$\mathrm{ICC}_{\mathrm{nor}}$ 是通过对已知正常条件下获得的较大量样本数据进行计算而获得的。

待检数据的信息相关系数（$\mathrm{ICC}_{\mathrm{chk}}$）测定所需的数据，既包括当前的温度数据，也包括历史温度数据，与样本容量有关。实时检验时，待检数据是实时更新的，新的数据加入时，早期的历史数据被剔除。

当然，由于采用样本数据代替整体数据，$\mathrm{ICC}_{\mathrm{nor}}$ 也可能超出特定的范围，但这个属于小概率事件。存在故障的条件下的信息相关系数也可能处在拒绝域

之外,这个也是小概率事件。

对信息相关系数进行显著性检验(test of statistical significance),可以得到温度传感器的故障信息。当用假设检验进行诊断时,允许第一类错误发生,即原假设是正确的,按检验规则却拒绝了原假设。该错误也称为弃真错误。

用显著性检验进行温度传感器的故障诊断的流程如图 8.4 所示。将正常状态下获取的信息相关系数集合看作总体信息相关系数 ICC_{nor},待检数据的信息相关系数 ICC_{chk} 当作样本相关系数,检验待检数据的信息相关系数和正常状态下的相关系数之间的差异。原假设为 H_0:$ICC_{chk}=ICC_{nor}$。

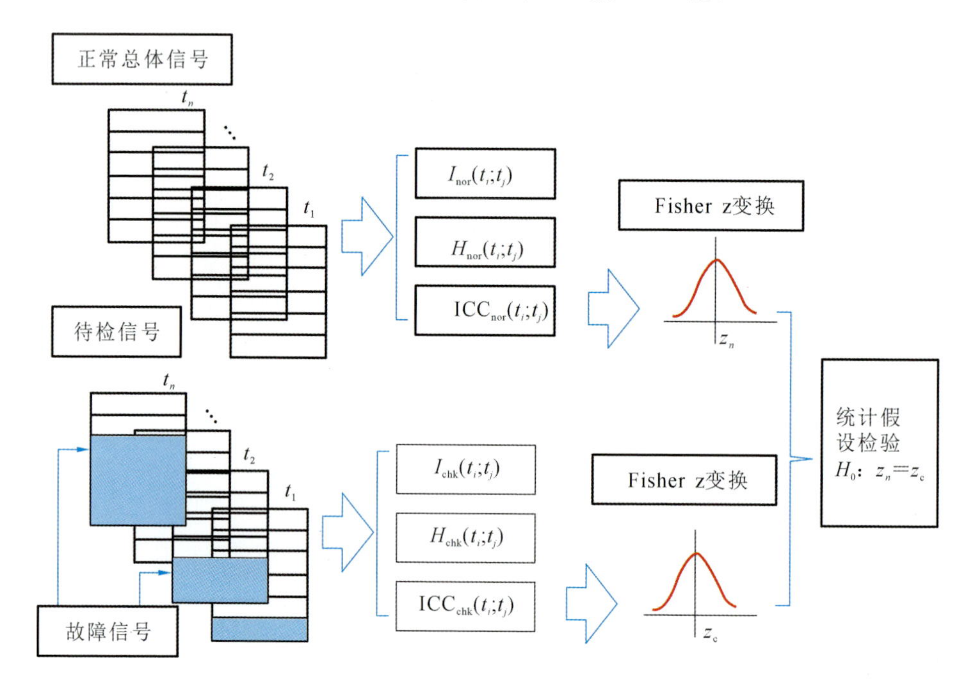

图 8.4　故障诊断流程

由于总体信息相关系数的期望不为 0,因此待检数据的信息相关系数和总体的信息相关系数都不服从正态分布,需要将两者进行 Fisher z 变换,变换后的 z 值近似服从正态分布。Fisher z 变换的公式为

$$z_n = \frac{1}{2}\ln\frac{1+ICC_{nor}}{1-ICC_{nor}} \tag{8.31}$$

$$z_c = \frac{1}{2}\ln\frac{1+ICC_{chk}}{1-ICC_{chk}} \tag{8.32}$$

待检数据的期望为

$$E(z_c)=z_n \tag{8.33}$$

待检数据的标准差为

$$\sigma_s(z_c)=\frac{1}{\sqrt{n-3}} \tag{8.34}$$

这样就可以进行 Z 检验，待检数据的检验统计量为

$$Z=\frac{z_c-E(z_c)}{\dfrac{1}{\sqrt{n-3}}} \tag{8.35}$$

原假设等价于认为待检数据的 z_c 值期望等于 z_n，即 $z_c=z_n$。

在此进行双边检验，α 称为显著性水平，$z_{\alpha/2}$ 为临界值。当 $|Z|>z_{\alpha/2}$ 时，拒绝原假设；当 $|Z|<z_{\alpha/2}$ 时，接受原假设。由式(8.31)至式(8.35)可得，边缘条件下的待检数据的信息相关系数 $\mathrm{ICC_{chk}}$ 的置信上限和下限分别为

$$\mathrm{ICC_{chk}(max)}=\frac{(\mathrm{ICC_{nor}}+1)\ e^{\frac{2z_{\frac{\alpha}{2}}}{\sqrt{n-3}}}+\mathrm{ICC_{nor}}-1}{(\mathrm{ICC_{nor}}+1)\ e^{\frac{2z_{\frac{\alpha}{2}}}{\sqrt{n-3}}}-\mathrm{ICC_{nor}}+1}\quad (\mathrm{ICC_{chk}}\geqslant \mathrm{ICC_{nor}}) \tag{8.36}$$

$$\mathrm{ICC_{chk}(min)}=\frac{(\mathrm{ICC_{nor}}+1)\ e^{-\frac{2z_{\frac{\alpha}{2}}}{\sqrt{n-3}}}+\mathrm{ICC_{nor}}-1}{(\mathrm{ICC_{nor}}+1)\ e^{-\frac{2z_{\frac{\alpha}{2}}}{\sqrt{n-3}}}-\mathrm{ICC_{nor}}+1}\quad (\mathrm{ICC_{chk}}<\mathrm{ICC_{nor}}) \tag{8.37}$$

由上述两式可见，$\mathrm{ICC_{chk}}$ 的置信范围与 $\mathrm{ICC_{nor}}$ 有关，也与样本容量 n 和显著性水平 α 有关；α 越高，判断故障的 $\mathrm{ICC_{chk}}$ 范围越小。本假设检验对样本容量的要求是 $n>20$。

将计算得到的 $\mathrm{ICC_{nor}}$ 和待检数据样本容量 n 代入式(8.36) 和式(8.37)中，在特定的显著性水平 α 下，可计算得到置信上下限。然后计算 $\mathrm{ICC_{chk}}$，如果 $\mathrm{ICC_{chk}}$ 超出范围，也就是说，如果 $\mathrm{ICC_{chk}}>\mathrm{ICC_{chk}(max)}$ 或者 $\mathrm{ICC_{chk}}<\mathrm{ICC_{chk}(min)}$，则进入拒绝域，认为传感器出现了异常。

进一步讨论确定传感器编号的方法。对于 m 个传感器的系统，根据排列组合关系，有 C_m^2 个待检信息相关系数 $\mathrm{ICC_{chk}}$。如果只有一个传感器(假定为第 i

个传感器)被检验出故障,那么应该有 $m-1$ 个与序号 i 有关的 ICC_{chk} 会超出界限。如果故障传感器多于一个,那么针对每一个故障传感器,都会有 $m-1$ 个与其序号有关的 ICC_{chk} 会超出界限。根据这个原则,检查与每个序号相关的 ICC_{chk} 超出界限的数量,若该数量为 $m-1$,则认为该编号的传感器出现异常。

再进一步讨论系统能够辨识的故障传感器的数量。根据故障传感器分离原则,对于共有 m 个传感器的系统,如果传感器的测量值不相等,那么最多有 $m-2$ 个传感器的故障能够被辨识出来;如果传感器的测量值相等,那么最多有 $(m-1)/2$ 个传感器的故障能够被辨识出来,当然这种情况出现的概率比较小,能定位 s 个故障传感器的系统中传感器的个数至少为 $2s+1$。

温度变量的不确定性可能导致其随加工条件和环境的改变而发生变化,因此 ICC_{nor} 的参考数据也需要实时更新,如果待检的样本数据被判定为“正常”,那么这些样本数据就可以作为参考数据来重新计算 ICC_{nor}。

3. 故障信号主动修复

当传感器被在线诊断出故障后,如果没有进行实时修复处理,而是直接送入数控系统中进行误差补偿,则故障传感器的数据会导致补偿量异常,使机床非正常运行进而引起错误或危险,因此需要及时将故障信号用“正常”信号替换掉。当诊断出传感器有故障后,其信号替代的方法有两种:根据该通道信号故障前的有效数据,逐步生成合理的预测信号;或者根据其他相关通道的有效信号,预测失效通道即将产生的信号。大型重载机床的加工状态变化多,热状态变化较明显,选择后一种信号替代方法,通过最小二乘支持向量机(LS-SVM)回归估计算法对异常信号进行估计。

对于一组数据(x_i,y_i),$y_i,x_i\in\mathbf{R}^n$,$i=1,2,\cdots,n$,LS-SVM 函数估计求解如下:

$$\begin{cases}\min J(\boldsymbol{w},\varepsilon)=\dfrac{1}{2}\boldsymbol{w}^{\mathrm{T}}\boldsymbol{w}+\gamma\dfrac{1}{2}\displaystyle\sum_{i=1}^{J}\varepsilon^2\\ s.t: y_i=\boldsymbol{w}^{\mathrm{T}}\varphi(x_i)+b+\varepsilon\end{cases}\tag{8.38}$$

式中:x_i 表示温度数据输入量;y_i 为温度数据目标值;$\varepsilon\in\mathbf{R}$ 表示误差方差;$\varphi(x_i):\mathbf{R}^n\rightarrow\mathbf{R}^{nh}$ 表示核空间映射函数;$\boldsymbol{w}\in\mathbf{R}^{nh}$ 表示权重向量;γ 为可调参数;b 为偏差总数。

引入拉格朗日函数:

$$\mathcal{L}=\frac{1}{2}\boldsymbol{w}^{\mathrm{T}}\boldsymbol{w}+\gamma\sum_{i=1}^{l}\varepsilon^{2}-\sum_{i=1}^{l}\alpha_{i}[\boldsymbol{w}^{\mathrm{T}}\varphi(x_{i})+b+\varepsilon-y_{i}] \tag{8.39}$$

式中：α_i 表示拉格朗日乘子。

根据极值存在的必要条件，得到如下方程组：

$$\begin{cases} \boldsymbol{w}=\sum_{i=1}^{l}\alpha_{i}\varphi(x_{i}) \\ \sum_{i=1}^{l}\alpha_{i}=0 \\ \alpha_{i}=\gamma\varepsilon \\ y_{i}=\boldsymbol{w}^{\mathrm{T}}\varphi(x_{i})+b+\varepsilon \end{cases} \tag{8.40}$$

消除上式的 $\boldsymbol{w}$ 和 ε，得到如下方程组：

$$\begin{bmatrix} 0 & 1 & \cdots & 1 \\ 1 & K(x_1,x_1)+\frac{1}{\gamma} & \cdots & K(x_1,x_n) \\ \vdots & \vdots & \vdots & \vdots \\ 1 & K(x_n,x_1) & \cdots & K(x_1,x_n)+\frac{1}{\gamma} \end{bmatrix}\begin{bmatrix} b \\ \alpha_1 \\ \vdots \\ \alpha_n \end{bmatrix}=\begin{bmatrix} 0 \\ y_1 \\ \vdots \\ y_n \end{bmatrix} \tag{8.41}$$

式中：$K(x_1,x_i)$为满足 Mercer 条件的核函数。

常用的核函数包括线性核函数、多项式核函数、RBF 核函数和 Sigmoid 核函数，其中多项式核函数具有更好的泛化能力，本书选用多项式核函数作为 LS-SVM 的核函数来改进外推精度。

LS-SVM 回归方程可表示如下：

$$f(x)=\sum_{i=1}^{n}\alpha_{i}K(x,x_{i})+b \tag{8.42}$$

为了智能修复异常温度数据，首先应用式(8.41) 建立正常通道温度和异常通道温度的函数关系。在此，定义 S_{d} 和 S_{nd}($S_{\mathrm{d}}\cap S_{nd}=\varnothing$)为温度传感器子集，其中 S_{d}表示故障传感器序列，S_{nd}表示正常传感器序列。温度数据修复方程为

$$T_{k}=f_{k}[(T_{s},\cdots,T_{r},\cdots)\mid s,r\in S_{nd}] \tag{8.43}$$

式中：T_k 表示第 k 个待修复的传感器($k\in S_{\mathrm{d}}$)；f_k 表示第 k 个传感器与正常传感器温度的函数关系；s 表示正常温度数据的最小编号。

以四个温度传感器为例，建立温度传感器之间的函数如下：

$$\begin{cases}\Delta T_1 = f_1(\Delta T_2,\Delta T_3,\Delta T_4)\\ \Delta T_2 = f_2(\Delta T_1,\Delta T_3,\Delta T_4)\\ \Delta T_3 = f_3(\Delta T_1,\Delta T_2,\Delta T_4)\\ \Delta T_4 = f_4(\Delta T_1,\Delta T_2,\Delta T_3)\end{cases} \tag{8.44}$$

如果1号温度传感器失效，就用式(8.44)中 f_1 函数进行修复并输出 T_1；同理，如果第 k 个传感器失效了，那么就用 f_k 来修复，并输出 T_k。这个方法能够在一定程度上消除传感器故障对热误差补偿精度的影响。

考虑到机床实际运行过程中可能出现以下情况：

(1) 传感器异常的个数超过传感器总数的50%；

(2) 对出现异常的温度数据进行长时间的自修复，带来测温点温度误差的累积。

因此，当出现情况(1)时，系统应自动报警并停机；对于情况(2)，系统应对每次自修复的数据进行自检，如果超过允许误差范围，则报警并停机。

本书对机床热误差监测系统进行异常诊断与自修复的流程如图8.5所示。

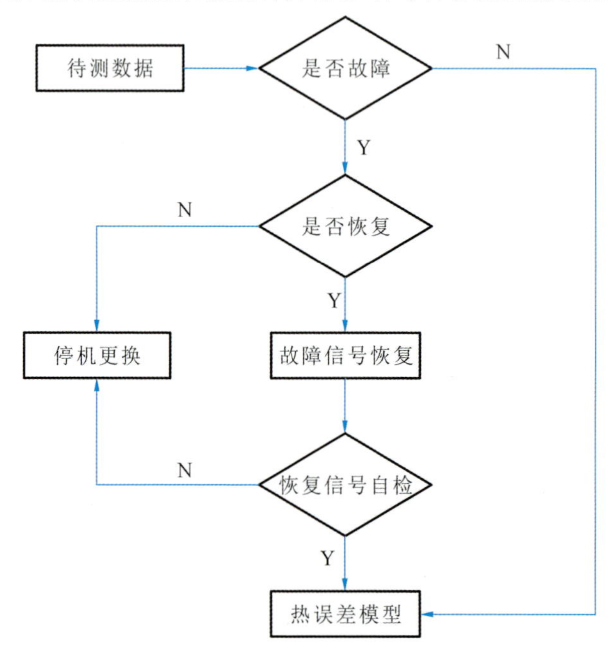

图8.5　异常诊断与自修复的流程

4. 稳定性保障技术实验验证

根据不同的研究目的，研究者对多台大型重载机床进行了连续的温度监控和测量。由于传感器数量较多，连续测量时间长，机床运动行程长，现场测试中发生了传感器故障现象，且故障现象发生在镗床上，而不是发生在 XK2650 定梁龙门移动镗铣床上，因此首先介绍镗铣床的实验条件。

温度传感器采用美国 MAXIM-DALLAS 公司的 DS18B20 系列 1-Wire 总线数字测温芯片，传感器测温范围是－10～85 ℃，测温精度为±0.5 ℃，分辨率为0.0625 ℃。稳定性保障技术的验证选用 TK6926 落地式镗铣床的测量现场，TK6926 落地式镗铣床的温度传感器布点如图 8.6、图 8.7、图 8.8 所示，共布置了 39 个温度传感器，温度传感器定义如表 8.3 所示。温度测量的目的是：测量主要部件(包括床身、立柱、主轴箱、滑枕)以及环境温度的空间分布梯度；评估内外热源对温度分布梯度的影响，以及温度分布梯度对机床部件的热变形的影响和对终端刀尖相对于工件的热偏移误差的影响；寻找最敏感温度传感器布点，建立热误差模型。

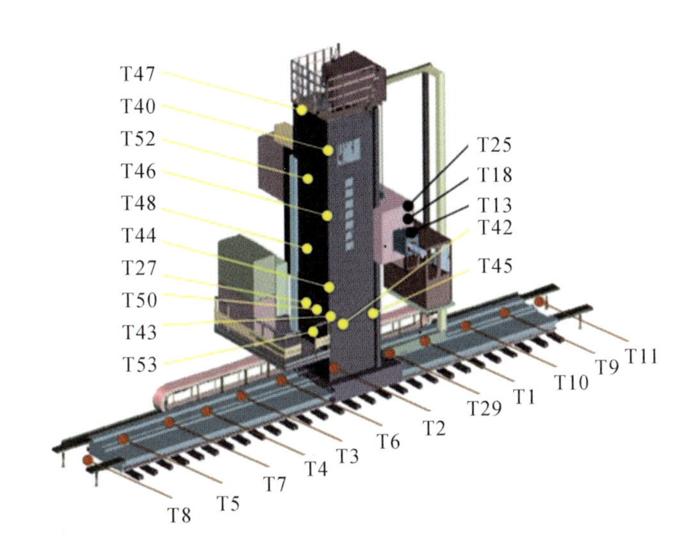

图 8.6　温度传感器布点示意图(正面)

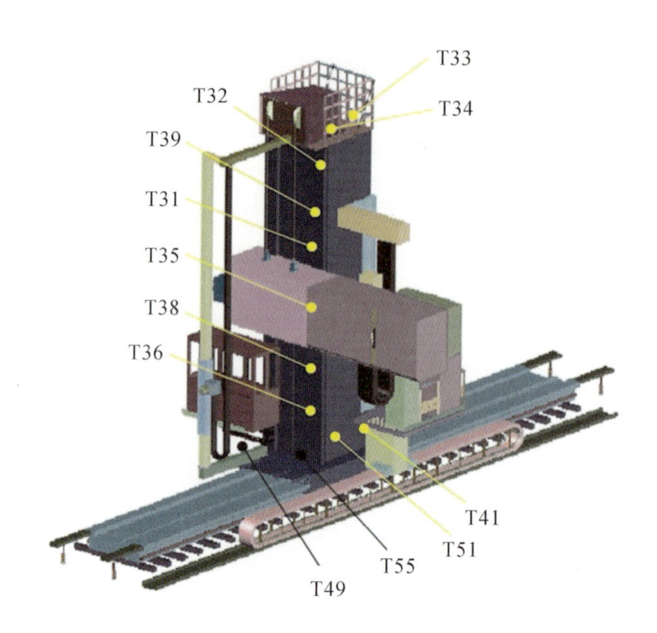

图 8.7 温度传感器布点示意图(背面)

图 8.8 温度传感器布点现场(背面)

表 8.3 温度传感器定义

测量序号	位置	备注	测量序号	位置	备注
T1	X 轴床身导轨	左 8	T35	主轴箱侧面	—
T2	立柱滑座	左后	T36	立柱右侧面	下 1
T3	X 轴床身导轨	左 4	T38	立柱右侧面	下 2
T4	X 轴床身导轨	左 3	T39	立柱右侧面	上 2
T5	X 轴床身导轨	左 1	T40	立柱前面	上
T6	X 轴床身导轨	左 5	T41	床身回油槽	—
T7	X 轴床身导轨	左 2	T42	立柱前侧面	左
T8	X 轴床身左侧环境	—	T43	立柱左侧面	下前
T9	X 轴床身导轨	左 10	T44	立柱左侧面	上 5
T10	X 轴床身导轨	左 9	T45	立柱前侧面	右
T11	X 轴床身右侧环境	—	T46	立柱左侧面环境	—
T13	滑枕前端轴承座	—	T47	立柱左侧面	上 7
T18	滑枕丝杠后端轴承座	—	T48	立柱左侧面	上 4
T25	滑枕移动丝杠螺母	—	T49	滑座附近环境	—
T27	立柱左侧面	下右	T50	立柱左侧面	下中
T29	滑座静压导轨油泵	—	T51	滑座后侧	—
T31	立柱后侧环境	中	T52	立柱左侧面	上 2
T32	立柱右侧面	上 1	T53	控制柜环境	—
T33	立柱顶部环境	内	T55	床身移动齿轮箱	—
T34	立柱顶部环境	外			

根据实验的不同需求，机床的实验热状态包括冷机和主轴转动模拟加工条件，转速包括恒定转速和转速谱，温度和热变形测量时间间隔均为 10 min。

图 8.9 所示为一组典型的正常测量温度数据，在主轴转速谱条件下，主轴滑枕前端温升最大，为 12 ℃左右，环境温度、立柱温度和主轴箱温度等也有缓慢上升，温升范围为 3～5 ℃。图 8.10 所示为实验发现的温度传感器 T13 发生故障时的温度数据。记录显示，10:20 采集的数据显示发生了故障，故障原因是传感器接头接触不良。随后在不同的间隔下多次采集到故障信号，故障显示出温度跳动为 72 ℃或－12 ℃，鉴于测量起始实际温度为 13 ℃左右，因此推断故障传感器显示的温度为 85 ℃或者0 ℃，这个结论与事后对故障温度传感器的标定验证是一致的。

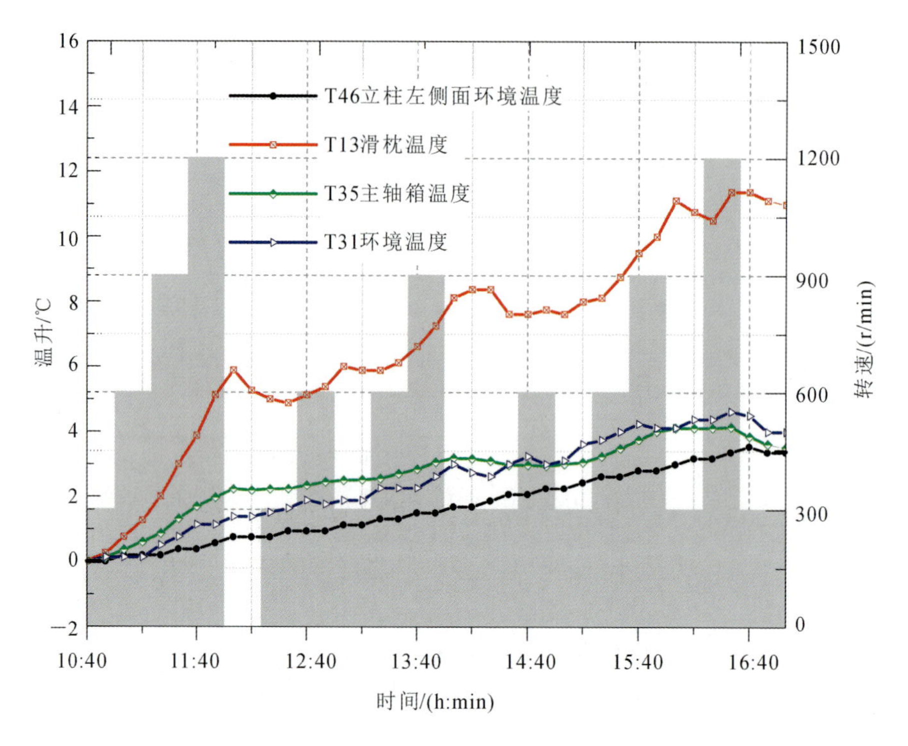

图 8.9　正常测量温度数据

数据采集过程中,对各传感器信号之间的信息相关系数 ICC_{chk} 进行了连续计算,并与正常总体数据的信息相关系数 ICC_{nor} 进行比较。其中样本容量选择为 $n=60$,结果如表 8.4 所示。可以发现,在故障发生前,各组的待检数据的信息相关系数 ICC_{chk} 与 ICC_{nor} 接近,偏差不超过 5%;故障发生时,第 1、4、5 组的 ICC_{chk} 发生明显改变,由 0.65 左右变为 0.25 左右。根据传感器分组序号,可以发现是与 T13 有关的 ICC_{chk} 都发生了明显改变,因此判断 T13 发生了故障。

同时观测 ICC 的 Fisher z 变换(见图 8.11),也可以发现,在 10:20 之前和之后,

表 8.4　各种条件下 ICC 对比($n=60$)

分组序号	传感器组	ICC_{nor}(正常)	ICC_{chk}(故障前)	ICC_{chk}(故障时)
1	T46,T13	0.6713	0.6768	0.2543
2	T46,T35	0.6245	0.6337	0.6639
3	T46,T31	0.6475	0.6337	0.6490
4	T13,T35	0.6755	0.6866	0.2417
5	T13,T31	0.6417	0.6578	0.2834
6	T35,T31	0.6643	0.6345	0.6378

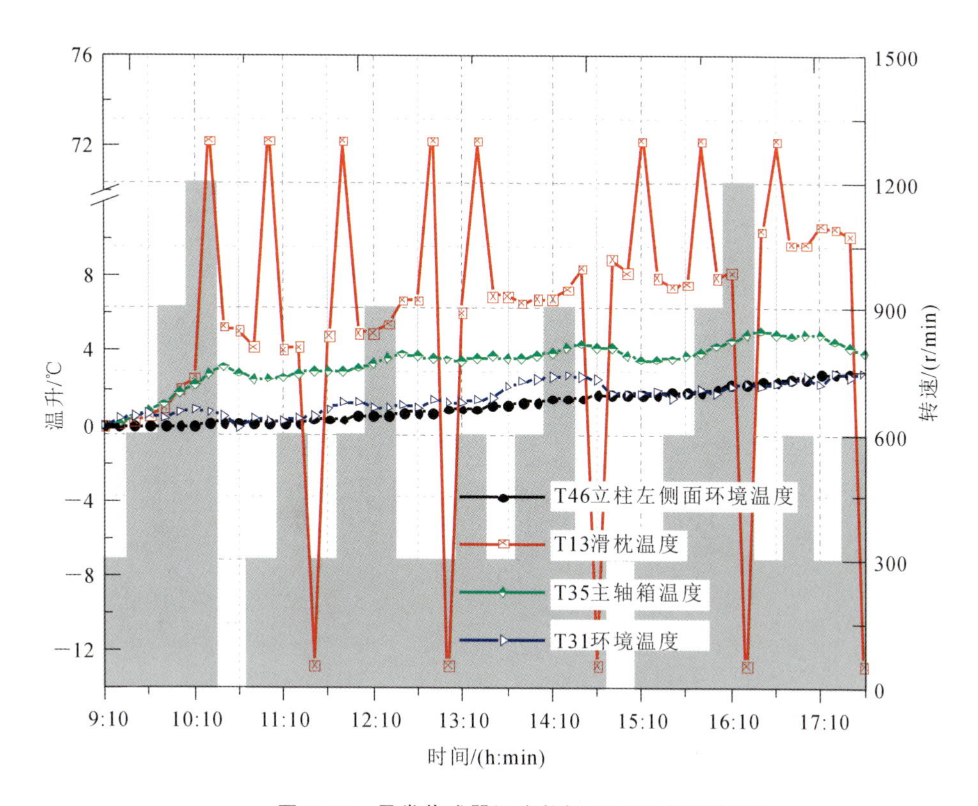

图 8.10 异常传感器温度数据(10:20 出现故障)

与 T13 有关的 Fisher z 变换发生了显著的变化。在此选用显著性水平 $\alpha=0.05$，临界值 $z_{\alpha/2}=1.96$。在 10:20 时刻，$|Z|>z_{\alpha/2}$，所以拒绝原假设，即认为发生了故障。

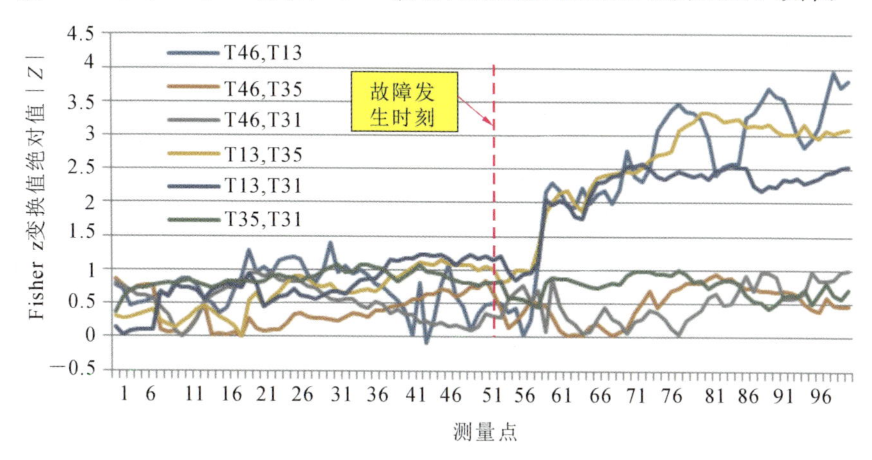

图 8.11 正常条件和异常发生时的 Fisher z 变换对比

在判断出故障发生后，利用式(8.44)的 LS-SVM 回归模型，利用 T46、T35、T31 的数据对 T13 进行预测估计。图 8.12 所示为预测估计的主轴轴向热误差与实测热误差的对比。由图可见，利用修复算法能够很好地预测出实际的热误差，实际变形达到 0.25 mm 的热误差，修复后残差范围在±0.05 mm 内；而如果直接用故障传感器的数据进行预测，则预测值为 1.5 mm。因此若直接用故障传感器进行预测并用于加工时的补偿，则会引起加工异常。

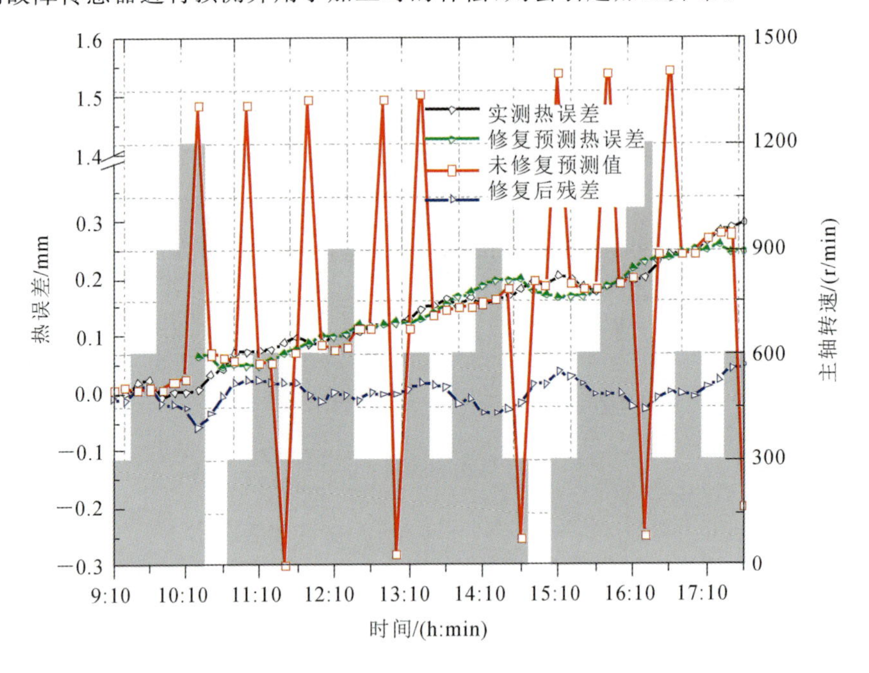

图 8.12　故障修复及预测效果

关于温度传感器系统稳定性保障技术的总结如下：

(1) 基于信息熵的信息相关系数能很好表达变量之间的非线性关系，能反映工况和环境的变化对温升的影响，且对噪声信号或者异常信号比较敏感；

(2) 该方法需要进行数据标定，在变量近似服从标准正态分布下经 Fisher z 变换能很好地保证诊断的准确性；

(3) 温度信号恢复方法在满足故障传感器分离原则状况下可保证热误差补偿系统的稳定性。

8.1.4　大型重载机床热误差测量技术

对机床存在的误差元素进行测量和辨识是进行误差补偿的先决条件，测量精度也决定了后续误差补偿数学模型的精度和最终的补偿实施效果。从已有的技术资料和文献来看，热误差测量技术可以分为直接测量和间接测量两大类别。直接测量是指通过测量仪器直接获得一项或者多项误差元素，无须对被测元素与其他实测元素进行函数关系的辅助运算；间接测量是指通过测量可以获得各种误差元素相互作用之后的测量结果，必须通过求解相应的数学模型，才能对被测误差元素进行分离和识别。

1. 直接测量法

机床平动轴的定位精度是评价机床性能的重要指标之一，国内外均对这一指标的评价制定了相关标准，并且对其测量过程和数据处理方法进行了深入的研究。通过激光测量或加工试件的方法，可以对平动轴的定位误差进行测量。在使用激光测量仪时需要使激光光束与所测轴线保持平行，否则就会产生阿贝误差，影响测量精度。测量机床平动轴的直线度时，需要让该轴做直线运动，通过测量仪器获得与沿该轴轴线垂直的两个方向上的位置偏移量，从而确定一个平动轴在两个方向上的直线度误差。平尺法、钢丝与显微镜法、准直望远镜法等都是常用的测量手段，然而它们的测量效率较低，测量精度容易受到操作人员的影响，现在已不常用。更为广泛使用的是激光准直法和激光干涉测量法。其中在激光准直法中，以激光束作为测量基准，并将光束对准沿光束轴线移动的相位灵敏探测器(phase sensitive detector，PSD)。PSD 中心与光束的水平和垂直偏差被测量并传送到记录仪器，从而可以同时获得两个方向的直线度误差。美国光动公司开发的 LDDM 激光多普勒测量仪就是采用这种原理来测量直线度误差的。而在激光干涉测量法中，需要配合使用渥拉斯顿棱镜来捕捉激光光束对双镜反射器对称轴线的位置变化。需要注意的是，该方法在一次测量中只能得到一个方向的直线度误差，测量效率较激光准直法略低。

测量机床两个进给轴之间的垂直度误差时，可以使用一个标准试件，让机床沿标准试件的边界运动，通过位移测量探头获得垂直度误差，这是较为传统的测量方法之一。目前使用较为广泛的是通过激光干涉仪或激光准直仪先对其中一个轴的直线度进行测量，然后以其拟合轴线作为基准，测量另一个轴的直线度，最后计算两个轴的最佳拟合轴线之间的角度偏差，从而获得垂直度误差。需要注意的是，采用激光测量仪来对直线度和垂直度进行测定时，光学棱镜的制造精度会对测量结果产生一定影响，通常需要在后续的数据处理时将这一制造误差消除。

一个平动轴在运动过程中会引入三个角度误差,分别为滚转误差、俯仰误差和偏摆误差。其中滚转误差的测量手段较为有限,目前比较常用的是电子水平仪(electric level)测量法,而且该方法只能对水平面内的平动轴滚转误差进行测量,无法测量垂直面内的滚转误差。此外,美国自动精密工程公司(API)开发的激光干涉仪采用双电子水平仪技术,可以通过激光测量获得平动轴的滚转误差。对于俯仰误差和偏摆误差,可以使用电子水平仪进行测量,也可以使用激光干涉仪配合相应的光学棱镜,通过检测两束激光束之间的光程差来测量。为了克服上述测量方法一次测量只能获得一个角度误差的缺点,API 公司通过引入 PSD 技术,实现了一次测量获得两个角度误差,提高了测量效率。

ISO 和国家标准对旋转轴的误差测量也制定了相关标准,建议使用检验棒和指示器(dial gauge)对两个径向偏移、一个轴向偏移和除自身转角误差之外的两个角度误差进行测量。转角误差可以通过激光准直仪或激光干涉仪配合多面棱镜测得。目前来看,可用于旋转轴六项误差元素测量的手段不多,而且在实际测量中,往往由于机床硬件结构的影响,安装不方便,容易引入仪器安装误差,导致测量精度降低。

2. 间接测量法

间接测量法通常要求机床按照设定好的轨迹进行多轴联动,测量仪器采集运动轨迹上各点的位置信息,通过后续的数据处理,将可能存在的误差元素进行分离,从而确定各误差元素的大小。间接测量法在实际工程应用中有很多成熟的方法和案例。间接测量法虽然取得了很多成功的应用,但是也具有不可忽略的缺点,如:整个测量流程过长、测量标准件较为笨重、无法分离机床误差和加工过程误差等。基于以上原因,人们试图寻找其他更为便捷的测量手段。球杆仪作为一种简单、高效的机床性能检测工具,逐渐引起了人们广泛的关注。

8.2 大型重载机床热误差建模技术

8.2.1 整机热误差建模方法分析

大型重载机床的误差主要包括几何误差、热误差、力致误差和振动引起的误差等。其中几何误差和热误差的是机床误差的主要成分。几何误差是指由组成机床各部件工作表面的几何形状、表面质量、相互之间的位置误差所引起的机床运动误差，主要由原始制造加工误差和装配误差确定。加工误差是指主轴前端相对于工作台的位置的理论值与实际值的偏差，以及该偏差随温度和坐标的变化。热误差是内部热源和外部热源共同作用的结果。内部热源以热传导为主，包括切削热和摩擦热，而摩擦热主要来自轴承、电动机、静压油泵等。外部热源以对流换热为主，与环境温度有关，环境温度的变化与通风、空气对流条件、室外环境温度和气候等有关，另外机床与外部热源的热交换也有辐射传热，如日光、照明、人体辐射等。机床在内外热源的作用下产生的热变形是非线性的，既与温度变化有关，也与机床的坐标位置有关。

机床几何误差和热误差构成的综合误差可表示为 $\Delta X(x,y,z,t_{\text{in}},t_{\text{e}})$，其中 t_{in} 代表内部热源的温度，由一系列的测温点温度构成，这些测温点包括主轴和移动轴的热源温度代表点，不同的模型所选的点不一样；t_{e} 为环境温度，代表外部热源。内部热源和外部热源作用引起的热变形导致的主轴前端相对于工作台或零件的热偏移误差可以线性累加，以三轴机床在 X 轴方向的误差为例，可表示如下：

$$\Delta X(x,y,z,t_{\text{in}},t_{\text{e}}) = \Delta X_{\text{env}}(t_{\text{e}}) + \delta_X(t_{\text{in}}) + \Delta X_l(x,y,z,t_{\text{in}}) \tag{8.45}$$

式中：$\Delta X(x,y,z,t_{\text{in}},t_{\text{e}})$ 表示主轴前端相对于工作台在 X 轴方向总的偏移误差。根据不同热源和结构的类型，该偏移误差由以下三部分构成。

$\Delta X_{\text{env}}(t_{\text{e}})$ 表示外部热源引起的机床整机在 X 轴方向的热误差。机床受到环境温度波动的影响，在各个方向都会产生刀尖相对于工作台的热误差，即使没有开机或加工，这个影响也存在。t_{e} 表示环境温度，代表外部热源。外部热源可以是一个环境测温点，也可以是多个环境测温点构成的温度场。

$\delta_X(t_{\text{in}})$ 表示不包含外部热源的、仅由内部热源引起的在 X 轴的主轴热误差。对于大型重载机床如龙门铣床、落地式镗铣床、双柱立式车床等，$\delta_X(t_{\text{in}})$ 主要是滑枕内的主轴单元的轴承、电动机、齿轮箱等发热引起的主轴前端相对于主轴安装基础的热误差，包括热伸长、热偏移、热偏转等。主轴单元安装于移动轴上，该误差与机床的测温点温度有关，与外界环境温度无关。这里的 t_{in} 包含代表主轴热源的最优布点温度，主轴热源可由一个或多个测温点构成。

$\Delta X_l(x,y,z,t_{\text{in}})$ 表示移动轴的误差，是几何误差在指定方向的分量，以及各个轴在移动时的内部热源引起的热误差在 X 轴方向的分量的合成。其中,热误差主要来源于机床移动时的丝杠或齿轮齿条热膨胀(引起定位误差改变)、导轨热膨胀及变形(引起直线度、垂直度改变),以及各误差传递的阿贝效应等。这里的 t_{in} 包含代表各个移动轴的最优点温度,最优点也可由多个温度传感器构成。此处 t_{in} 与 $\delta_X(t_{in})$ 里的自变量 t_{in} 可能重复,也可能不重复。从热源发热的角度,机床的运动状态及产生的热误差分类如表 8.5 所示。

表 8.5 机床的运动状态及产生的热误差分类

序号	运动状态	产生的热误差
1	冷机静置	$\Delta X_{env}(t_e)$
2	主轴转动而线性轴不移动	$\Delta X_{env}(t_e)+\delta_X(t_{in})$
3	线性轴移动而主轴不转动	$\Delta X_{env}(t_e)+\Delta X_l(x,y,z,t_{in})$
4	线性轴移动且主轴转动	$\Delta X_{env}(t_e)+\delta_X(t_{in})+\Delta X_l(x,y,z,t_{in})$

针对表 8.5 中第 2 种和第 3 种类型,定义如下:

$$\delta_X(t_{in},t_e)=\Delta X_{env}(t_e)+\delta_X(t_{in}) \tag{8.46}$$

$$\Delta X_l(x,y,z,t_{in},t_e)=\Delta X_{env}(t_e)+\Delta X_l(x,y,z,t_{in}) \tag{8.47}$$

由此可见,无论是单独工况还是组合工况,外界环境温度自始至终都有影响。在非恒温车间条件下,作为热误差模型辨识的手段,只能从上述 4 种中选择测量方案。对于大型重载机床,为了辨识出非恒温车间内的机床受内外热源影响的综合误差模型,有研究人员选择了如下的建模方法。

首先考虑机床冷机静置下的热变形特征,辨识出环境温度导致的热误差 $\Delta X_{env}(t_e)$。然后考虑主轴转动而线性轴不移动时环境热源与主轴热源产生的综合热误差 $\delta_X(t_{in},t_e)$,剔除 $\Delta X_{env}(t_e)$ 后辨识出单独的 $\delta_X(t_{in})$。再考虑线性轴移动而主轴不转动时环境热源与移动轴热源产生的综合热误差 $\Delta X_l(x,y,z,t_{in},t_e)$,剔除 $\Delta X_{env}(t_e)$ 后辨识出 $\Delta X_l(x,y,z,t_{in})$。最后将上述三种误差成分累加,获得总的热误差模型 $\Delta X(x,y,z,t_{in},t_e)$。

由以上分析可知,环境温度热源所致的热误差模型 $\Delta X_{env}(t_e)$ 的建立,是获取机床整机综合误差模型的基础,因此需要讨论环境温度所致热误差的建模方法。

外部热源通过热对流作用于机床表面,当只考虑环境温度的热影响,并满足集总热容条件时，各个方向的热变形是一致的，且呈线性热膨胀，再以 X 轴方向为例：

$$\Delta X_{\mathrm{env}}(t_{\mathrm{e}}) = \alpha L_X[t_{\mathrm{b}}(m_2) - t_{\mathrm{b}}(m_1)] \tag{8.48}$$

式中：m_1 和 m_2 均表示时间点；$t_{\mathrm{b}}(m_i)(i=1,2)$ 表示机床本体在时间点 m_i 的瞬态响应温度，是在集总热容条件下的温度，也就是说机床整体的温度都可用这一个温度 $t_{\mathrm{b}}(m_i)$ 表示，该温度是由外部热源引起的，没有内部热源的作用；L_X 是 X 轴方向的名义尺寸，机床在各个方向的名义尺寸不同；α 是热膨胀系数。

由于式(8.48)左右两侧的自变量是不一样的，左侧的自变量为环境温度 t_{e}，右侧的自变量为机床本体的温度 t_{b}，而且这个能够代表机床本体温度的 t_{b} 难以从机床本体直接获取，因此首先需要建立二者之间的关系模型：用环境温度 t_{e} 的函数表示机床本体温度 t_{b}。

另外根据传热学原理，在集总热容条件下，机床表面与环境温度之间的热交换满足牛顿冷却定律，瞬态热平衡微分方程为

$$\frac{\mathrm{d}t_{\mathrm{b}}(m)}{\mathrm{d}m} = -\frac{1}{\tau_{\mathrm{r}}}[t_{\mathrm{b}}(m) - t_{\mathrm{e}}(m)] \tag{8.49}$$

式中：$t_{\mathrm{e}}(m)$表示时间点 m 的环境温度；$\tau_{\mathrm{r}} = \rho Cv/hA$ 表示时间常数，对于确定的机床，时间常数是固定值，可以通过计算得到。

在已知 $t_{\mathrm{e}}(m)$和 τ_{r} 及初始条件时，根据式(8.49)，机床在 m 时间点的响应温度$t_{\mathrm{b}}(m)$可以计算出来，在得到 L_X 和 α 以后，可代入式(8.48)得到环境温度影响的热变形位移，即可得到环境温度所致热误差的模型 $\Delta X_{\mathrm{env}}(t_{\mathrm{e}})$，通过实验可进行模型的参数辨识并验证。

8.2.2 环境温度热误差模型建模技术

大型重载机床一般工作于非恒温车间中。车间中不同功能区间的热源、散热、通风、照明条件不同，导致车间环境温度具有一定的空间分布梯度。研究表明温度分布具有水平方向和竖直方向的梯度，且车间环境温度的梯度会导致机床的变形不一致，从而引起主轴前端相对于工作台的热偏移。

虽然整个车间环境温度存在较大的空间分布梯度，但是机床所处的环境仍属于小环境。实验研究发现，通常大型重载机床在水平方向的环境温度梯度很小，完全可以忽略，在竖直方向温度分布有一定的梯度，但空间温度差不超过昼

夜温度差的15%;另外,在不同位置的终端热误差测量结果也表明,环境温度的空间分布梯度不是影响机床热变形的主要因素。

实验研究表明,大型重载机床受环境温度影响较大,无论机床是冷机静置还是在预热或加工状态,环境温度的影响是时刻存在的,而且机床热变形响应存在滞后,滞后时间长短随所处的温度而改变。机床车间相当于外界环境温度的"低通滤波器",在没有恒温控制的车间内,室内环境温度波动特征与户外气温变化相似,但是波动幅度稍小,在时域内相对于室外存在滞后,而且室内环境温度的变化同时具有日周期和非周期特征。车间内环境温度随时间的变化具有一定的周期性,稳定条件下机床所处环境温度的空间分布梯度相对于车间内环境温度随时间的变化很小,可以考虑用某个合适位置的环境温度表示整机所处的环境温度。因此,可用式(8.49)进行机床本体的温度响应研究。

利用温度传感器、数据采集卡等系统实际测量得到的环境温度 $t_e(m)$ 是离散的非周期数据,不能直接作为输入用于式(8.49)形式的微分方程求解。如果能够将 $t_e(m)$ 表示为易被微分方程接受的连续函数形式,如谐波叠加或者指数形式等,则式(8.49)就容易求解。非恒温车间的环境温度是连续缓变信号,通常气候条件下具有日周期性,可通过一系列的实验分析,结合数学理论方法,建立解析形式的环境温度预测模型,替代离散温度,确保其能够用于式(8.49)的求解。

1. 环境温度预测建模

对环境温度分布及波动进行实验研究的分析表明,车间内环境温度随时间的变化具有一定的周期性,稳定条件下机床所处环境温度的空间分布梯度相对于车间内环境温度随时间的变化很小,可以考虑用某个合适位置的环境温度表示整机所处的环境温度,且机床对环境温度响应具有滞后特征。因此,可用式(8.49)进行机床本体的温度响应研究。

前面已经讨论过,针对式(8.49),如果环境温度可以表示为傅里叶级数形式,则机床对环境的温度响应比较容易求解,实验分析也发现环境温度确实存在周期性及热误差响应的滞后,另外,大型重载机床所处环境温度 $t_e(m)$ 是连续的物理量,满足 Dirichlet 条件,具有基本的日周期(周期为 $T_0=1440$ min),因此环境温度可以用傅里叶级数形式分解:

$$t_e(m)=A_0+\sum_{n=1}^{\infty}A_n\sin(n\omega_0 m+\phi_n), n=1,2,3,\cdots \tag{8.50}$$

式中：m 表示时间，单位为 min，m 取值取决于采样的起始时间和时间间隔 ΔT；样本的基频 $\omega_0=2\pi/T_0$。

环境温度分解的时频特性如图 8.13 所示，其中图 8.13(a)所示为时域信号，可分解为低频成分与多阶次谐波成分的叠加，红色线框内为低频部分，可理解为环境温度的均值；图 8.13(b)所示为频谱，综合频谱也是多阶次的叠加。

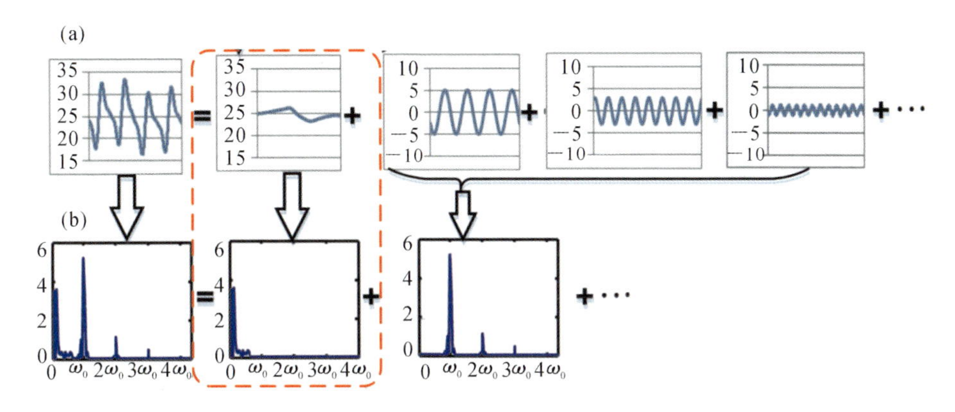

图 8.13　环境温度分解的时频特性

(a) 时域信号　(b) 频谱

实际上，环境温度变化不是呈严格的日周期，也包含年度周期和非周期成分，非周期特性源自户外的大气变化。图 8.13 中的虚线框内反映出低频成分，该成分不能用傅里叶级数分解来直接表达。均值项 A_0 与所考虑的时间段有关，其频率远低于基频，且不是固定值。因此应该对式(8.50)中的参数 A_0、A_n 和 ϕ_n 进行调整和替代，使这些参数具有明确的物理意义并满足式(8.50)的条件，以用来预测环境温度。

(1) 均值项 A_0。

均值项 A_0 的物理意义为当前温度所处日周期内的平均温度，这个值不是每天绝对重复的，且当前平均温度是连续缓变的变量，受到历史温度状态的影响，因此可以考虑将傅里叶级数关系中的 A_0 替换为滑动平均形式(moving average，MA)的 $A_0^{(1)}(m)$。滑动平均法是一种简单的平滑预测技术，它的基本思想是：根据时间序列资料逐项推移，依次计算包含一定项数的时序平均值，以反映数据变化的长期趋势，消除周期变动和随机波动的影响，显示出发展方向。

因此,均值项可利用历史数据进行时间序列分析得到:

$$A_0 = A_0^{(1)}(m) = \frac{t_{[m]-N} + t_{[m]-(N-1)} + \cdots + t_{[m]-1}}{N}, [m] \geqslant N \quad (8.51)$$

式中:m 表示时间刻度,$[m]$表示对时间刻度 m 取整数,$t_{[m]}$ 是 m 时刻测量的温度。环境温度是缓变量,当采样间隔比较小时,可以认为在$[m] \leqslant m < [m]+1$时间内,$t_{[m]}$ 是不变的。若$[m] < T_0/\Delta T$,那么就认为没有足够的时间序列信息来进行滑动平均运算,因此滑动平均法需要当前测量点之前最少一个周期的历史测量数据。当新的 $t_{[m]-1}$ 进入式(8.51)中,那么最早的温度数据 $t_{[m]-N}$ 将被移除,如此循环得到实时更新的 A_0 均值。因此,滑动平均法保留了测量信号中低频部分的完整信息。

(2) 时间刻度 m。

不同时刻温度变化趋势不同,例如对于上午测量的某时刻温度如 20 ℃,其温度变化一般处于上升趋势,即下一时刻的温度值应该大于 20 ℃;而对于晚间测量得到的某时刻温度如 20 ℃,其温度变化一般处于下降趋势,即下一时刻的温度值应该小于 20 ℃,因此对温度值进行傅里叶分解需要知道具体的时间点。在此可以以 24 h 为基本周期(即周期 $T_0=1440$ min),设定固定的时间间隔 ΔT,由于环境温度是缓变量,经实验和分析,设定采样时间间隔 $\Delta T=10$ min 即可满足要求。

时间刻度 m 的含义就是用数字表示时间,它取决于设定的初始时刻和时间间隔。为了便于计算,根据车间的热传递特征,结合长时间的监测数据,发现一年中车间内温度最低的时刻大约在夏季的早上 6:00。因此设定某天早上 6:00 为初始时刻 $m=0$,具体哪一天可由实验测量需求确定,于是在设定初始时刻后,之后的任意时刻都可以用 m 表示,对于尾数不为 0 的时刻(精确到分钟),可以用插值的方法计算出 m 的值。例如当天下午 17:35 用 m 表示为 $m=(17+35/60-6)\times 60/10=69.5$,而第三天下午的 17:35 则为 $m=69.5+(1440/10)\times 2=357.5$。

(3) 环境温度采样频率 ω_0。

设定采样时间间隔为 10 min,一个周期 $T_0=1440$ min,因此温度采样频率基频 $\omega_0=(2\pi\times 10)/1440=\pi/72$。

(4) 幅值项 A_n。

A_n 代表了温度分解后各阶次温度信号的幅值,这些阶次的频率是基频 ω_0

的整数倍。因此可以将温度波动幅值用一天内最大温差乘以一个系数来表达，最大温差是指测量周期内的最大温度值 $T_{\max}$ 与平均温度值 A_0 之差，A_n 如式(8.52)所示。

$$A_n = \beta_n[T_{\max}(m) - A_0^{(1)}(m)], n = 1,2,3,\cdots \tag{8.52}$$

式中：

$$T_{\max}(m) = \max_{[m]-N<u<[m]-1} t_{[u]} \tag{8.53}$$

β_n 为权重，表示各阶成分对总体温度波动的贡献，$|\beta_n|<1$。

对于特定的车间条件，可以认为这些变量是定值，它们代表车间环境温度变化的内在特征，也就是说这些参数是可以辨识出来的。$[T_{\max}(m) - A_0^{(1)}(m)]$随所选样本的周期而变化，一般晴天温度变化比阴雨天的温度变化大，但是对于已经测量得到的一组温度 $t_{[m]}$ 和时间 m，该值是固定的。

(5) 相位滞后 ϕ_n。

$\phi_n(n=1,2,3,\cdots)$是各阶的初始相位。如前所述，车间每天的最低环境温度出现的时刻随季节发生改变，季节温度越低，最低温度出现的时刻越晚。也就是说，$\phi_n(n=1,2,3,\cdots)$不是固定值，在此将 ϕ_n 合理地划分为定值部分和可变部分。定值部分称为 ϕ_{0n}，代表了各阶成分相对于设定的初始时刻的滞后，所谓设定的初始时刻是指全年中一天内最低温度出现最早的时刻，所测量的车间最低温度出现最早的时间为夏季 7 月底，最低温度出现时间为早上 6:00，也就是说，其他的日周期内，最低温度出现的时间都不会比早上 6:00 更早。一旦设定的初始时刻获取了，$\phi_n(n=1,2,3,\cdots)$就是一系列的定值，可以通过实验数据辨识出来。另外，每天的环境温度都有波动，每天的最低温度出现的时间都会变化，$\phi_n(n=1,2,3,\cdots)$的可变部分将体现该变化，也可以理解为相对于设定的初始时刻的滞后，它与每天的平均温度有关，从而可以假定 ϕ_n 可变部分与平均温度 A_0 呈线性关系。因此，各阶相位角 $\phi_n(n=1,2,3,\cdots)$可表达为

$$\phi_n = \phi_{0n} + \alpha_n A_0^{(1)}(m), n = 1,2,3,\cdots \tag{8.54}$$

式中：α_n 是温度随季节变化滞后时间的系数，它是由车间环境的内在特征决定的，可认为是一系列定值，并可通过数据测量辨识出来。

综上分析，式(8.50)的环境温度傅里叶级数分解模型可表示为

$$t_e(m) = A_0^{(1)}(m) + \sum_{n=1}^{\infty}\beta_n[T_{\max}(m) -$$

$$A_0^{(1)}(m)]\sin[n\omega_0 m+\phi_{0n}+\alpha_n A_0^{(1)}(m)],n=1,2,3,\cdots \tag{8.55}$$

式中:$A_0^{(1)}(m)$和$T_{\max}(m)$可以通过实时测量的数据获得;参数β_n、ϕ_{0n}和α_n可通过测量的时间序列温度,建立超正定方程组,用非线性最小二乘回归辨识得到。

式(8.55)表示的数学预测模型可用来替代实测的在线温度,实测的离散温度数据也实时地被输入到式(8.55)中,体现在$A_0^{(1)}(m)$的缓慢变化以及$T_{\max}(m)$的更替中,非测量时间点的$t_{[m]}$温度采用线性插值形式得到。式(8.55)表示的模型具有实际的物理意义,包含频率和相位信息,可代入式(8.49)中以求解机床本体的环境温度响应,并可进一步通过式(8.48)计算环境温度引起的机床热误差。

2. 环境温度预测模型辨识

任意m时刻,环境温度的解析预测模型如式(8.55)所示,为了辨识参数,首先需要确定分解形式的阶次,实际的阶次不能为无穷大,且阶次的确定与热变形响应有关,经过计算知$n=3$满足要求。

测量得到的环境温度分为两组,一组用于求解式(8.55)的模型参数,另一组用于验证模型的精度和鲁棒性。式(8.55)的参数辨识问题是求解非线性最小二乘问题,即

$$\min \boldsymbol{f}(x)=\frac{1}{2}\boldsymbol{R}(x)^{\mathrm{T}}\boldsymbol{R}(x)=\frac{1}{2}\sum_{i=1}^{m}[r_i(x)]^2 \tag{8.56}$$

式中:$x\in\boldsymbol{R}^n$称为决策变量;$\boldsymbol{R}(x)=[r_1(x)\quad r_2(x)\quad\cdots\quad r_m(x)]^{\mathrm{T}}$,称为在点$x$的残差向量;$\boldsymbol{f}(x)$称为目标函数(或者评价函数)。$\boldsymbol{f}(x)$的梯度和海森矩阵分别为

$$\nabla\boldsymbol{f}(x)=\boldsymbol{J}(x)^{\mathrm{T}}\boldsymbol{R}(x) \tag{8.57}$$

$$\boldsymbol{G}(x)=\nabla^2\boldsymbol{f}(x)=\boldsymbol{J}(x)\boldsymbol{J}(x)^{\mathrm{T}}+\sum_{i=1}^{m}[r_i(x)]\nabla^2 r_i(x)=\boldsymbol{C}(x)+\boldsymbol{S}(x) \tag{8.58}$$

其中,$\boldsymbol{J}(x)=[\nabla r_1(x)\quad\nabla r_2(x)\quad\cdots\quad\nabla r_m(x)]$。

从式(8.56)至式(8.58)可以看出,非线性最小二乘是一类特殊的最优化问题,可以运用无约束最优化问题的计算方法来求解,且结合问题的特殊性是求解非线性最小二乘行之有效的方法,可考虑经典的高斯-牛顿迭代法求解。高斯-牛顿迭代法的基本思想是:使用泰勒级数展开式去近似地代替非线性回归

模型,然后通过多次迭代,多次修正回归系数,使回归系数不断逼近非线性回归模型的最佳回归系数,最后使原模型的残差平方和达到最小。高斯-牛顿迭代法的一般步骤如下。

第一步,给出参数估计值 $\hat{\beta}$ 的初值 $\hat{\beta}_0$,将 $f(x_i,\hat{\beta})$ 在 $\hat{\beta}_0$ 处展开成泰勒级数,取一阶近似值:

$$f(x_i,\hat{\beta}) \approx f(x_i,\hat{\beta}_0) + \frac{\mathrm{d}f(x_i,\hat{\beta})}{\mathrm{d}\hat{\beta}}\Big|_{\hat{\beta}_0}(\hat{\beta}-\hat{\beta}_0) \tag{8.59}$$

令

$$z_i = \frac{\mathrm{d}f(x_i,\hat{\beta})}{\mathrm{d}\hat{\beta}}\Big|_{\hat{\beta}_0} \tag{8.60}$$

并令

$$\tilde{y}_i = y_i - f(x_i,\hat{\beta}_0) + z_i\hat{\beta}_0 \tag{8.61}$$

第二步,计算 z_i 和 $\tilde{y}_i$ 的样本观测值最小二乘的残差平方和:

$$\begin{aligned} S(\hat{\beta}) &= \sum_{i=1}^{n}[y_i - f(x_i,\hat{\beta}_0) - z_i(\hat{\beta}_0)(\hat{\beta}-\hat{\beta}_0)]^2 \\ &= \sum_{i=1}^{n}[y_i - f(x_i,\hat{\beta}_0) + z_i(\hat{\beta}_0)\hat{\beta}_0 - z_i(\hat{\beta}_0)\hat{\beta}]^2 \\ &= \sum_{i=1}^{n}[\tilde{y}_i(\hat{\beta}_0) - z_i(\hat{\beta}_0)\hat{\beta}]^2 \end{aligned} \tag{8.62}$$

其中,$\tilde{y}_i(\hat{\beta}_0)$ 为构造的线性模型:

$$\tilde{y}_i(\hat{\beta}_0) = z_i\hat{\beta}_0\hat{\beta} + \varepsilon_i \tag{8.63}$$

第三步,构造并估计线性模型,估计得到参数的第一次迭代值 $\hat{\beta}_1$。

$$S(\hat{\beta}_1) = \sum_{i=1}^{n}[\tilde{y}_i(\hat{\beta}_0) - z_i(\hat{\beta}_0)\hat{\beta}_1]^2 \tag{8.64}$$

第四步,用 $\hat{\beta}_1$ 替代第一步中的 $\hat{\beta}_0$,重复这一过程,直至收敛。

3. 机床本体对环境温度的热误差响应

1) 机床本体温度响应模型

大型重载机床的温度和热变形响应为瞬态热传递过程,在不考虑内热源时,环境温度与机床热结构系统可被假定为集总热容系统(当条件系数满足 $B_{iv}<0.1$ 时,这种假设被认定为可行,且预估误差在 5%以内)。如果大型重载机床及其所处环境构成的系统满足集总热容条件,那么可以认为机床表面以牛顿

冷却定律的规律与环境进行热交换，则其热平衡微分方程为

$$\frac{\mathrm{d}t_{\mathrm{b}}(m)}{\mathrm{d}m}=\frac{1}{\tau_{\mathrm{r}}}[t_{\mathrm{b}}(m)-t_{\mathrm{e}}(m)] \tag{8.65}$$

下面求解式(8.55)。将式(8.55)中环境温度估值 $\hat{t}_{\mathrm{e}}(m)$ 变换成余弦形式为

$$\begin{aligned}\hat{t}_{\mathrm{e}}(m)&=A_0^{(1)}(m)+[T_{\max}(m)-A_0^{(1)}(m)]\sum_{n=1}^{\infty}\beta_n\sin[n\omega_0 m+\phi_{0n}+\alpha_n A_0^{(1)}(m)]\\&=A_0^{(1)}(m)+[T_{\max}(m)-A_0^{(1)}(m)]\sum_{n=1}^{\infty}\beta_n\cos(n\omega_0 m-\phi'_n)\end{aligned} \tag{8.66}$$

式中：

$$\phi'_n=\frac{\pi}{2}-[\phi_{0n}+\alpha_n A_0^{(1)}(m)] \tag{8.67}$$

引进过余温度 $\theta=t_{\mathrm{b}}(m)-A_0^{(1)}(m)$。若机床的初始温度 $t_{\mathrm{b}}(m)|_{m=0}=t_{\mathrm{b}}(0)$，则机床的温度响应可以用如下的常微分方程初值问题来描述：

$$\tau_{\mathrm{r}}\frac{\mathrm{d}\theta}{\mathrm{d}m}+\theta=\sum_{n=1}^{\infty}A_n\cos(n\omega_0 m-\phi'_n) \tag{8.68}$$

式中：

$$m=0,\theta=\theta_0=t_{\mathrm{b}}(0)-A_0^{(1)}(0) \tag{8.69}$$

$$A_n=\beta_n[T_{\max}(m)-A_0^{(1)}(m)] \tag{8.70}$$

式(8.68)为一种非齐次常微分方程，其系数 A_n 和因变量 θ 虽然都与变量 m 有关，但属于离散值，因此可看作常系数微分方程。其通用形式如式(8.71)所示；通解格式如式(8.72)所示，由相应的齐次方程的通解和非齐次方程的一个特解组成。

$$\frac{\mathrm{d}\theta}{\mathrm{d}m}+P(m)\theta=Q(m) \tag{8.71}$$

$$\theta=\left[\int Q(m)\mathrm{e}^{\int P(m)\mathrm{d}m}\mathrm{d}m+C_1\right]\mathrm{e}^{-\int P(m)\mathrm{d}m} \tag{8.72}$$

式中：

$$P(m)=\frac{hA}{\rho C_2 V}=\frac{1}{\tau_{\mathrm{r}}} \tag{8.73}$$

求解式(8.71)，有

$$Q(m)=\frac{hA}{\rho C_2 V}\sum_{n=1}^{\infty}A_n\cos(n\omega_0 m-\phi'_n-\varphi_n)$$

$$= \frac{1}{\tau_{\mathrm{r}}} \sum_{n=1}^{\infty} A_n \cos(n\omega_0 m - \phi'_n - \varphi_n) \tag{8.74}$$

齐次部分的通解为

$$\theta_1 = C\mathrm{e}^{\left(-\frac{m}{\tau_{\mathrm{r}}}\right)} \tag{8.75}$$

式中,C 为待定系数;非齐次部分的特解为

$$\theta_2 = \mathrm{e}^{-\int P(m)\mathrm{d}m} \int Q(m) \mathrm{e}^{\int Pm\mathrm{d}m} \mathrm{d}m = \sum_{n=1}^{\infty} \frac{A_n}{\sqrt{1 + (n\tau_{\mathrm{r}}\omega_0)^2}} \cos(n\omega_0 m - \phi'_n - \varphi_n) \tag{8.76}$$

式中:

$$\varphi_n = \arccos \frac{1}{\sqrt{1 + (n\tau_{\mathrm{r}}\omega_0)^2}} = \arctan(n\omega_0 \tau_{\mathrm{r}}) \tag{8.77}$$

因此床身的温度响应为

$$\begin{aligned} t_{\mathrm{b}}(m) &= A_0^{(1)}(m) + \theta = A_0^{(1)}(m) + \theta_1 + \theta_2 \\ &= A_0^{(1)}(m) + C\mathrm{e}^{\left(-\frac{m}{\tau_{\mathrm{r}}}\right)} + \sum_{n=1}^{\infty} \frac{A_n}{\sqrt{1 + (n\tau_{\mathrm{r}}\omega_0)^2}} \cos(n\omega_0 m - \phi'_n - \varphi_n) \end{aligned} \tag{8.78}$$

对于式(8.78)的初始条件,当 $m=0$ 时,

$$t_{\mathrm{b}}(m)\big|_{m=0} = t_{\mathrm{b}}(0) = A_0^{(1)}(0) + C + \sum_{n=1}^{\infty} \frac{A_n}{\sqrt{1 + (n\tau_{\mathrm{r}}\omega_0)^2}} \cos(\phi'_n + \varphi_n) \tag{8.79}$$

因此,

$$C = t_{\mathrm{b}}(0) - \sum_{n=1}^{\infty} \frac{A_n}{\sqrt{1 + (n\tau_{\mathrm{r}}\omega_0)^2}} \cos(\phi'_n + \varphi_n) \tag{8.80}$$

于是得到机床床身的温度响应为

$$\begin{aligned} t_{\mathrm{b}}(m) &= A_0^{(1)}(m) + \theta = A_0^{(1)}(m) + \theta_1 + \theta_2 \\ &= A_0^{(1)}(m) + \left[t_{\mathrm{b}}(0) - \sum_{n=1}^{\infty} \frac{A_n}{\sqrt{1 + (n\tau_{\mathrm{r}}\omega_0)^2}} \cos(\phi'_n + \varphi_n) \right] \mathrm{e}^{\left(-\frac{m}{\tau_{\mathrm{r}}}\right)} \\ &\quad + \sum_{n=1}^{\infty} \frac{A_n}{\sqrt{1 + (n\tau_{\mathrm{r}}\omega_0)^2}} \cos(n\omega_0 m - \phi'_n - \varphi_n) \end{aligned} \tag{8.81}$$

式中:φ_n 是机床表面各阶响应温度与环境温度激励的滞后相位。

由式(8.81)可以看出,机床本体的温度响应由三部分构成:均值项、负指数

衰减项和谐波项。当时间 m 足够大,即 $m \gg \tau_r$ 时,负指数衰减项趋近于 0。机床从零部件放置到车间组装开始,就受到环境温度的持续影响,因此可以认为整机温度测量时影响时间已经足够长,m 足够大,式(8.81)的负指数项趋近于 0,进而可得到机床本体对环境温度的响应温度为

$$t_b(m) = A_0^{(1)}(m) + \sum_{n=1}^{\infty} \frac{\beta_n [T_{\max}(m) - A_0^{(1)}(m)]}{\sqrt{1+(n\tau_r\omega_0)^2}} \sin[n\omega_0 m + \phi_{0n} + \alpha_n A_0^{(1)}(m) - \varphi_n] \tag{8.82}$$

式(8.82)的谐波项阶次 n 为无穷大,但实际应用时 n 的取值是有限的,需要对谐波项次数进行合理截断,第 l 阶及以上的机床本体对环境温度的响应温度的波动成分为

$$O_l(m) = \sum_{n=l}^{\infty} \frac{\beta_n [T_{\max}(m) - A_0^{(1)}(m)]}{\sqrt{1+(n\tau_r\omega_0)^2}} \sin[n\omega_0 m + \phi_{0n} + \alpha_n A_0^{(1)}(m) - \varphi_n] \tag{8.83}$$

如前所述,β_n 代表了各阶的权重,日周期是其主要成分(即 β_1 是主要成分),β_n 随阶次的增加逐渐衰减。所计算得到的时间常数 $\tau_r \approx 24$ h,代入式(8.83),通过计算发现,$O_4(m) \leqslant 2\%$,也就是说第 4 阶及以上阶次的响应累加值占总波动的 2%以内,可以忽略,因此 $n=3$ 是满足要求的。

最终,对应于式(8.82)的 n 最大取 3,得到的机床本体温度响应模型为

$$t_b(m) = A_0^{(1)}(m) + \sum_{n=1}^{3} \frac{\beta_n [T_{\max}(m) - A_0^{(1)}(m)]}{\sqrt{1+(n\tau_r\omega_0)^2}} \sin[n\omega_0 m + \phi_{0n} + \alpha_n A_0^{(1)}(m) - \varphi_n] \tag{8.84}$$

2)环境温度热误差模型辨识

回到式(8.48)所示的机床受环境温度变化的热误差响应模型,式(8.84)已经将$t_b(m)$用 $t_e(m)$表示出来,$t_e(m)$体现在滑动平均项 $A_0^{(1)}(m)$和最大值 $T_{\max}(m)$中,于是容易得到两个时间点 m_2 和 m_1 之间机床对环境温度的响应模型如式(8.84)所示(以 X 轴方向为例)。

式(8.84)所示的模型不再包含不能测量和辨识的机床本体响应温度 t_b,其由可测量的环境温度替代。该式进一步表明,热变形响应滞后时间也由三部分构成,以相位角的形式表示出来。相位角第一部分 ϕ_{0n},是初始相位,决定于设定的初始时间,根据实验测量得到的假定初始时间为早上 6:00,对此相位,各阶

信号的叠加滞后为 0。相位角第二部分 $\alpha_n A_0^{(1)}(m)$，由平均温度决定的相位滞后，它代表了大周期大范围如年度的波动特征。在环境温度最高的夏季，此部分各阶相位的叠加效果等于 0；在环境温度最低的冬季，此部分各阶相位叠加的效果表明其相对于夏天存在较大的滞后。相位角第三部分 φ_n，是机床本体与以傅里叶级数形式表达的环境温度之间的各阶相位滞后，这部分受到机床热结构和环境温度构成的热系统的固有特征影响，与时间无关。

$$\begin{aligned}\Delta X_{\text{env}}(t_{\text{e}}) &= \alpha L_X[t_{\text{b}}(m_2) - t_{\text{b}}(m_1)] \\ &= \alpha L_X[A_0^{(1)}(m_2) - A_0^{(1)}(m_1)] + \\ &\quad \alpha L_X\left\{\sum_{n=1}^{3}\frac{\beta_n[T_{\max}(m_2) - A_0^{(1)}(m_2)]}{\sqrt{1+(n\tau_{\text{r}}\omega_0)^2}}\sin[n\omega_0 m_2 + \phi_{0n} + \alpha_n A_0^{(1)}(m_2) - \varphi_n]\right. \\ &\quad \left. - \sum_{n=1}^{3}\frac{\beta_n[T_{\max}(m_1) - A_0^{(1)}(m_1)]}{\sqrt{1+(n\tau_{\text{r}}\omega_0)^2}}\sin[n\omega_0 m_1 + \phi_{0n} + \alpha_n A_0^{(1)}(m_1) - \varphi_n]\right\}\end{aligned} \tag{8.85}$$

由以上分析，式(8.85) 从理论上解释了机床热误差与环境温度的滞后特征，且各参数具有明显的物理意义。对于放置于特定车间条件的大型重载机床，当考虑指定方向的热误差时，参数 α、τ_{r} 和 ω_0 是已知量，β_n、α_n、ϕ_{0n}、L_X 和 φ_n 是机床的固有特征，可通过计算或者实验辨识得到。因此决定环境温度引起的机床热误差的变量包括测量的环境温度 $t_{\text{e}}(m)$、历史温度 $A_0^{(1)}(m)$、最大温度 $T_{\max}(m)$和时间尺度 m。

可利用热变形测量平台，同时监测环境温度和机床的热误差，获得大量的数据，根据前面所表述的基于高斯-牛顿迭代法进行非线性最小二乘求解，辨识出 β_n、ϕ_{0n} 和 α_n，进一步需要辨识的是 L_X 和 φ_n。需要说明的是，虽然名义尺寸 L_X 可以计算出来，但是其判断准则比较模糊，对于结构复杂的机床，直接计算的偏差太大。另外，φ_n 理论上也可以通过式(8.77) 求解，虽然式(8.77)进行了阶次截取，但其属于变系数非齐次微分方程，变动因素较多，直接求取误差也较大。因此在此对两类参数都进行非线性最小二乘求解。

8.2.3 主轴热误差建模应用案例

1. 主轴热误差建模方法

主轴热误差建模是指建立由内部热源引起的热误差 $\delta_X(t_{\text{in}})$与机床本体温度

布点 t_{in} 的关系模型。内部热源主要是指滑枕内的主轴单元的轴承、电动机、齿轮箱等的发热。主轴前端相对于主轴安装基础的热误差,包括热伸长、热偏移、热偏转等,由于主轴单元安装于移动轴上,因此该误差与机床的测温点温度有关,与外界环境温度无关。根据前面相关分析,$\delta_X(t_{in})$ 无法直接通过测量辨识得到,$\delta_X(t_{in},t_e)$ 可以通过测量辨识得到,因此在利用式(8.47)计算出 $\Delta X_{env}(t_e)$ 后,可通过计算得到 $\delta_X(t_{in})$,即

$$\delta_X(t_{in}) = \delta_X(t_{in},t_e) - \Delta X_{env}(t_e) \tag{8.86}$$

考虑 XK2650 定梁龙门移动镗铣床的主轴热误差时,由于偏转角度无法补偿,因此当前只考虑热偏移。热误差建模的主要内容包括:温度传感器布点及优化、建立最优布点温度与指定方向的热误差的关系模型、模型的辨识及预测效果验证等。

如果能够把温度传感器安置在最优线性关系的布点上,则可用线性模型进行热误差分析。多元线性热误差模型与传统的非线性多元回归模型相比,具有更快的训练速度和更好的外插性能,在满足机床加工精度的条件下,在热误差建模中采用线性模型,搜索最佳测温点组合,使得建立出来的热误差模型不但是线性的而且具有一定的精度。线性模型的建立通过基于线性最小二乘原理的回归方法实现。回归分析是一种通过一组预测变量(自变量)来预测一个或多个响应变量(因变量)的统计方法,它也可以用于评估预测变量对响应变量的效果。

设 $x_1,x_2,\cdots,x_r$ 为 r 个预测变量,设想它们与一个响应变量 y 有关系。经典线性回归模型假定 y 由一个均值和一个随机误差 ε 合成,其中均值为 x_r 的连续函数,而 ε 则考虑测量误差和其余未被明确考虑在模型中的变量所产生的效应。在实验中被记录下来的或由研究者设定的预测变量的值被视为固定值。误差被看成随机变量(因而响应变量也是随机变量),其行为由一组关于分布的假定来表征。具体来说,单个响应的线性回归模型取如下形式:

$$y = \beta_0 + \beta_1 x_1 + \beta_2 x_2 + \cdots + \beta_r x_r + \varepsilon \tag{8.87}$$

“线性”一词是指均值为未知参数 $\beta_0,\beta_1,\cdots,\beta_r$ 的线性函数,预测变量在模型中不一定是一阶项。如果将模型用 y 的 n 个观测值和与之相联系的 x_i 值来表示,则整个模型为

$$\begin{cases} y_1 = \beta_0 + \beta_1 x_{11} + \beta_2 x_{12} + \cdots + \beta_r x_{1r} + \varepsilon_1 \\ y_2 = \beta_0 + \beta_1 x_{21} + \beta_2 x_{22} + \cdots + \beta_r x_{2r} + \varepsilon_2 \\ \qquad\vdots \\ y_n = \beta_0 + \beta_1 x_{n1} + \beta_2 x_{n2} + \cdots + \beta_r x_{nr} + \varepsilon_n \end{cases} \tag{8.88}$$

其中误差项假定具有以下形式：

(1) $E(\varepsilon_j)=0$；

(2) $\mathrm{Var}(\varepsilon_j)=\sigma^2$（常数）；

(3) $\mathrm{Cov}(\varepsilon_j,\varepsilon_k)=0, j\neq k$。

用矩阵形式表示，式(8.88)变成：

$$\begin{bmatrix} y_1 \\ y_2 \\ \vdots \\ y_n \end{bmatrix} = \begin{bmatrix} 1 & x_{11} & x_{12} & \cdots & x_{1r} \\ 1 & x_{21} & x_{22} & \cdots & x_{2r} \\ \vdots & \vdots & \vdots & \ddots & \vdots \\ 1 & x_{n1} & x_{n2} & \cdots & x_{nr} \end{bmatrix} \begin{bmatrix} \beta_0 \\ \beta_1 \\ \vdots \\ \beta_r \end{bmatrix} + \begin{bmatrix} \varepsilon_1 \\ \varepsilon_2 \\ \vdots \\ \varepsilon_n \end{bmatrix} \tag{8.89}$$

或者：

$$\boldsymbol{Y} = \boldsymbol{X\beta} + \boldsymbol{\varepsilon} \tag{8.90}$$

式(8.88) 中的假定可表示为

(1) $E(\boldsymbol{\varepsilon}) = \boldsymbol{0}$；

(2) $\mathrm{Cov}(\boldsymbol{\varepsilon}) = E(\boldsymbol{\varepsilon\varepsilon}^{\mathrm{T}}) = \sigma^2 \boldsymbol{I}$。

$\boldsymbol{X}$ 的每一列由相应预测变量的 n 个值组成，而 $\boldsymbol{X}$ 的第 j 行则包含第 j 次试验中所有预测变量的值。

回归分析的目标之一是得出一个方程，使研究者可以根据给定的预测变量值来预测响应变量值。这就需要将模型(8.89) 同数据 y_j 及相应的已知值 $1, x_{j1}, \cdots, x_{jr}$ 拟合，也就是说必须确定与数据相容的回归系数 $\boldsymbol{\beta}$ 和误差方差 σ^2 的值。最小二乘法就是确定 ε_j 值，使得响应变量的期望值与观测值之差的平方和达到极小。

若 $\boldsymbol{X}$ 有满秩 $r+1\leqslant n$，则式(8.89) 中 β 的最小二乘估计为

$$\hat{\boldsymbol{\beta}} = (\boldsymbol{X}^{\mathrm{T}}\boldsymbol{X})^{-1}\boldsymbol{X}^{\mathrm{T}}\boldsymbol{Y} \tag{8.91}$$

残差：

$$\hat{\boldsymbol{\varepsilon}} = [\boldsymbol{I} - \boldsymbol{X}(\boldsymbol{X}^{\mathrm{T}}\boldsymbol{X})^{-1}\boldsymbol{X}^{\mathrm{T}}]\boldsymbol{Y} \tag{8.92}$$

残差平方和：

$$\hat{S}(\boldsymbol{b}) = \boldsymbol{Y}^{\mathrm{T}}[\boldsymbol{I} - \boldsymbol{X}(\boldsymbol{X}^{\mathrm{T}}\boldsymbol{X})^{-1}\boldsymbol{X}^{\mathrm{T}}]\boldsymbol{Y} \tag{8.93}$$

模型拟合的质量可以用决定系数来度量,其定义为

$$R^2 = 1 - \frac{\sum_{j=1}^{n}\hat{\varepsilon}_j^2}{\sum_{j=1}^{n}(y_j - \bar{y})^2} = \frac{\sum_{j=1}^{n}(\hat{y}_j - \bar{y})^2}{\sum_{j=1}^{n}(y_j - \bar{y})^2} \tag{8.94}$$

R^2 给出 $y_j(j=1,\cdots,n)$的总变差中预测变量 $x_1,x_2,\cdots,x_r$ 所贡献的部分所占的比例。若拟合方程通过所有数据点,即对所有 j 有 $\hat{\varepsilon}_j=0$,则此时 $R^2=1$。另一极端是当 $\hat{\beta}_0=\bar{y}$ 和 $\hat{\beta}_1=\hat{\beta}_2=\cdots=\hat{\beta}_r=0$ 时,$R^2=0$,在这种场合,预测变量 $x_1,x_2,\cdots,x_r$ 对响应变量没有影响。

利用上述方法,结合前面得到的最优温度布点横梁中部 T3、立柱T16、滑枕前端T23,获得的优化后的模型为

$$\delta_X(t_{\mathrm{in}}) = 0.039\Delta t_3 + 0.009\Delta t_{23} - 0.007\Delta t_{16} + 0.01 \tag{8.95}$$

将式(8.91)和式(8.95)所示的模型,以及所辨识的参数代入式(8.86),可以求解出 XK2650 定梁龙门移动镗铣床在任意两时刻 m_2 和 m_1 之间,X 轴方向的包含环境温度和主轴内部热源的热误差模型为

$$\begin{aligned}
\Delta X(t_{\mathrm{in}},t_{\mathrm{e}}) &= \delta_X(t_{\mathrm{in}}) + \Delta X_{\mathrm{env}}(t_{\mathrm{e}}) \\
&= 0.039\Delta t_3 + 0.009\Delta t_{23} - 0.007\Delta t_{16} + 0.01 + 0.067[A_0^{(1)}(m_2) - A_0^{(1)}(m_1)] \\
&\quad + 0.015[T_{\max}(m_2) - A_0^{(1)}(m_2)]\sin[0.0436m_2 - 2.32 - 0.022A_0^{(1)}(m_2)] \\
&\quad - 0.0024[T_{\max}(m_2) - A_0^{(1)}(m_2)]\sin[0.0872m_2 - 1.10 - 0.009A_0^{(1)}(m_2)] \\
&\quad - 0.0003[T_{\max}(m_2) - A_0^{(1)}(m_2)]\sin[0.131m_2 + 0.616 - 0.011A_0^{(1)}(m_2)] \\
&\quad - 0.015[T_{\max}(m_1) - A_0^{(1)}(m_1)]\sin[0.0436m_1 - 2.32 - 0.022A_0^{(1)}(m_1)] \\
&\quad + 0.0024[T_{\max}(m_1) - A_0^{(1)}(m_1)]\sin[0.0872m_1 - 1.10 - 0.009A_0^{(1)}(m_1)] \\
&\quad + 0.0003[T_{\max}(m_1) - A_0^{(1)}(m_1)]\sin[0.131m_1 + 0.616 - 0.011A_0^{(1)}(m_1)]
\end{aligned} \tag{8.96}$$

2. 主轴热误差建模效果验证

上面所提出的主轴热误差建模方法在 XK2650 定梁龙门移动镗铣床上进行了预测效果对比验证。与之对比的模型是传统的多元回归模型,该方法将环境温度与机床本体包括主要热源部件等的温度作为一体,将内外热源共同作用的效果作为热误差,进行分组、优化并确定最优布点。在此,利用前面的大量数据,建立了传统的多元回归模型,最优布点为滑枕前端 T23、立柱 T56、横梁底

部 T15和环境T38，所建立的模型如下：

$$\Delta X'(t_{in},t_e) = 0.048\Delta t_{23} + 0.009\Delta t_{56} - 0.025\Delta t_{15} + 0.0042\Delta t_{38} - 0.027 \tag{8.97}$$

验证实验在不同的季节进行，实验条件是在不同的主轴转速下连续进行6～8 h旋转升温。如图 8.14 和图 8.15 所示，主轴转速包括恒转速和转速谱，相对于 ISO 标准延长了测量时间。

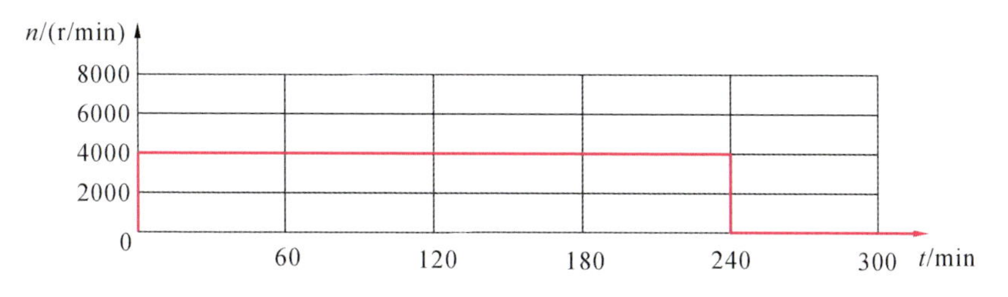

图 8.14 ISO 规定的恒转速实验方案

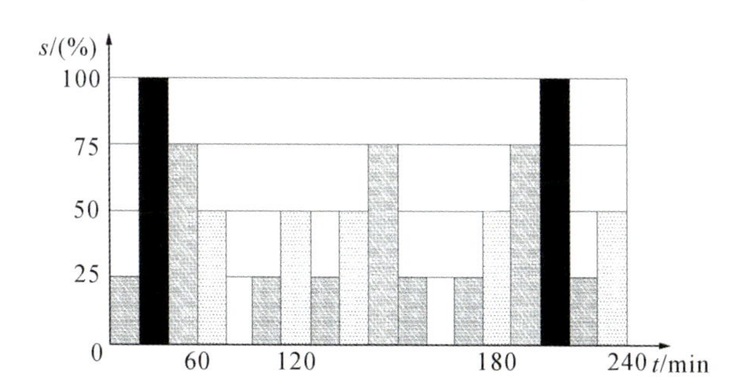

图 8.15 ISO 规定的转速谱实验方案

为方便起见，将考虑环境温度热影响的模型称为 ETCP 模型（the environmental temperature consideration prediction model），其热误差为 $\Delta X(t_{in},t_e)$；将传统多元回归分析热误差模型称为 MRA 模型（multiple regression analysis model）。在春夏秋冬不同季节、不同的恒定转速条件下，两个模型预测效果如图 8.16 至图 8.21 所示。各组实验的残差对比如表 8.6 所示，残差的统计参数包括均值、标准差、极大值和极小值。

从 6 个图中可以看出，在不同的恒转速条件下，X 轴方向的热误差呈连续增长形势；在相同的季节温度条件下，转速越高，热误差越大，但是通过对比可以发现，相同的内部热源条件（相同的恒定转速）下，在不同的季节环境中，机床的总热误差是改变的，说明该变化与环境温度相关。

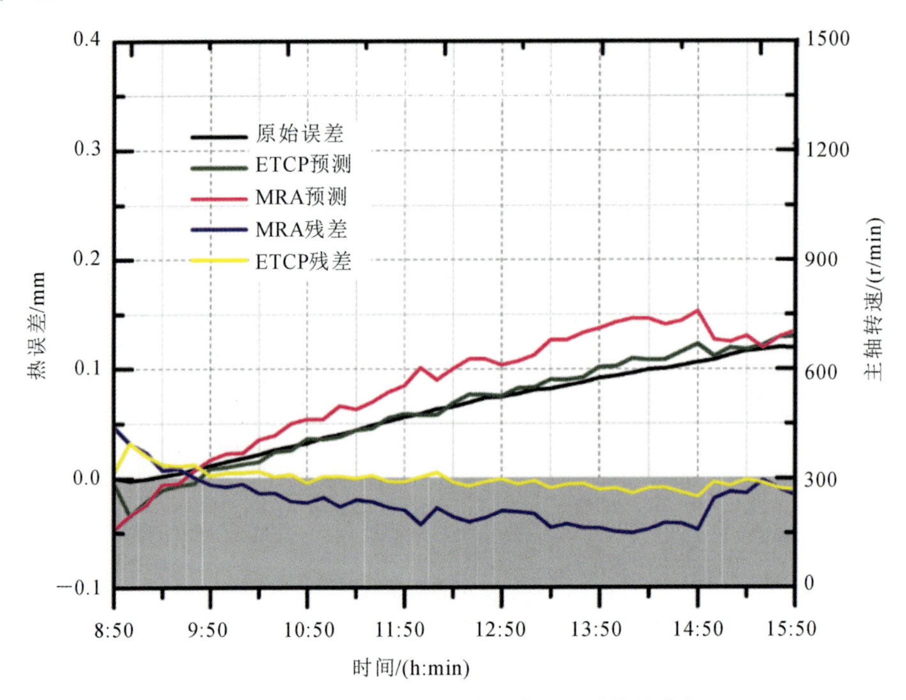

图 8.16　春季 300 r/min 热误差及预测效果对比

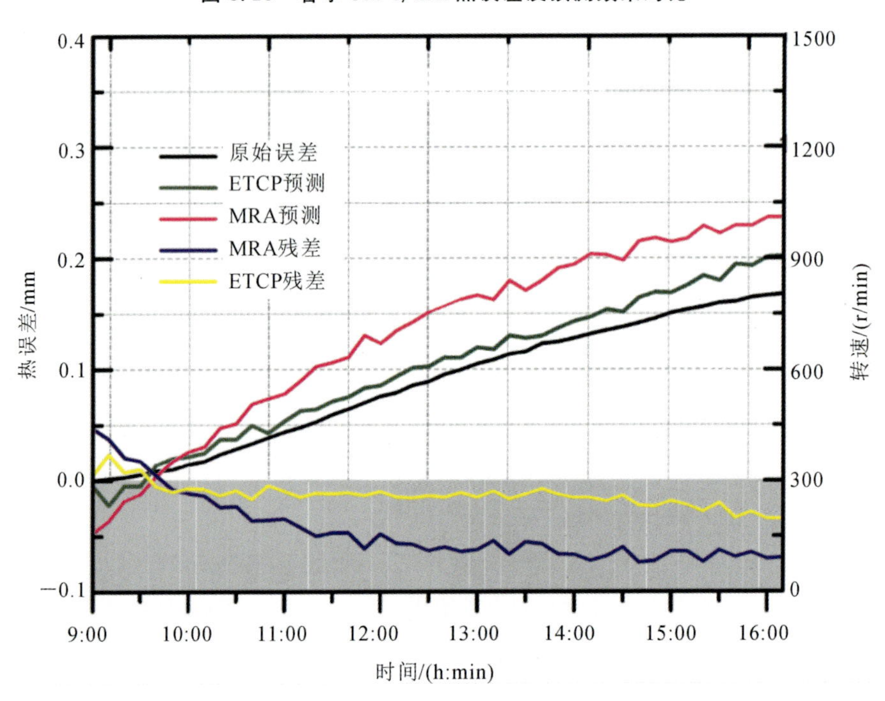

图 8.17　夏季 300 r/min 热误差及预测效果对比

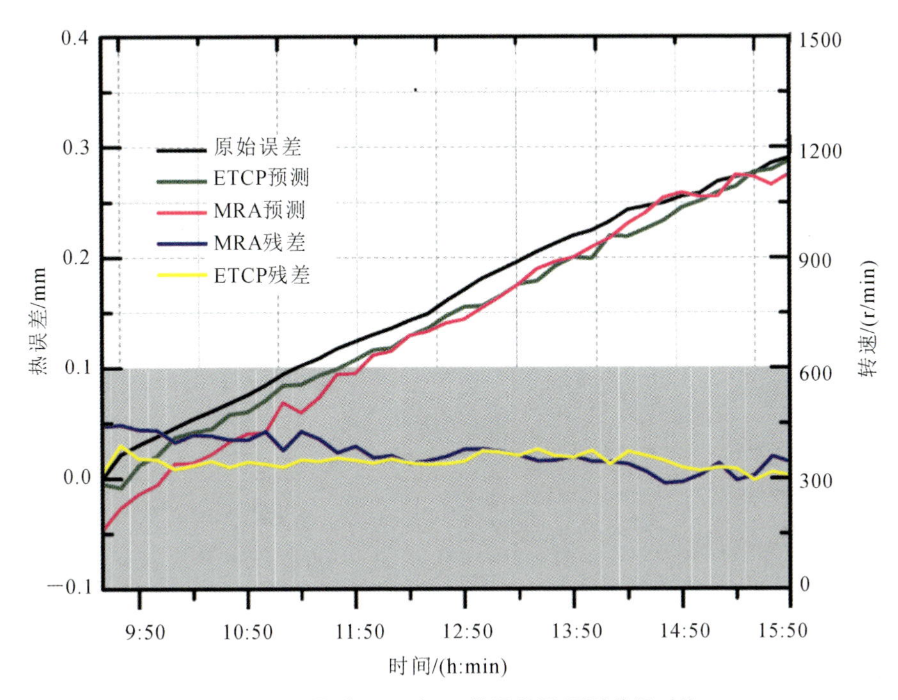

图 8.18　夏季 600 r/min 热误差及预测效果对比

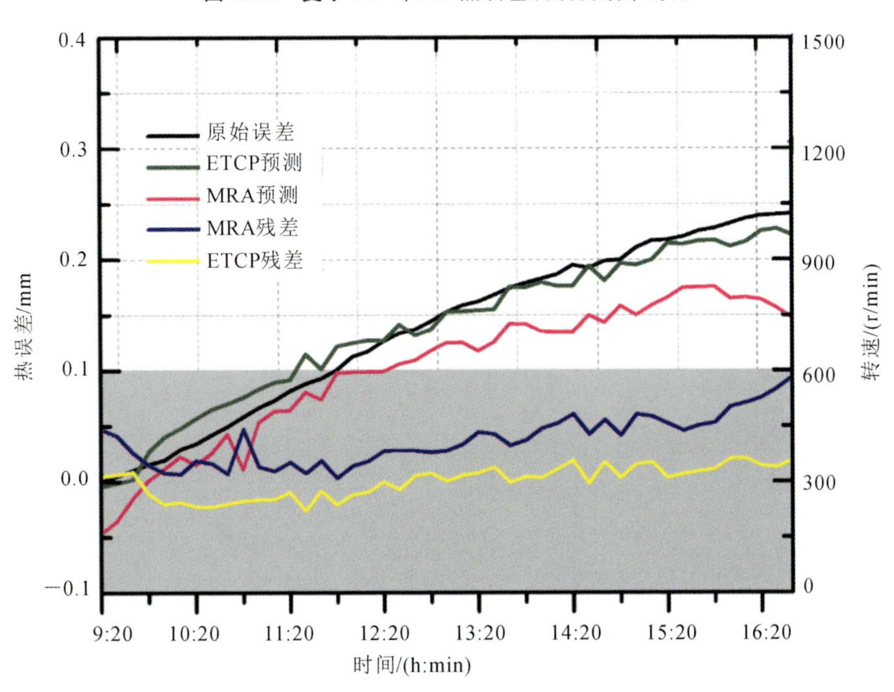

图 8.19　秋季 600 r/min 热误差及预测效果对比

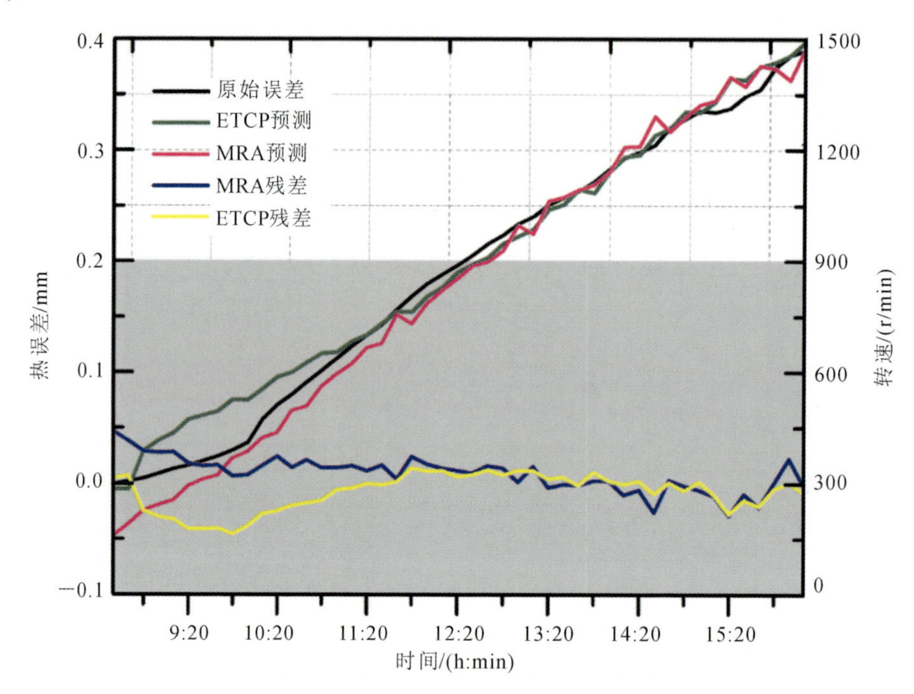

图 8.20 秋季 900 r/min 热误差及预测效果对比

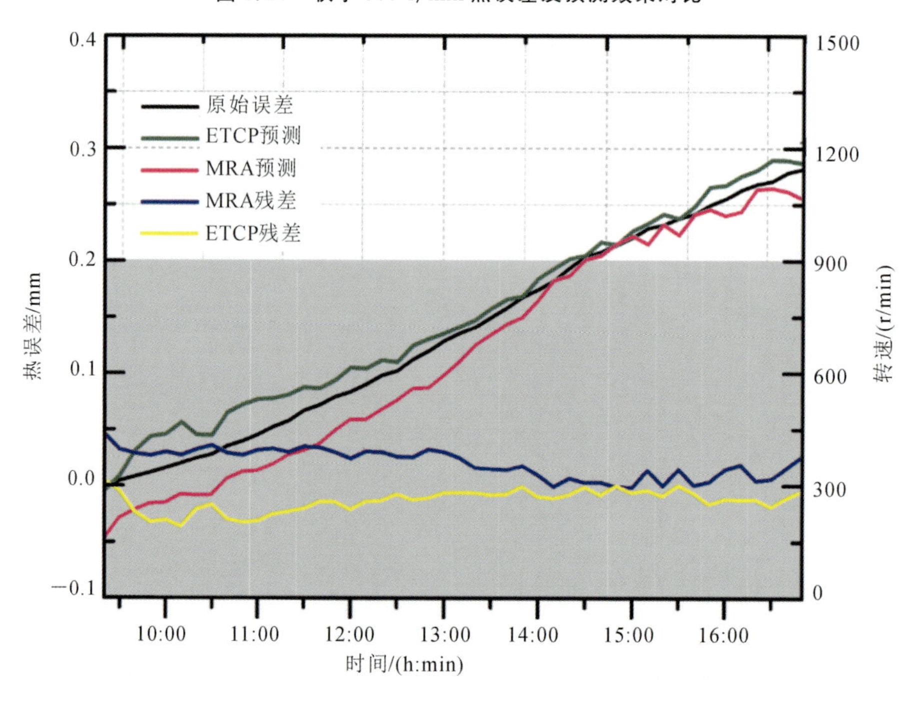

图 8.21 冬季 900 r/min 热误差及预测效果对比

表 8.6　不同恒转速条件下预测的残差对比

转速/(r/min)	季节	均值/mm		标准差/mm		极大值/mm		极小值/mm	
		ETCP	MRA	ETCP	MRA	ETCP	MRA	ETCP	MRA
300	春	0	−0.021	0.009	0.022	0.0325	0.0472	−0.017	−0.050
300	夏	−0.013	−0.045	0.011	0.031	0.024	0.047	−0.035	−0.073
600	夏	0.015	0.023	0.007	0.014	0.030	0.048	−0.002	−0.005
600	秋	0	0.037	0.014	0.022	0.021	0.093	−0.027	0.003
900	秋	−0.008	0.009	0.017	0.015	0.014	0.047	−0.045	−0.029
900	冬	−0.014	0.020	0.009	0.012	0.004	0.047	−0.037	−0.002

图 8.22 至图 8.25 所示为在不同的季节，相近的转速谱条件下机床在 X 轴方向的热误差及两种模型的预测的效果对比。转速谱条件下 ETCP 和 MRA 模型预测的残差对比如表 8.7 所示。从这 4 个图中可以看出热变形存在两个非线性的滞后成分。一个成分是机床的热变形滞后于主轴转速谱一个特定的时间，这是因为大型机床具有较大的热容量，终端变形与主轴的转速不同步，这个问题可以通过选择最优布点(理论上是存在这些点的)，建立最优布点与热误差的多元线性关系模型来解决。另一个成分是在不同的季节，或者不同的环境温度下，滞后的时间发生了改变，这个问题不能够通过布点优化的方法确定最近线性关系点，因为机床的热响应相对于环境温度的波动一直存在滞后，没有理论上的体现环境温度与热变形之间的线性关系的环境温度布点。这个问题是导致 MRA 模型在不同的工况和环境条件下的预测鲁棒性差的原因，导致残差达到−0.12 mm，也是大型重载机床热误差补偿需要解决的问题。本书所提出的 ETCP 模型残差极大值也只有0.047 mm，因此可以看出其预测的精度和对环境温度的适应性都有很大的提高。

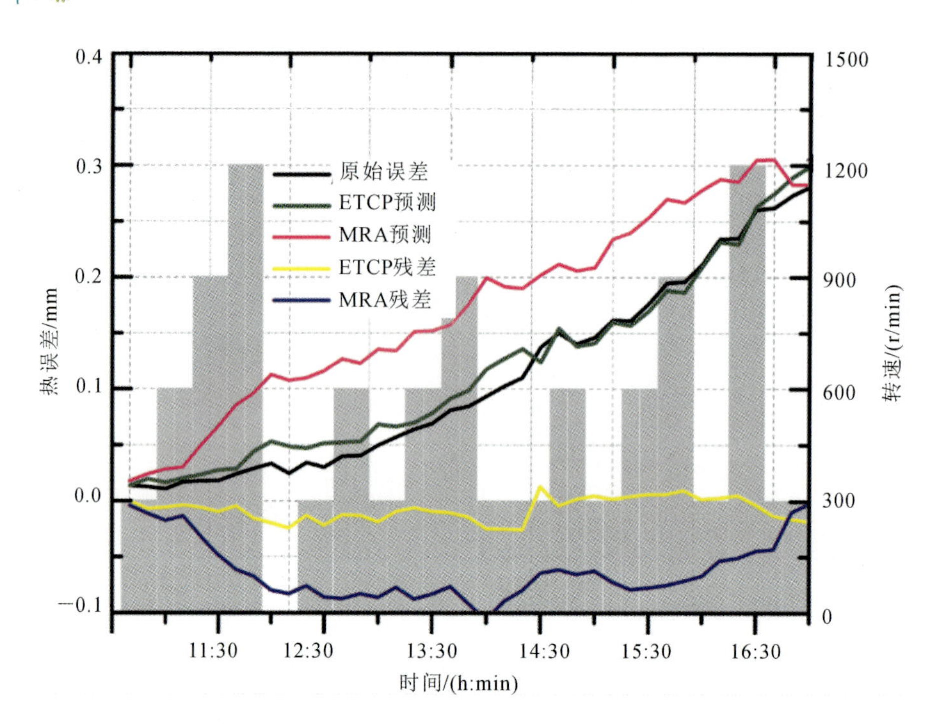

图 8.22　春季环境转速谱条件下的热误差及预测效果

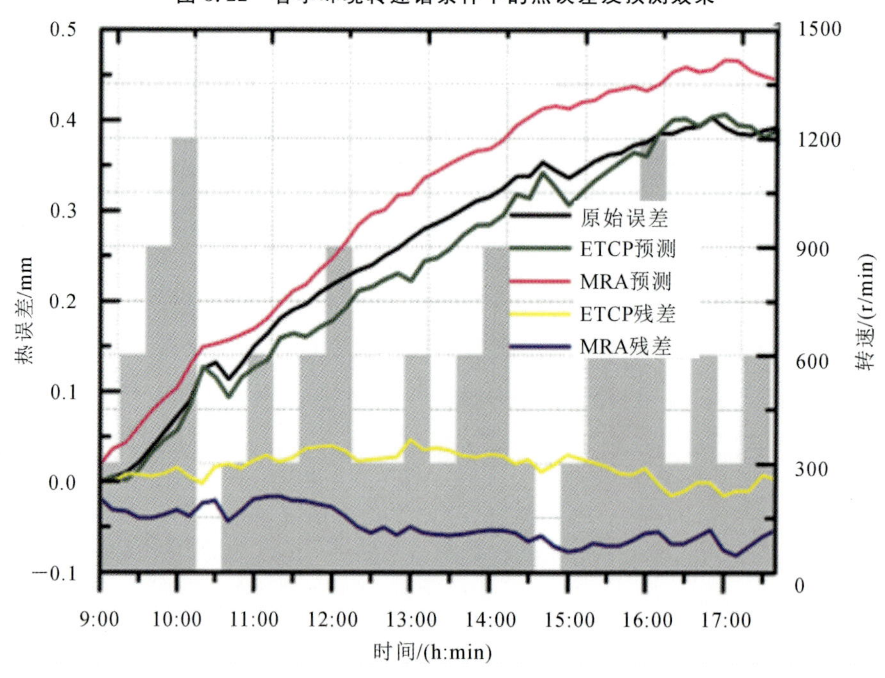

图 8.23　夏季环境转速谱条件下的热误差及预测效果

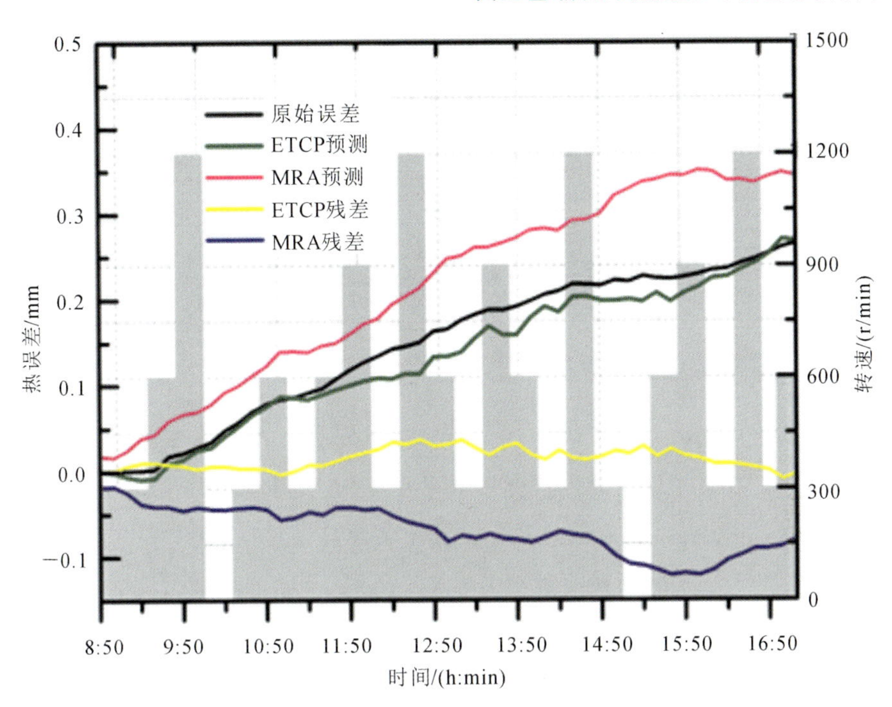

图 8.24　秋季环境转速谱条件下的热误差及预测效果

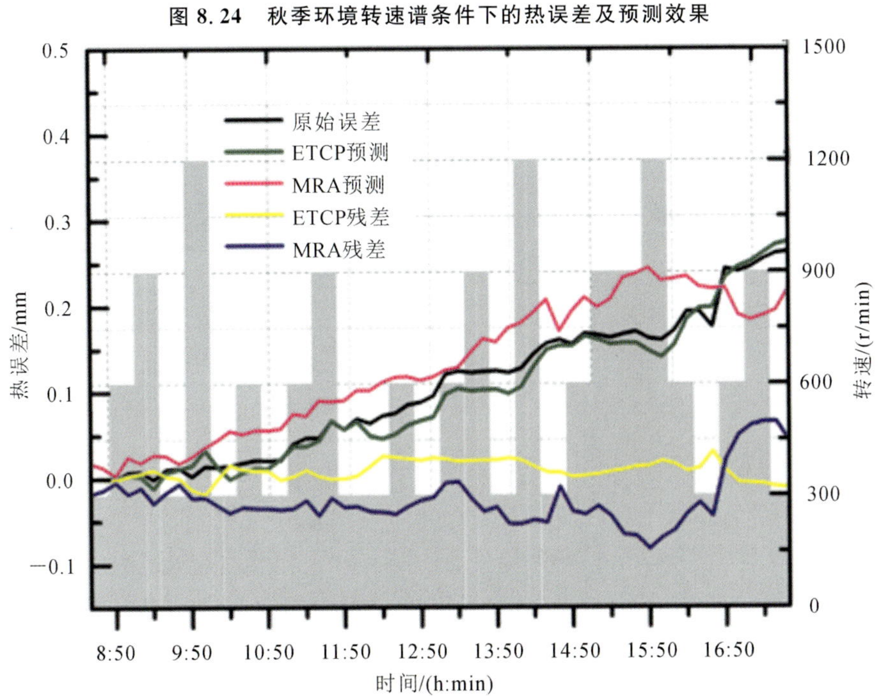

图 8.25　冬季环境转速谱条件下的热误差及预测效果

表 8.7 转速谱条件下 ETCP 和 MRA 模型预测的残差对比

季节	均值/mm		标准差/mm		极大值/mm		极小值/mm	
	ETCP	MRA	ETCP	MRA	ETCP	MRA	ETCP	MRA
春季	−0.007	−0.06	0.011	0.027	0.013	−0.002	−0.026	−0.106
夏季	0.015	−0.068	0.012	0.028	0.037	−0.017	−0.009	−0.121
秋季	0.017	−0.049	0.015	0.018	0.047	−0.016	−0.015	−0.081
冬季	0.008	−0.024	0.011	0.032	0.031	0.065	−0.018	−0.082

对比两组图形以及两个表的残差，可以明显发现，本书所提出的 ETCP 模型在预测精度和环境适应性上都优于 MRA 模型。通过计算可以发现，对于大型重载机床，环境温度引起的热误差占到主轴总热误差的 30%～60%，是主要的热误差影响源。ETCP 模型对不同的加工条件、不同的环境温度的适应性都很强，能够很好地反映滞后响应及滞后变化的特征，该方法能够预测 85%以上的主轴热误差。

8.2.4 机床移动轴热误差建模技术

除了环境温度时刻影响机床的热变形且不可直接剔除以外，大型重载机床运动时移动轴的空间几何误差大，且几何误差随温度改变而变化严重，移动轴的误差包括定位误差、直线度误差、垂直度误差及各项角度误差等，这些误差随机床热状态变化而改变，成为影响加工精度的主要误差来源。

移动轴的误差辨识也建立在剔除环境温度影响的前提下，本小节将对大型重载机床的移动轴的几何误差和热误差构成的综合误差进行分析，建立考虑环境温度热误差的误差综合模型。结合大型重载机床特点，提出大型重载机床移动轴的综合误差的高效测量和误差辨识方法，通过实验辨识出 XK2650 定梁龙门移动镗铣床的移动轴的综合误差模型参数并对模型进行预测验证。

1. 几何误差和热误差元素分析

几何误差是指由组成机床的各部件工作表面的几何形状、表面质量、相互之间的位置误差所引起的机床运动误差，主要由原始制造加工和装配误差决定。

根据刚体运动学和小角度假设原理，一个物体在空间上由 6 个自由度来确定它的位置和取向，包括 3 个平移自由度和 3 个转角自由度。因此每个轴向移动都存在 6 项几何误差，同时 3 个移动轴之间的不垂直，形成 3 项垂直度误差，如三轴数控机床移动轴共有 21 项几何误差元素，具体如下。

沿 X 轴移动时，有定位误差（沿 X 轴方向）$\delta_X(x)$、水平直线度误差（horizontal straightness error，沿 Y 轴方向）$\delta_Y(x)$、垂直直线度误差（vertical straightness error，沿 Z 轴方向）$\delta_Z(x)$、滚摆误差（roll error，绕 X 轴）$\varepsilon_X(x)$、偏转误差（pitch error，绕 Y 轴）$\varepsilon_Y(x)$和俯仰误差（raw error，绕 Z 轴）$\varepsilon_Z(x)$，其中下标字母表示误差方向或者转动轴，括号内字母表示运动的方向。沿 Y 轴移动对应的误差分别为 $\delta_Y(y)$、$\delta_Z(y)$、$\delta_X(y)$、$\varepsilon_Y(y)$、$\varepsilon_Z(y)$、$\varepsilon_X(y)$；沿 Z 轴移动对应的误差分别为$\delta_Z(z)$、$\delta_X(z)$、$\delta_Y(z)$、$\varepsilon_Z(z)$、$\varepsilon_X(z)$、$\varepsilon_Y(z)$；三个方向的垂直度误差分别为 $S(x,y)$、$S(y,z)$、$S(z,x)$。

另外，主轴也存在几何误差，主轴运动时的几何误差也来源于加工和装配过程，主轴共有 5 项运动误差元素，分别为三个方向的偏移误差 $\delta_X(\theta)$、$\delta_Y(\theta)$、$\delta_Z(\theta)$，以及绕 X 轴和 Y 轴的转角误差 $\varepsilon_X(\theta)$和 $\varepsilon_Y(\theta)$。由于难以辨识和补偿，且主轴零部件加工和装配精度逐渐提高，主轴几何误差通常被忽略。

热误差是影响机床加工精度的主要误差之一，内部热源和外部环境共同作用，使机床无论在静止还是移动状态都产生热变形，可以认为对于放置于普通环境下的机床，热变形时刻存在。从热误差元素的来源讲，所有的几何误差元素都有与之对应的热误差元素，因为机床在非恒温环境下各个部位都会热胀冷缩从而产生变形，最终将体现在机床几何误差元素的变化上，直观的表现为不同环境和内部热源条件下机床的几何误差是不同的。

移动轴的热误差与移动轴的位置相关，也与温度相关，因此移动轴的热误差与上述 21 项几何误差类似，只是在表达式里面追加温度变量 t_{in}，如沿 X 轴移动时，在 X 轴方向的热误差元素为 $\delta_X(x,t_{in})$，在 Y 轴方向的热误差元素为 $\delta_Y(x,t_{in})$，在 Z 轴方向的热误差元素为 $\delta_Z(x,t_{in})$，其他依次类推，其中 t_{in}表示与移动轴热源相关的一系列测温点。

主轴也有 5 项热误差元素，分别为三个方向的偏移误差 $\delta_X(t_{in})$、$\delta_Y(t_{in})$、$\delta_Z(t_{in})$，以及绕 X 轴和 Y 轴的转角误差 $\varepsilon_X(t_{in})$和 $\varepsilon_Y(t_{in})$，这些误差元素与机床的坐标无关，主轴热误差是机床热误差的主要来源之一。

2. 大型重载机床移动综合轴误差分析

加工误差是由刀具与工件相对运动中的非期望分量引起的,即“机床按某种操作规程指令所产生的实际响应与该操作规程所预期产生的响应之间的差异”,也可定义为“机床误差是机床工作台或刀具在运动中,理想位置和实际位置的差异”。在切削加工中,零件的加工精度主要取决于工件和刀刃在切削成形运动中相互位置的正确程度。机床加工系统的误差来源包括几何误差、热误差、力致误差、工艺系统误差等,几何误差和热误差是主要误差来源。如上所述,三轴龙门铣床共有47项误差元素,其中几何误差21项,热误差26项。

由于运动副在同一自由度上的各误差元素符合线性叠加原理,如沿 X 轴方向移动时,在 X 轴方向的定位误差 $\delta_X(x)$ 和定位误差随温度的变化 $\delta_X(x,t_{in})$ 都可以作为 X 轴方向误差的分量,用综合误差 δ_{XX} 表示,即

$$\delta_{XX} = \delta_X(x) + \delta_X(x,t_{in}) \tag{8.98}$$

同样,沿 X 轴方向移动时,在 Y 轴方向的直线度误差 $\delta_Y(x)$ 和直线度误差随温度的变化 $\delta_Y(x,t_{in})$ 都可以用综合误差 δ_{YX} 表示,即

$$\delta_{YX} = \delta_Y(x) + \delta_Y(x,t_{in}) \tag{8.99}$$

同理,对各轴在各自由度方向上的运动误差元素进行合并,得到21项与温度和位移都相关的综合误差元素,其结构与式(8.98)和式(8.99)相似。其中 δ 表示移动误差,ε 表示转动误差,双下标的第一个字母表示误差方向,第二个字母表示移动方向。

垂直度误差也是温度的函数,合并为 S_{XY}、S_{YZ}、S_{ZX},其中:

$$S_{XY} = S(x,y) + S(x,y,t_{in}) \tag{8.100}$$

式中:双下标表示两个移动方向,其他类推。

主轴的热误差是温度的函数,忽略主轴几何误差,主轴的综合误差即热误差,简化为单下标形式,即 δ_X、δ_Y、δ_Z、ε_X 和 ε_Y,其中 $\delta_X = \delta_X(t_{in})$,依此类推。

相对于普通机床,大尺寸、大行程的大型重载机床在几何误差和热误差方面有独有的特性。

第一,与大型重载机床的位置相关的空间误差(包括空间几何误差)成为更加突出的问题。这是因为,价值高昂的大型重载机床的移动轴一般都配有光栅尺闭环反馈系统,静压导轨保证了机床轴向移动平稳且精度高,但是直线度、垂直度、角度误差等无法由光栅尺闭环消除,移动轴的导轨的加工误差、装配误差

及阿贝误差综合作用于机床刀尖点，使得综合误差大。研究者曾经做过大型重载机床和普通机床的精度对比，分别测量辨识 XK2650 定梁龙门移动镗铣床和普通尺寸的 VDF850 立式加工中心的空间几何误差和热误差，经过对比可发现，大型重载机床的直线度误差与定位误差处于一个数量级，甚至可能比定位误差的更大；而半闭环的普通机床直线度误差基本上比定位误差小一个数量级。

第二，各项误差随温度和坐标的变化而改变严重。例如实验平台 XK2650 定梁龙门移动镗铣床在模拟加工持续升温的过程中，Z 轴本身的定位误差由于有光栅尺闭环反馈，1.5 m 行程内 Z 轴定位误差只有 0.026 mm，随温度变化的改变范围也接近 0.015 mm，但是沿 Y 轴移动时在 Z 轴方向的位置误差随温度改变的变化达到 0.07 mm。这是因为，机床本身存在的横梁悬垂弯曲的重力和应力作用随温度变化是变化的，导轨的膨胀和变形引起直线度和角度误差的改变较大。

第三，大型重载机床的空间几何误差测量和辨识耗时较长，目前对三轴大型重载机床使用常规手段完全测量和辨识出 21 项几何误差需要数小时甚至几天时间，有些大行程机床的全空间误差完全辨识几乎是不可能的。而空间热误差实际上相当于对应的几何误差随温度的改变值，是从几何误差和热误差的综合误差中分离出来的，测量实时性要求更高。

8.2.5 大型重载机床整机综合误差建模

1. 基于齐次坐标变换的误差模型

机床的误差最终体现为刀尖相对于工件的位置误差，综合误差模型就是描述各项误差元素如何组合成刀尖相对于工件的位置误差，计算出的误差可反馈到实时误差补偿系统中，用于误差补偿，以提高机床的加工精度。

通常，综合误差数学模型的建立过程如下。

(1) 建立一系列坐标系及转换矩阵，包括各运动轴、主轴、床身等一系列坐标系、参考坐标系及转换矩阵，从而对各运动副误差的运动学特性进行描述。

(2) 分别建立刀具、工件坐标相对于参考坐标系的运动关系，包括建立刀具坐标系相对于参考坐标系的齐次坐标变换矩阵，建立工件坐标系相对于参考坐标系的齐次坐标变换矩阵。

(3) 建立刀具和工件坐标系之间的运动关系。由于刀尖和工件被切削的点位于空间同一点,可得这两部分的等式,最后求解等式可得包含几何和热误差的综合误差模型。

XK2650 定梁龙门移动镗铣床在结构上是工件放置在固定于基础的工作台上,刀具可相对于基座沿 X、Y、Z 轴三个方向移动,经过计算,此类型的机床的综合误差模型为

$$\begin{cases}\Delta X(x,y,z,t_{\text{in}})=-\delta_{XX}+\delta_{XY}+\delta_{XZ}-y\varepsilon_{ZX}+z\varepsilon_{YX}+z\varepsilon_{YY}-y\varepsilon_{XY}-z\varepsilon_{XZ}-\delta_{X}-L\varepsilon_{X}\\ \Delta Y(x,y,z,t_{\text{in}})=-\delta_{YX}+\delta_{YY}+\delta_{YZ}+z\varepsilon_{ZX}-z\varepsilon_{XY}-z\varepsilon_{YZ}-\delta_{Y}-L\varepsilon_{Y}\\ \Delta Z(x,y,z,t_{\text{in}})=-\delta_{ZX}+\delta_{ZY}+\delta_{ZZ}-y\varepsilon_{XX}-\delta_{Z}\end{cases}$$

(8.101)

式中:L 表示刀尖点距离主轴原点的轴向距离。

与传统的纯几何误差建模不同,该模型中移动轴的误差元素 δ_{XX}、δ_{XY} 等都是包含几何误差和热误差的综合误差元素,其定义过程如式(8.98)和式(8.99)等所示。由于没有将环境温度对机床造成的热变形影响细分到各项误差元素中并建模,对于环境温度的热影响处理是考虑其对整机的影响并将其体现在主轴前端的相对热偏移中。因此,式(8.101)中的温度是机床内部热源引起的温度及其变化,并不包含环境温度。

2. 基于激光矢量对角线法的空间误差辨识

建模的目的是进行综合误差补偿,如果能够得到模型中各误差元素的大小,则刀尖相对于工件的位置误差可以通过上述模型计算出来,从而进行实时补偿。补偿效果的验证需要通过对机床的精度进行检验表现出来。根据实际检验经验,对于大尺寸、大行程的大型重载机床,直接逐一测量这些误差非常费时,尤其叠加上热变形随温度变化的特征,需要检验的时候机床的内外热状态几乎不发生变化,因此直接测量几乎不可能。

有研究者考虑简化补偿模型,运用能够快速测量和辨识误差的方法,也就是激光矢量对角线法,该方法是结合矢量运算和分步体对角线法为一体的机床误差测量方法,可以方便地获得可用于机床空间位置误差补偿的 12 项机床误差元素。下面简要介绍激光矢量对角线法的测量原理和建模原理,并且从理论上解释所辨识的误差与国家标准规定的几何误差检验项目的联系和区别。

(1) 激光矢量对角线法测量原理。

激光矢量对角线法是利用多普勒激光干涉仪进行位移测量的。激光多普

勒位移测量是指应用雷达原理、多普勒效应及光学外差原理，利用反射镜移动时对激光束反射所产生的激光频率的多普勒频移来进行位移测量。多普勒效应则是指观测者与波源之间存在相对运动时，观测者测得的波频率与波源所发出的波频率不同的现象，即接近时会观察到高频效果，反之，远离时会观察到低频效果的现象。实际测量时，激光头固定于测量平台，反射镜固定在移动目标上，激光由激光头的光电装置产生，照射到反射镜并经反射镜反射返回激光头后由光传感器检测，检测到的信号送到微处理器模块进行处理并转换成相应的位移。

(2) 分步体对角线测量方法。

由于用于测量的激光束的方向不平行于工作台相对进给方向，因此所测得的激光位移误差是平行于运动轴线方向的误差和垂直于运动轴线方向上的误差的矢量和。激光矢量分步体对角线测量方法的空间运动轨迹如图 8.26 所示，主轴先后依次通过 X 轴、Y 轴、Z 轴，步进完成一次空间对角线的行走。由机床沿 3 根导轨进给行程围成测量空间的 4 条体对角线，测量时，先在 X 轴运动一个增量后停止，进行一次数据测量；然后在 Y 轴方向运动一个增量，停止，进行一次数据测量；最后在 Z 轴方向运动一个增量，停止，进行一次数据测量。在完成 Z 轴方向的运动后，主轴相当于到了传统的对角线测量方法的下一个点。

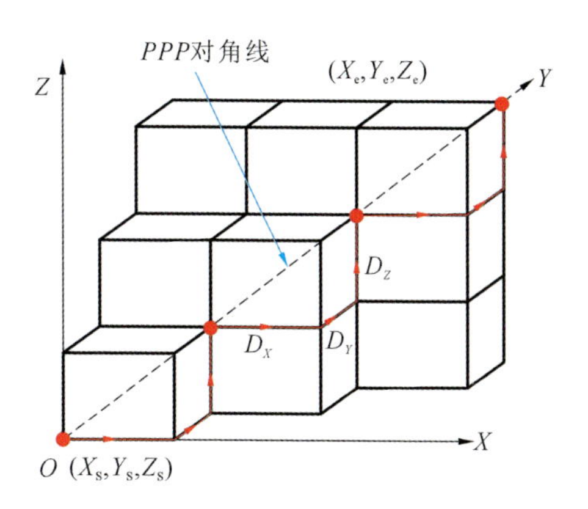

图 8.26 激光矢量分步体对角线测量方法的空间运动轨迹

如图 8.27 所示，4 条体对角线沿箭头所指方向分别定义为 PPP、NPP、PNP 和 NNP。定义 $\mathrm{d}R(x)_{\mathrm{PPP}}$ 为沿 X 轴方向进给而在体对角线 PPP 方向测

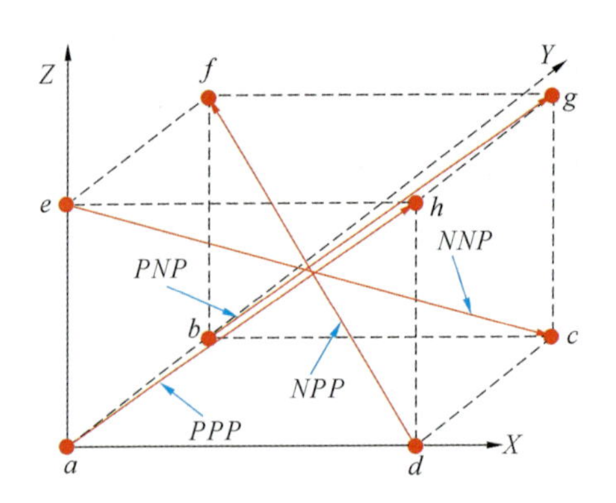

图 8.27　4 条体对角线

得的位移误差，对其他对角线误差做出类似定义，4 条对角线有 12 个位移误差。定义$E_X(x)$、$E_Y(x)$、$E_Z(x)$分别为沿 X 轴方向运动时在 X 轴方向、Y 轴方向、Z 轴方向的位置误差，其他 6 项位置误差的定义类似。这些位置误差不一定等于 21 项几何误差中的定位误差和直线度误差，因为它们的辨识过程中包含了角度误差、直线度误差、垂直度误差等。通过对比激光矢量对角线法模型与齐次坐标变换法模型的关系，就可以得到测量的误差与机床误差元素的关系。上述 $E_X(x)$等位置误差的辨识，在不同的温度条件下，辨识结果是不一样的，因此位置误差也与机床温度有关。同样将环境温度的影响排除在外，用 $E_X(x,t_{in})$表示 t_{in}温度下的位置误差，其他依此类推，则对于 XYZ 结构的龙门镗铣床，其 9 项位置误差与机床误差元素的关系为

$$\begin{cases} E_X(x,t_{in}) = \delta_{XX} - y\varepsilon_{ZX} + z\varepsilon_{YX} \\ E_X(y,t_{in}) = \delta_{XY} + z\varepsilon_{YY} + y\varepsilon_{ZY} \\ E_X(z,t_{in}) = \delta_{XZ} - z\varepsilon_{XZ} \\ E_Y(x,t_{in}) = \delta_{YX} - z\varepsilon_{XX} \\ E_Y(y,t_{in}) = \delta_{YY} - z\varepsilon_{XY} \\ E_Y(z,t_{in}) = \delta_{YZ} - z\varepsilon_{YZ} \\ E_Z(x,t_{in}) = \delta_{ZX} + y\varepsilon_{XX} \\ E_Z(y,t_{in}) = \delta_{ZY} \\ E_Z(z,t_{in}) = \delta_{ZZ} \end{cases} \tag{8.102}$$

另外，根据定义可以得到机床的综合误差与分步体对角线法定义的位置误差之间的关系为

$$\begin{cases}\Delta X(x,y,z,t_{in}) = E_X(x,y,z,t_{in}) = E_X(x,t_{in}) + E_X(y,t_{in}) + E_X(z,t_{in}) \\ \Delta Y(x,y,z,t_{in}) = E_Y(x,y,z,t_{in}) = E_Y(x,t_{in}) + E_Y(y,t_{in}) + E_Y(z,t_{in}) \\ \Delta Z(x,y,z,t_{in}) = E_Z(x,y,z,t_{in}) = E_Z(x,t_{in}) + E_Z(y,t_{in}) + E_Z(z,t_{in})\end{cases} \tag{8.103}$$

从式(8.102)得到各个轴运动进给时分别在 X、Y、Z 轴方向产生的$E_X(x)$、$E_X(y)$、$E_X(z)$、$E_Y(x)$、$E_Y(y)$、$E_Y(z)$、$E_Z(x)$、$E_Z(y)$、$E_Z(z)$这 9 项位置误差与 18 项误差元素之间的关系。但是由于只有 9 个等式而存在 18 项误差，因此无法完全分离出有关的误差元素，这也说明仅仅依靠分步体对角线测量方法，并不能将空间误差元素完全辨识出来。如果要辨识式(8.102)所示的 18 项空间几何误差，可以考虑将分步体对角线的测量方法引入到平面测量，追加 3 个相互正交的平面测量项，这样就可以实现 21 项误差的完全辨识。

但是大型重载机床的误差补偿，不是为了辨识所有的空间几何误差及其随温度变化的情况，而是需要实现综合误差的补偿，提高机床的运行和加工精度，也就是说需要解决 ΔX、ΔY、ΔZ 的预测模型问题。因为得到式(8.102)中的所有几何误差及随温度变化的误差非常困难，也不需要完全辨识。可考虑从式(8.103)中获得结果，因为等式右边的 9 项位置误差及随温度变化的误差是可以通过 4 条体对角线直接辨识出来的，只要确定 9 项位置误差的具体值，就可以进行误差预测和补偿。

3. 可快速辨识的综合误差建模

根据激光矢量对角线法，利用多普勒激光干涉仪，可快速进行不同温度条件下的三轴机床的空间几何误差辨识，通过 4 条体对角线的测量，可以获得不同温度条件下的 12 项机床误差元素，包括 3 项定位误差、6 项直线度误差和 3 项垂直度误差，这在精密机床、加工中心、坐标测量机等产品中应用较多。但是对于大行程的 XK2650 定梁龙门移动镗铣床，用多普勒激光干涉仪通过 4 条体对角线的测量来辨识几何误差和热误差元素时，实施起来仍然有困难，主要表现在以下方面。

(1) 铣床在 X 轴的移动行程达 25 m，而激光干涉仪理论测量范围为 15 m，实际有效范围只有 10 m，距离太远则光斑发散，激光光路容易中断。

(2) 机床本身的空间几何误差较大，反光镜安装于主轴前端，测量时若移动距离过远，由于主轴前端的偏转，则反光镜容易发生偏转，导致激光光束无法原路返回而使光路中断。

(3) 机床启动和停止会有振动,安装于向外悬伸的主轴前端的反光镜也容易发生振动而使光路中断。

(4) 反光镜镜面尺寸有限,为了保证分步移动时光束不脱离镜面,单段行程长度不宜过长,长行程大空间将导致分段数量过多,测量周期过长,增加光路中断的概率。

(5) 用于热误差辨识时,要求在机床温度场不发生明显变化的条件下完成一组测量,要求测量时间尽量短,一组测量最好在 30 min 以内完成,分段过多、测量周期过长则难以满足此项要求。

上述分析也是在实际测量辨识中遇到的问题,为了实现快速误差辨识,有学者提出了新的解决方案,结合机床结构和运动特征,将测量和辨识的空间综合误差元素进行分组并简化。

将待辨识的误差分为两部分:一是在行程较小的 YZ 平面进行分步对角线的二维空间误差辨识,可以辨识包括 Y 轴定位误差 $E_Y(y)$、Y 轴移动时在 Z 轴方向的直线度误差 $E_Z(y)$、Z 轴定位误差 $E_Z(z)$、Z 轴移动时在 Y 轴方向的直线度误差$E_Y(z)$,以及 Y 轴和 Z 轴垂直度误差 δ_{YZ};二是对于 X 移动轴,由于行程过长,仅测量线性定位误差及其随温度变化的特性,也就是辨识不同温度条件下的 $E_X(x)$,测量时参照 ISO 230-2:2014 EN 进行定位精度的检验,记录每次测量线性定位误差时的机床温度状态,建立线性定位误差随温度变化的关系模型。因此,可在式(8.103) 的基础上进行调整,简化后的可用于重型龙门铣床的综合误差模型为

$$\begin{cases}\Delta X(x,y,z,t_{\text{in}}) = E_X(x,t_{\text{in}})\\ \Delta Y(x,y,z,t_{\text{in}}) = E_Y(y,z,t_{\text{in}}) = E_Y(y,t_{\text{in}}) + E_Y(z,t_{\text{in}})\\ \Delta Z(x,y,z,t_{\text{in}}) = E_Z(y,z,t_{\text{in}}) = E_Z(y,t_{\text{in}}) + E_Z(z,t_{\text{in}})\end{cases} \tag{8.104}$$

需要解决的是包含环境温度影响热误差、主轴热源影响热误差、移动轴热源影响热误差的综合误差建模。环境温度的影响,在前面已经分析过,将其看成对整机产生影响并使主轴前端相对于工作台产生热偏移,主轴热误差是不随坐标变化的热误差。因此可用于龙门铣床热误差补偿的包含环境温度和内部热源的综合热误差模型为

$$\begin{cases}\Delta X(x,y,z,t_{in},t_e)=E_X(x,t_{in})+\Delta X_{env}(t_e)+\delta_X(t_{in})\\ \Delta Y(x,y,z,t_{in},t_e)=E_Y(y,t_{in})+E_Y(z,t_{in})+\Delta Y_{env}(t_e)+\delta_Y(t_{in})\\ \Delta Z(x,y,z,t_{in},t_e)=E_Z(y,t_{in})+E_Z(z,t_{in})+\Delta Z_{env}(t_e)+\delta_Z(t_{in})\end{cases}\tag{8.105}$$

式(8.105)中的各误差成分都需要建模，其中环境温度的热影响模型 $\Delta X_{env}(t_e)$ 在 8.2.2 节已经讨论过，主轴热误差模型 $\delta_X(t_{in})$ 在 8.2.3 节讨论过，本节后续将讨论其余 5 项位置相关综合误差模型 $E_X(x,t_{in})$、$E_Y(y,t_{in})$、$E_Y(z,t_{in})$、$E_Z(y,t_{in})$、$E_Z(z,t_{in})$ 的建模及辨识方法。

4. 沿 X 轴方向移动的移动轴综合误差辨识和验证案例

XK2650 定梁龙门移动铣镗床的 X 移动轴的全行程为 25 m，本部分根据激光干涉仪的有效测量范围，参考 GB/T 17421.2—2016 定位精度和重复定位精度检验标准，制定了实验方案，同时参考 ISO 230-3:2007 EN 制定了对比验证方案。

位移测量选用分段定位误差检验的方法，测量流程如图 8.28 所示。测量行程为 10 m，均分为 10 段，激光干涉仪固定于工作台上，靶标安装在主轴滑枕前端，通过激光干涉仪依次测量各个点的位置，往返测量一次，然后机床沿 X 轴往返运行一段时间，目的是模拟机床升温发热条件，然后进行下一次的往返测量，如此循环持续 8～10 h，其中测量时中午停机 2 h，下午继续测量。在机床合理位置上及机床所处环境中布置温度传感器以测量机床的温度及环境温度，布点位置包括主轴前端、X 轴齿轮齿条传动箱、X 轴导轨、冷却液等。测量现场如图 8.29 所示。

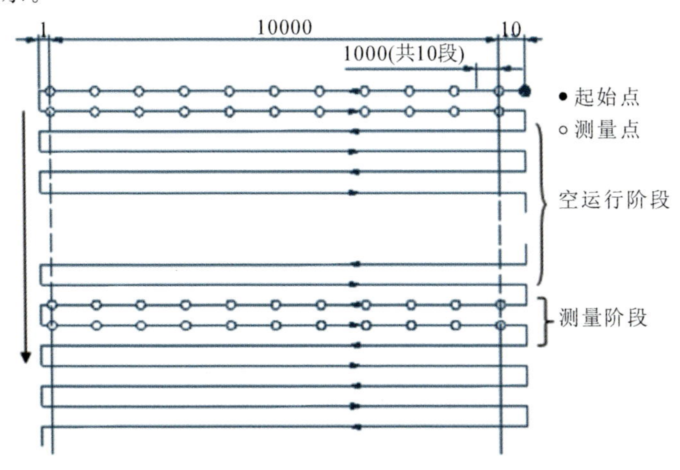

图 8.28　X 移动轴热误差测量流程

图 8.29　沿 X 轴方向移动的移动轴热误差测量现场

国际标准 ISO 230-3:2007 EN 对移动轴的全面热效应分析方法进行了详细的描述。图 8.30 中,ISO 标准要求移动轴行程两端 P_1、P_2 点各布置 5 个位移传感器,测量检验芯棒在两端随温度变化的热偏移和偏转。受限于传感器的数量,而且误差测量主要关注 X 轴方向的热变形,因此在 10 m 行程的两端各布置了 3 个非接触式激光位移传感器,其中 2 个分别测量 X 轴方向的偏移和偏转(Z 轴方向间隔为 250 mm),1 个测量 Z 轴方向的热伸长。由于该测量只是测量两个点的热变形,因此无法完全辨识移动轴全程的热变形特征,但是可以与激光干涉仪的测量结果做对比。因为位移测量点是激光干涉仪分段测量的两个端点,激光干涉仪可以测量全程的位置误差及其随温度的变化。可将两套设备的测量数据进行对比,比较验证测量结果的有效性。图 8.31 所示为移动轴热效应测量现场。

同时用激光干涉仪和激光位移传感器对 XK2650 定梁龙门移动镗铣床沿 X 轴移动时的热偏移进行多次连续测量,试图建立 X 轴位置相关热误差预测模型,用于集成到数控系统中进行热误差补偿。由式(8.105)可知:

$$E_X(x,t_{in}) = \Delta X(x,y,z,t_{in},t_e) - \Delta X_{env}(t_e) - \delta_X(t_{in}) \tag{8.106}$$

由于激光干涉仪和激光位移传感器测量得到的是最终的热误差 $\Delta X(x,y,z,t_{in},t_e)$,而实验的目的是获取位置相关热误差,有必要剔除环境温度和内部热

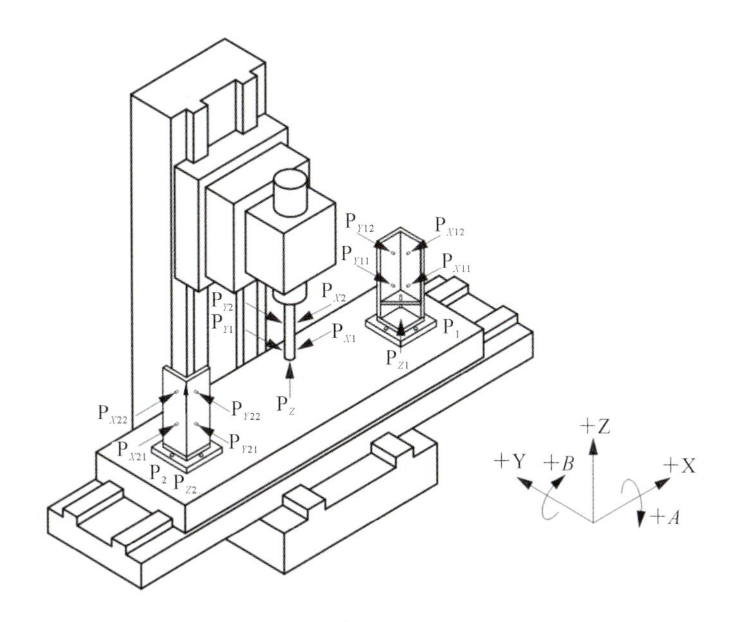

图 8.30　移动轴热效应分析测量方案

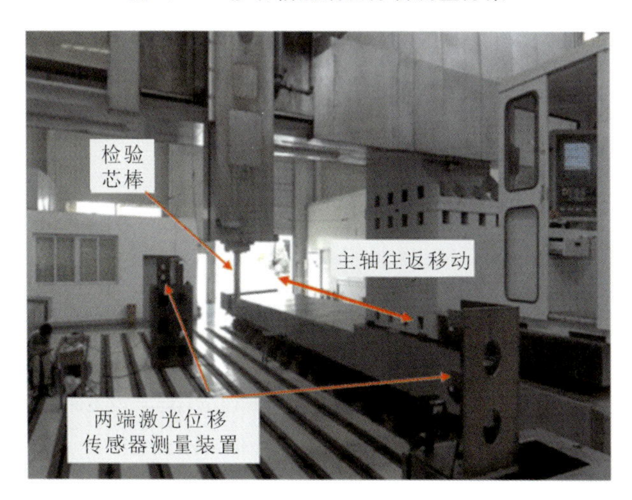

图 8.31　移动轴热效应测量现场

源的影响。实验没有设置主轴旋转，可以不考虑主轴热变形 $\delta_X(t_{in})$，环境温度引起的热变形 $\Delta X_{env}(t_e)$ 可以通过前面的方法计算得到，因此可以获取位置相关热误差 $E_X(x,t_{in})$。激光干涉仪测量结果 $\Delta X(x,y,z,t_{in},t_e)$ 减去 $\Delta X_{env}(t_e)$，得到如图 8.32 所示的 X 轴方向位置相关热误差辨识结果。图中数据为进行 20 次不同温度下测量及计算的结果，测量行程为 10 m，间隔 1 m 测量 1 次。

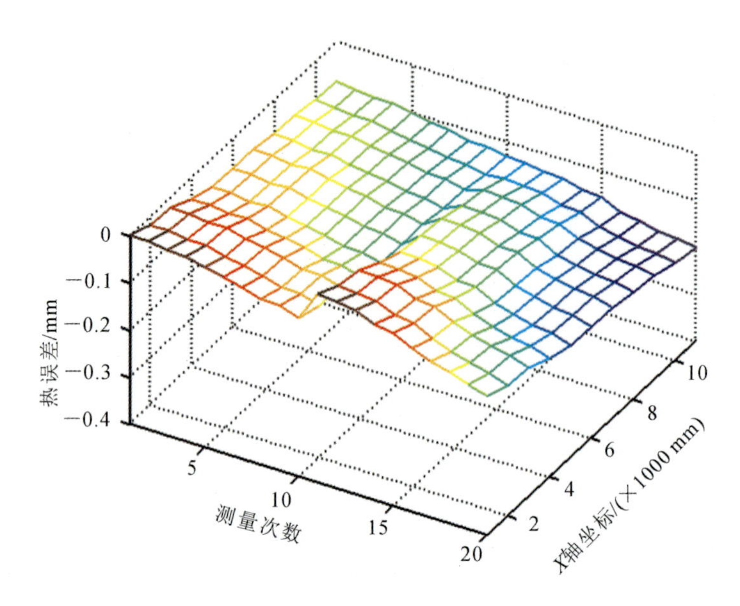

图 8.32　X 轴方向位置相关热误差辨识结果

在图 8.32 中,第一次测量是指机床刚开机后立即进行一组测量,机床处于未升温状态,几何误差占主要成分;后面的各次辨识都包含几何误差和热误差成分,经过 8 h连续运行,最后一次测量时机床基本上处于热平衡状态。由图 8.32 可见,机床在 10 m行程的初始定位误差:$x=0$ 处为 0,$x=10000$ 处为−0.086 mm,测量时环境温度为 27.3 ℃左右,不是 20 ℃,该几何误差处于正常范围内。第 20 次测量后,误差值都增加,$x=0$ 处为−0.104 mm,$x=10000$ 处为−0.202 mm。

实验同时用激光位移传感器在 X 轴行程两端 $x=0$ 和 $x=10000$ 处进行了基于五点法的测量,减去环境温度影响后的结果如图 8.33 和图 8.34 所示。两图表明,$x=0$处的机床 X 轴方向热误差达到−0.11 mm,这与激光干涉仪的测量计算结果(−0.104 mm)相近;$x=10000$ 处的机床 X 轴方向热误差为−0.12 mm,也与激光干涉仪的测量计算结果−0.202−(−0.086) =−0.116 mm 相近,说明激光干涉仪在整个移动空间的测量效果有效。图 8.33 和图 8.34 中,从 T10 到 T11 中间存在跳跃,这是因为中午休息停机 2 h,机床冷却收缩变形,也与激光干涉仪的测量结果一致。

上述测量和分析表明,机床沿 X 轴移动的热误差既与温度相关,也与位置相关。根据不同条件下的多个布点温度值 t_{in},以及机床坐标 x,可以建立热变形的预测模型 $E_X(x,t_{in})$,进一步得到 $\Delta X(x,y,z,t_{in},t_e)$预测模型。

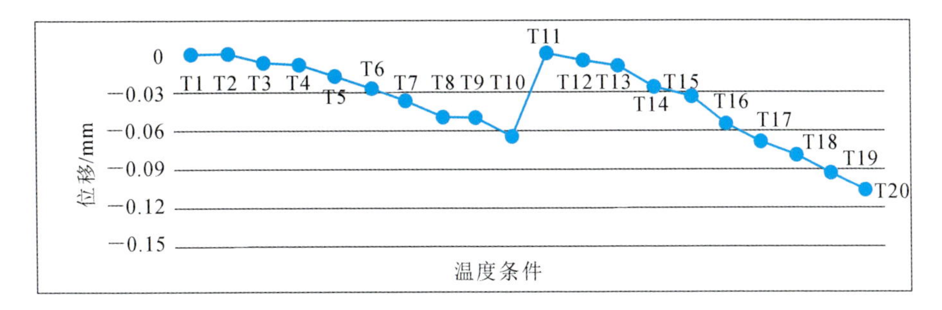

图 8.33　激光位移传感器在 $x=0$ 处的 X 轴方向热偏移测量结果

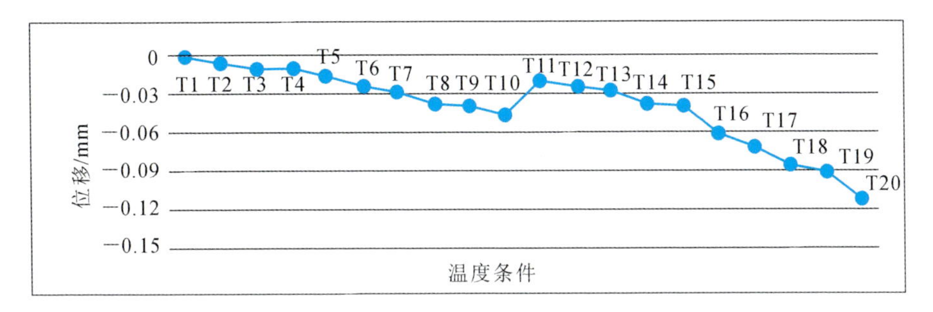

图 8.34　激光位移传感器在 $x=10000$ 处的 X 轴方向热偏移测量结果

5. 沿 Y、Z 轴方向移动的移动轴综合误差辨识和验证应用案例

根据激光矢量对角线法，可通过平面空间的分布对角线测量辨识构成平面的两个轴的定位误差、对应直线度误差和两轴的垂直度误差。可在不同的环境温度和内部热源条件下进行测量，一组对角线数据可辨识一组误差数据，每一组的测量时间尽可能短，使得测量期间温度场变化尽量小，从而使所辨识的数据更加可靠，不同组之间通过机床快速移动升温改变温度条件。YZ 平面热误差辨识现场如图8.35所示，其中 Y 轴方向的行程为 4500 mm，Z 轴方向的行程为 1500 mm，行程均分 20 段，完成一组对角线测量耗时 15 min，然后机床沿 Y 轴和 Z 轴以较高的速度移动 25 min，模拟机床移动轴升温，进行下一组测量，如此循环。

有研究者用激光干涉仪对机床在 YZ 平面的几何误差随温度变化情况进行了多天连续测量，试图建立各项误差与位置、温度之间的热误差预测模型，用于集成到数控系统中进行热误差补偿。由于测量是在普通环境温度下进行的，环境温度是变化的，所辨识的所有误差，都需要先减去外界环境温度波动引起的对应方向的热误差，而环境温度引起的热误差是通过预测得到的，具体根据前

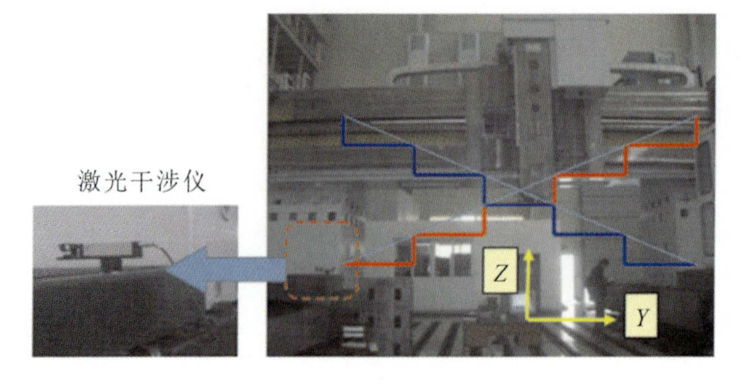

图 8.35　*YZ* 平面热误差辨识现场

面介绍的方法实现。于是可得到与外界环境温度无关的 Y 轴方向定位误差 $E_Y(y,t_{in})$、位置误差 $E_Y(z,t_{in})$，Z 轴方向定位误差 $E_Z(y,t_{in})$、位置误差 $E_Z(y,t_{in})$。一组典型的测量和计算结果分别如图 8.36 至图 8.39 所示。

由图 8.36 可知，Y 轴移动时的定位误差初始值为 0.055 mm，连续多次往返移动后，定位误差达到 0.088 mm，增大了 0.033 mm。Y 轴移动时的定位误差随温度的变化基本上呈线性关系。

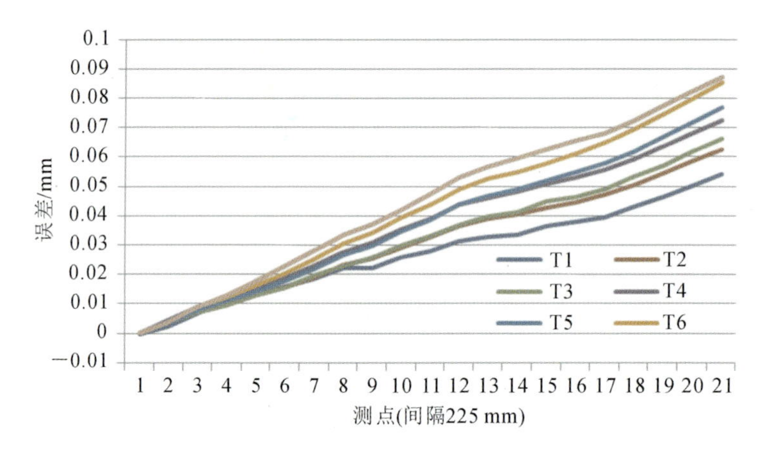

图 8.36　不同温度下 Y 轴移动时的定位误差

由图 8.37 可知，Y 轴移动时在 Z 轴方向的位置误差在不同的位置具有不同的特征，前 6 个点(位置为 0～1350 mm)位置误差基本上呈线性变化，第 7 个点到最后一个点(位置为 1350～4500 mm)位置误差呈抛物线变化。分析表明，这与机床的结构有关，由于 Y 轴导轨安装在横梁上，导轨受到溜板和主轴滑枕的重力作用，存在中间悬垂现象，横梁内部有应力和重力集中，使得导轨中间低，两边高。随着导轨移动发热、静压油温升等热源的影响，重力和应力集中的状态发生改变,导轨的变形也随之发生改变,因此悬垂弯曲的形貌也发生改变,体现在直线度的变化上。前面位置误差呈线性变化,主要是因为横梁固定于立柱上,靠近立柱上方的导轨悬垂小,变形主要是由轴向热膨胀引起的。

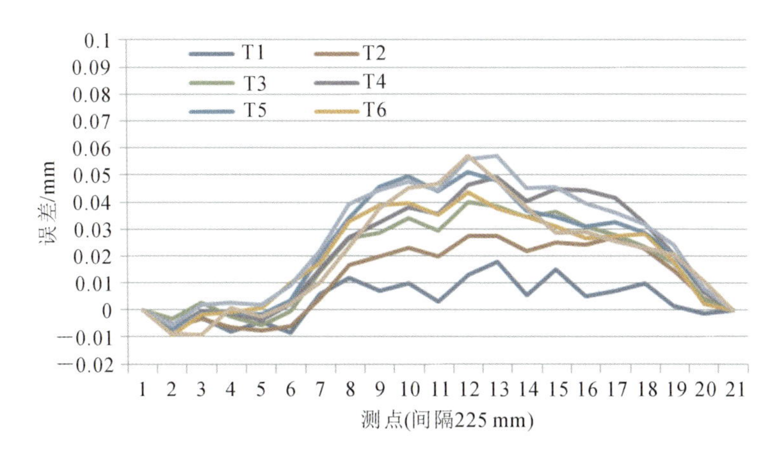

图 8.37　不同温度下 Y 轴移动时在 Z 轴方向的位置误差

由图 8.38 可知,Z 轴移动时的定位误差较小,最大为 0.026 mm,且随温度变化较小,最大变化 0.015 mm。这是因为 Z 轴移动的丝杠属于半开放式结构,电动机等暴露于外部,散热能力好,另外 Z 轴光栅尺的闭环作用,使得位置精度得到保证。

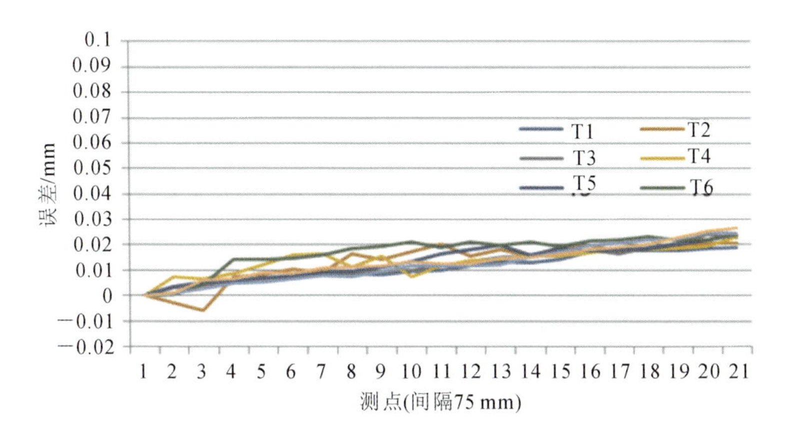

图 8.38　不同温度下 Z 轴移动时的定位误差

由图 8.39 可以看出,Z 轴移动时在 Y 轴方向的最大位置误差初始值为 0.04 mm,且随温度改变,最大变化量达到 0.035 mm。该误差大于轴向定位误差,这是因为 Z 轴移动的导向机构是滑枕,滑枕通过静压导轨在主轴箱内移动,静压油膜的导向精度低于光栅尺闭环控制的精度，且静压油膜和主轴箱的温升使得主轴箱发生形变，引起直线度误差。

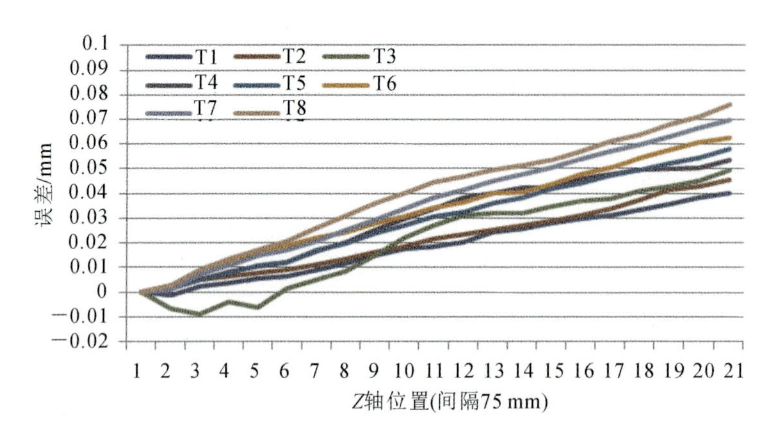

图 8.39　不同温度下 Z 轴移动时在 Y 轴方向的位置误差

综上所述，不同的误差元素，随温度变化的特征不一样，因此需要根据具体特征建立误差与温度之间的预测模型。在进行平面对角线误差辨识的同时，在机床上布置了大量的温度传感器，通过分析温度和计算得到的空间误差元素变化值，建立误差预测模型。

其中 Y 轴移动的定位误差可建立与最优布点温度和位置都相关的回归模型，预测模型为

$$E_Y(y,t_{\text{in}}) = [0.0025(t_6 - t_{38}) - 0.0015](y + 1000)/225 \tag{8.107}$$

用该模型对测量和计算结果进行验证，预测效果如图 8.40 所示，其中横坐标为 Y 轴的位置，每点间隔 225 mm，纵坐标为误差，单位为 mm。由图可见，线性模型预测效果很好，最大变形将近 0.1 mm 的定位误差预测的残差在±0.01 mm 以内。

Y 轴移动时在 Z 轴方向的位置误差，需要建立分段模型，0～1350 mm 内建立的模型为多元线性模型，由于距离较短，可考虑与温度无关、关于位置线性关系的几何误差模型；1350～4500 mm 内建立关于位置的二次多项式、关于温度的线性模型。经过计算，所辨识的模型为

$$E_Z(y,t_{\text{in}}) = \begin{cases} 0.08y/1350, & y < 1350 \\ 2.5\times 10^{-4}(t_4 - t_{38})\left\{\left(\dfrac{y+1000}{225}\right)^2 + 6.5\times \right. \\ \left. 10^{-3}\,\dfrac{y+1000}{225} - 0.03y\right\}, & y \geqslant 1350 \end{cases} \tag{8.108}$$

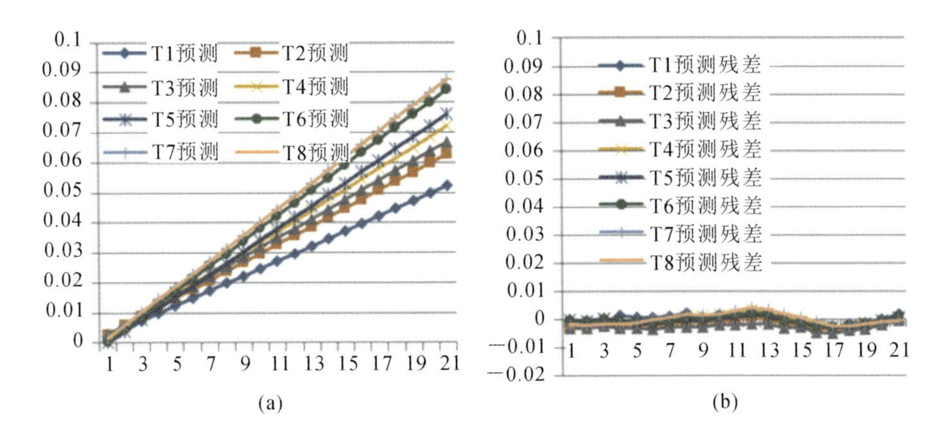

图 8.40　Y 轴移动时的定位误差预测效果

(a) 预测值　(b) 残差

预测效果如图 8.41(图中坐标定义与图 8.40 相同)所示,由图可见预测效果很好,位置误差预测值最大处(不到 0.06 mm)的预测残差基本上在±0.01 mm 内。

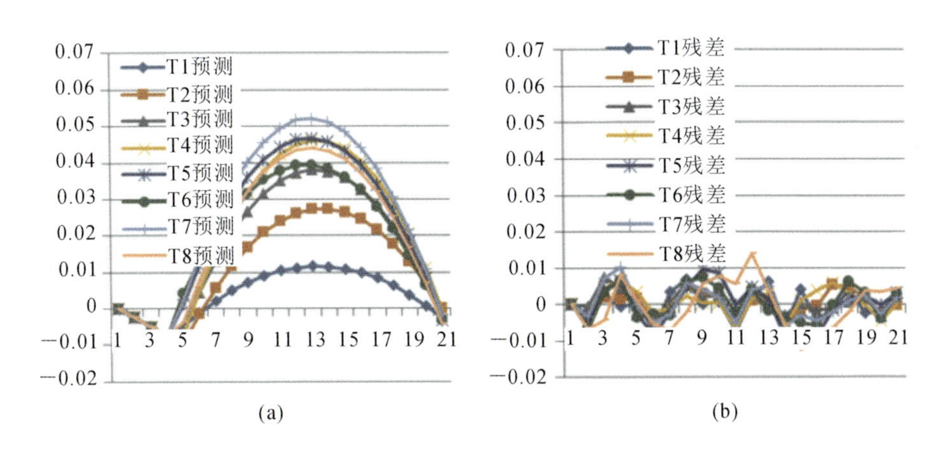

图 8.41　Y 轴移动时在 Z 轴方向位置误差预测效果

(a) 预测值　(b) 残差

对于 Z 轴移动时的定位误差,如前面分析,由于散热能力较好,移动轴的精度变化主要受环境温度影响,可以不考虑移动轴误差随内部温度的变化,在此只需要建立几何模型即可。所建立的模型为

$$E_Z(z,t_{\text{in}}) = 0.0013(z-85)/75-0.0015 \tag{8.109}$$

预测效果如图 8.42(图中坐标定义与图 8.38 相同)所示。预测效果明显,

残差在±0.01 mm内。Z 轴移动时在 Y 轴方向的位置误差，也可以用线性回归模型表示，分别为位置和最优布点温度的线性函数。预测模型如式(8.110)所示，预测效果如图8.43所示，可见预测效果较好，位置误差预测值最大处(接近0.08 mm)的预测残差在±0.01 mm。

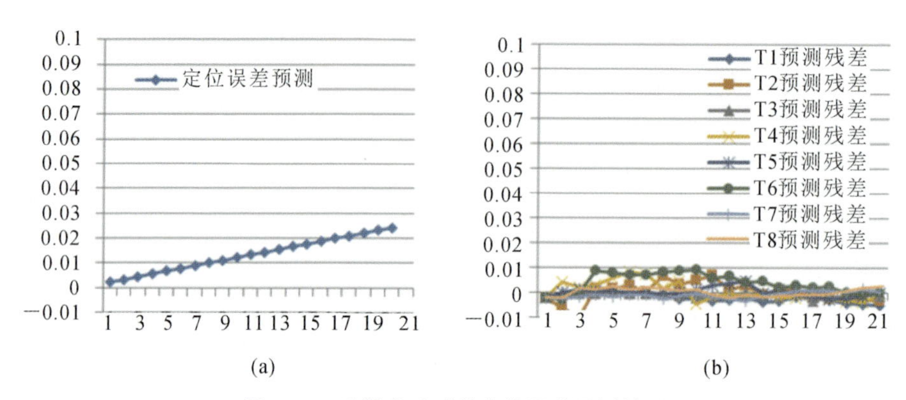

图8.42　Z 轴移动时的定位误差预测效果

(a) 预测值　(b) 残差

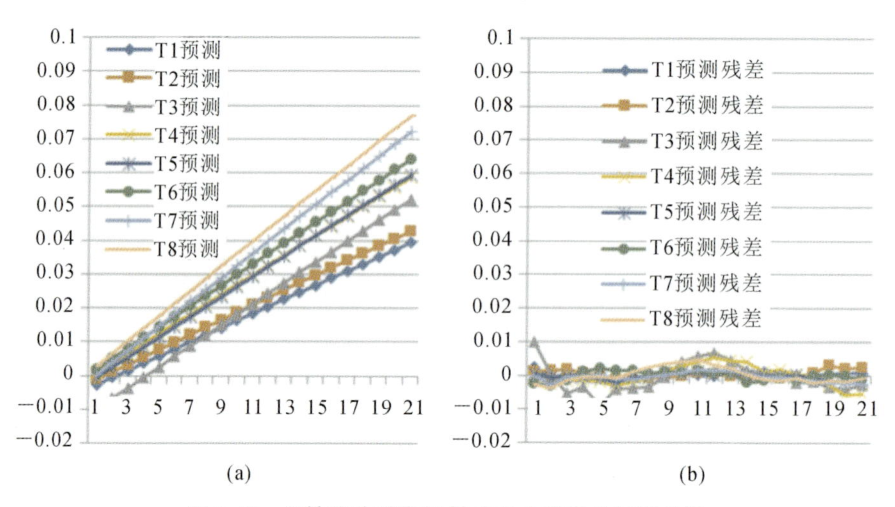

图8.43　Z 轴移动时在 Y 轴方向位置误差预测效果

(a) 预测值　(b) 残差

$$E_Y(z,t_{in}) = [0.0022(t_{24}-t_{38})-0.0019](z-85)/75 \quad (8.110)$$

至此，已经完成对式(8.105)的各项误差成分的建模及参数辨识。

6. 综合误差建模方法总结

(1) 在剔除环境温度热影响的条件下，对大型重载机床移动轴的热误差建模方法主要从可用和可行的角度进行了研究，建立了包含几何误差、热误差的误差模型，研究了机床精度检验的方法和相关标准，提出适用于综合误差补偿效果验证的对比实验测量方案。本小节没有直接辨识所有21项几何误差及其随温度变化的热误差，而是从可快速测量辨识、可补偿的角度，参考激光矢量对角线法，建立了适用于大型重载机床的移动轴综合误差模型，综合误差模型不仅包含定位误差及其随温度变化的热误差，还包括直线度及其随温度变化的热误差，并且剔除了环境温度的影响，适用于普通车间的机床的误差建模。

(2) 移动轴的综合误差建模方法可根据不同轴的结构和变形特征，选用不同的合适的模型，包括线性模型、分段模型、多项式模型等。针对XK2650定梁龙门移动镗铣床，获得了包含环境温度热影响模型、主轴热影响模型、移动轴热影响模型的综合误差模型。该模型包含实测环境温度、最优布点主轴内部热源温度、最优布点移动轴内部热源温度、各个移动轴的坐标参数等，该建模方法适用于大尺寸大空间行程的大型重载机床，且具备系统可补偿性。

(3) 本小节对XK2650定梁龙门移动镗铣床的各个移动轴的综合模型进行了参数辨识，对误差预测效果进行了验证，分析表明模型预测精度高，通用性强。

8.3 大型重载机床热误差补偿技术

综合误差实时补偿是机床生产企业、数控系统制造企业和机床用户急需的功能。当前国外主流数控系统如西门子、发那科、海德汉等系统都具有温度补偿功能，但是由于数控系统不对外提供热补偿控制的二次开发接口，无法在系统中嵌入式集成，因此只能按照设定好的模型实施补偿。本节将分别介绍在国产华中数控HNC-818B系统和西门子840D数控系统中实现综合误差补偿模型的集成和应用。对于华中数控系统的补偿，通过基于现场总线的二次开发平台，将补偿模型嵌入式集成到数控系统中，通过多层次接入方式实现综合误差补偿控制。西门子840D数控系统的综合误差补偿，将借用系统自带的部分温度补偿功能，把综合误差补偿模块集成于PLC中，通过Profibus总线与NCK通信，在每个插补周期里将计算得到的综合误差预测值补偿到位置调节器中，从而实现温度误差补偿。综合模型在两类数控系统的集成效果将在多台机床上进行应用补偿验证，验证方式包括补偿前后机床精度对比验证和试件加工验证。

8.3.1 集成于西门子数控系统的热误差补偿

西门子840D数控系统是大型重载数控机床的主流数控系统，为了补偿因温度变化引起的机床热误差，提供了温度补偿选件功能，该补偿选件功能包含位置相关热补偿和主轴热补偿，对应主轴和移动轴的热补偿。本小节研究的综合误差补偿超出了该模块的假设条件，但是可以利用该模块的接口功能，实现综合误差的动态补偿。本小节首先介绍西门子840D数控系统自带的补偿实现方法，然后提出综合误差补偿实现方法。

1. 热误差补偿原理

西门子840D数控系统的温度误差补偿是建立在位置误差与温度的对应关系基础上的，以 X 轴为例，补偿模型为

$$\Delta K_X = K_0(T) + \tan\beta(T)(P_X - P_0) \tag{8.111}$$

式中：P_0 为在 X 轴上选定的参考位置；K_0 为 P_0 在温度 T 下的偏差，称为位置无关温度补偿值。

X 坐标轴上的其他位置 P_X 所对应的偏差称为位置相关温度补偿值。系统通过多组参数设置实现温度补偿。

MD32750(TEMP_COMP_TYPE)，对应温度补偿类型，有4种温度补偿方式，分别是：

MD32750=0时，温度补偿失效；

MD32750=1时，位置无关温度补偿方式生效；

MD32750=2时，位置相关温度补偿方式生效；

MD32750=3时，位置无关和位置相关温度补偿同时生效。

西门子840D数控系统提供了3个机床参数，分别对应公式(8.111)中的每一项。具体是：

SD43900(TEMP_COMP_ABS_VALUE)，对应位置无关温度补偿值 K_0，K_0 是温度的函数，通过PLC计算得到；

SD43910(TEMP_COMP_SLOP)，对应位置相关温度补偿值系数 $\tan\beta$，$\tan\beta$ 也是温度的函数，通过PLC计算得到；

SD43920(TEMP_COMP_REF_POSI_TION)，对应位置相关温度补偿参考位置 P_0。

西门子 840D 数控系统的补偿模型中参数标定的方法为

$$\tan\beta(T)=(T-T_0)\frac{TK_{max}}{T_{max}-T_0} \tag{8.112}$$

式中：T_0 为位置相关点误差等于 0 所对应的温度；T_{max} 为最大的测量温度；TK_{max} 为在 T_{max} 情况下的温度系数，该温度系数表示在某一温度下，滚珠丝杠每 1000 mm 所对应的最大误差。

温度误差补偿系统的硬件结构原理：在机床主轴和移动轴温度敏感点处安装 Pt100 铂热电阻传感器进行机床温度的测量；在 840D 数控系统的 PLC 上外扩一个双通道 A/D 转换模块 SM331，将温度传感器输入的模拟热信号转换成数字信号后送至 840D NC-PLC 接口；PLC 定时采样此温度值，利用 PLC 内的公式计算出 K_0 和 $\tan\beta$，然后送到系统的 NCK 中刷新温度补偿参数 SD43910 (TEMP_COMP_SLOP)，在每个插补周期里补偿到位置调节器中，从而实现温度误差补偿。

2. 热误差补偿实施方案

根据前面式(8.105)所示的综合误差模型结构可知，综合误差模型包含环境温度的热影响模型、位置无关的主轴热误差模型，以及 5 项位置相关热误差模型。式(8.111) 和式(8.112) 的移动轴自变量只包含所补偿的轴的坐标，不包含其他轴的坐标参数，而直线度与补偿轴和其他轴坐标都有关，因此与直线度误差有关的热误差补偿无法直接实现。鉴于上述结论，对于大型重载机床，可参考西门子 840D 数控系统的位置无关温度补偿方式，即 MD32750=1。实现方法上，对于西门子 840D 数控系统，此时补偿值是温度 T 的线性函数，不包含坐标值，而将式(8.111) 所示的模型集成到 PLC 中，PLC 实时读取各个轴的坐标，以及 SM331 模块获取的温度值，通过式(8.111) 所示的模型进行计算。将计算的结果即预测的热补偿值替代单点温度 T，同时将 T 的系数项设置为 1，常数项设置为 0，那么所计算的温度 T 即与补偿值相等，继续送到数控系统的 NCK 中，刷新温度补偿参数 SD43910(TEMP_COMP_SLOP)，在每个插补周期里补偿到位置调节器中，即可实现温度误差补偿。

利用西门子 840D 数控系统的成熟的位置无关温度补偿功能，将补偿模型集成到 PLC 中，实现综合误差的实时补偿，重点是模型在 PLC 程序中的实现。在进行 PLC 编程时，首先需要在 PLC S7-300 编程软件下建立温度测试项目。

第一步,针对使用的模拟量模块等元器件的型号进行硬件组态的设置。第二步,进行 PLC 程序的编写:① 建立对象块 OB,实现功能块的调用运行;② 建立数据块 DB,用于存储温度值、中间数据和补偿值等;③ 创建功能块 FC,实现热补偿模型的嵌入,实时计算补偿值并送给数控系统。在编写完 PLC 程序之后,将模型参数及温度初始值所在寄存器编辑到数控系统 PLC 状态界面中,从而可以实现在数控系统操作面板上直接输入或修改相关参数值,避免了通过 Steps 软件间接修改 PLC 中模型的相关参数。

3. 热误差补偿应用验证案例

对配备西门子 840D 数控系统的多款大型重载数控机床进行综合误差补偿验证,验证机床包括 TK6916A 落地式镗铣床、TKA6916A 落地式镗铣床、XK2650 定梁龙门移动镗铣床、XHC5735 定梁龙门移动铣车床等。补偿过程在不同的工况下进行,包括改变主轴转速、变更机床坐标、随机的测试环境等。实验结果表明,补偿效果非常明显,连续测量发现能够减少 60% 以上的热误差。在此主要介绍 TK6916A 落地式镗铣床的补偿验证及结果。

在确保镗铣床能够正常运行且精度检验合格的条件下,对其进行误差测量和补偿验证。首先参考国家标准 GB/T 17421.3—2009,设定不同的主轴转速、不同的镗杆和滑枕位置,进行机床布点温度和对应终端热变形的测量。根据测量的温度和热误差数据,以及机床坐标参数,建立热误差预测模型。然后将建立的热误差预测模型在西门子 PLC 中集成,输入值为温度和坐标,输出值为预测补偿值,将补偿值作为机床各个轴的坐标原点偏移变量,实现偏移补偿。

通过与用户企业协商设定主轴转速变化规律,设定镗杆和滑枕的位置,对镗杆轴向的滑枕热伸长和镗杆热伸长同时进行补偿。考虑到测量效果对比验证的可行性和可靠性,设定了不同的主轴转速、不同滑枕和镗杆位置的组合条件,经协商后的补偿实施方案如表 8.8 所示。

表 8.8　误差补偿实施方案

方案分组	主轴转速/(r/min)	滑枕位置/mm	镗杆位置/mm
第一组	800	−1150	−1000
第二组	800	0	−108
第三组	300	−600	−108

图8.44所示为第一组补偿方案实施现场，其中滑枕和镗杆均伸出至远端，如图8.45所示。该方案使用了3个非接触式激光位移传感器，其中测温点S1测量的是镗杆前端相对于工作台的热伸长，所模拟的状态是镗杆伸出最远处连续镗孔加工时的机床热状态，其热变形是镗杆相对于滑枕的热伸长、滑枕相对于主轴箱的热伸长及床身、立柱、主轴箱的热伸长的累加。测温点S2测量的是滑枕前端，所模拟的状态是利用主轴铣削时的热状态，其热变形是滑枕相对于主轴箱的热伸长及床身、立柱本身的热伸长的累加。测温点S3测量的是主轴箱相对于工作台在轴向的热伸长量，该变形是由主轴箱、立柱、床身和工作台的热变形共同引起的，不能直接补偿，但可作为机床热变形特征研究的参考。

图8.44　第一组补偿方案实施现场

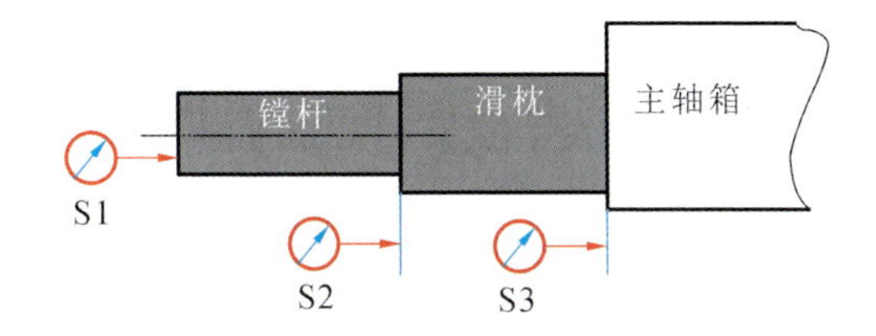

图8.45　第一组滑枕和镗杆伸出示意图

图8.46所示为第二组补偿方案实施现场，其中滑枕和镗杆均收缩（见图8.47），主轴转速相对于第一组未改变，所模拟的热状态是主轴在收缩的位置进行铣削加工。图8.48所示为第三组补偿方案实施现场，主轴转速进行了调整，滑枕伸出一半位置，模拟机床铣削时发热升温条件。

图8.46　第二组补偿方案实施现场

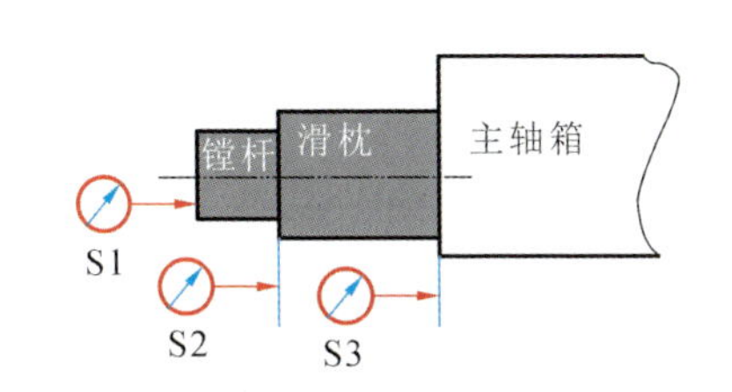

图8.47　第二组滑枕和镗杆收缩示意图

温度传感器布置方面，根据前期落地式镗铣床TK6916A的大量温度布点和热误差测量，经过优化分析，确定了8个Pt100热电阻，由SM331模拟量采集卡，通过Profibus总线连接到西门子PLC的CPU，机床的温度传感器布置如表8.9所示。其中滑枕丝杠前端轴承座的温度传感器T6布置现场如图8.49所示。图8.50所示为温度采集模块SM331的安装现场。

图 8.48　第三组补偿方案实施现场

表 8.9　温度传感器布置

编号	位置
T1	滑枕前端
T2	主电动机传动箱
T3	滑枕后端丝杠螺母座附近
T4	X 轴电动机安装座
T5	主轴箱上表面
T6	滑枕丝杠前端轴承座(脂润滑)
T7	立柱(光栅尺下端)
T8	环境

图 8.49　温度传感器 T6 布置现场

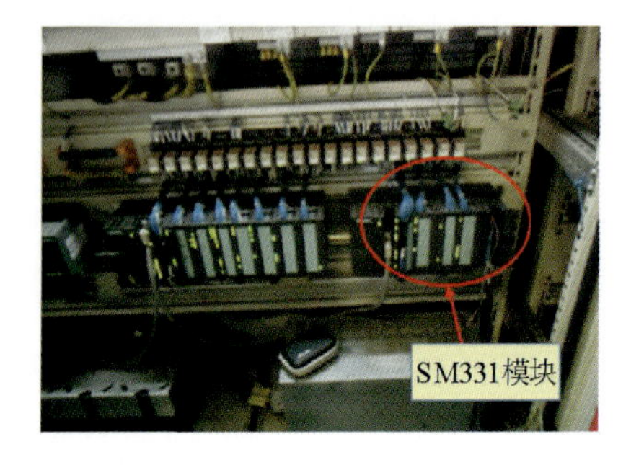

图 8.50　温度采集模块 SM331 的安装现场

实施补偿后的结果如图 8.51 至图 8.59 所示,其中图 8.51 至图 8.53 所示为 S3 激光位移传感器测量的主轴箱相对于工作台热伸长结果。由图可见,在测量的 6 h 内,主轴箱相对于工作台热伸长量达到 0.06～0.09 mm,此处的热变形无法直接补偿。该热伸长的主要热源来自:主轴轴承旋转发热和主轴电动机发热,并将热量通过滑枕传递到主轴箱;机床运行时的静压油温升;主轴轴承和丝杠轴承等部位的冷却液升温等。

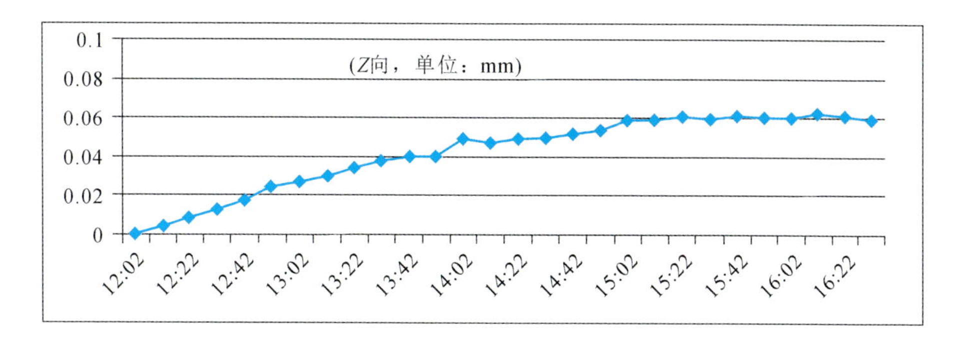

图 8.51　第一组主轴箱实际热伸长量

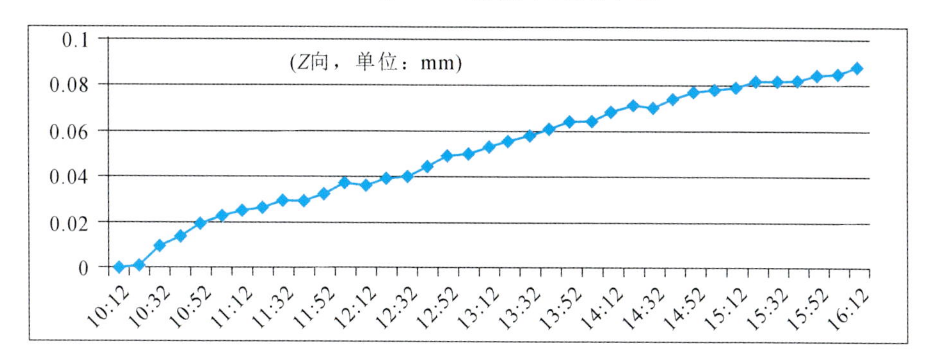

图 8.52　第二组主轴箱实际热伸长量

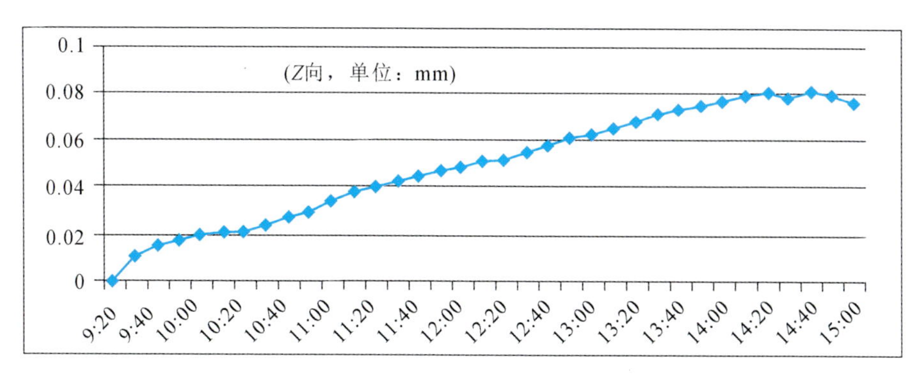

图 8.53　第三组主轴箱实际热伸长量

图 8.54 至图 8.56 所示为滑枕前端的热伸长补偿效果。该方法主要模拟铣削加工,此时镗杆收缩于滑枕内,铣刀安装于主轴前端。图 8.54 中最后一个

测温点代表在系统设定中取消补偿的测量值。由图可见,实施补偿前,主轴旋转升温 6 h,滑枕前端的热伸长量达到了 0.13 mm,而由于补偿值偏大,实施热补偿后滑枕存在往回收缩的趋势,但实施补偿后的全程测量,最大伸长量不超过 0.05 mm。图 8.55 和图 8.56 所示为另外两次的补偿效果,可见补偿后滑枕前端伸长量均在 0.04 mm 以内,滑枕的热误差得到了明显的补偿,该方法可以明显改善该落地式镗铣床在铣削加工时的精度。

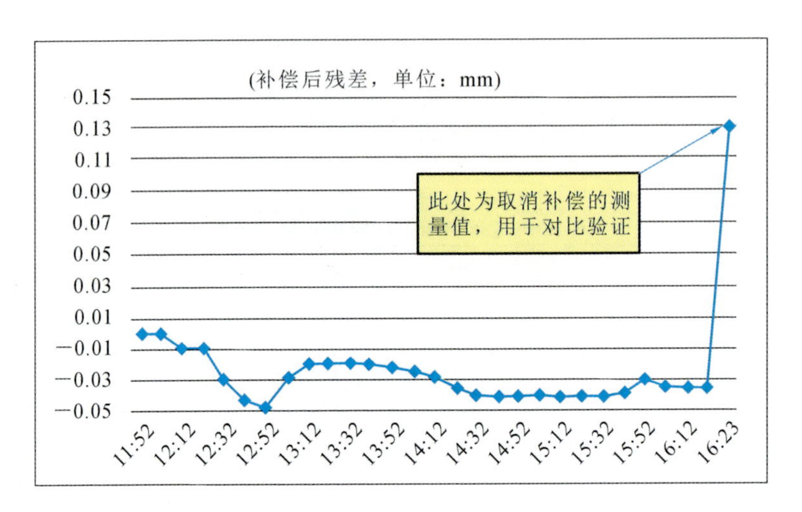

图 8.54　第一组滑枕补偿验证效果

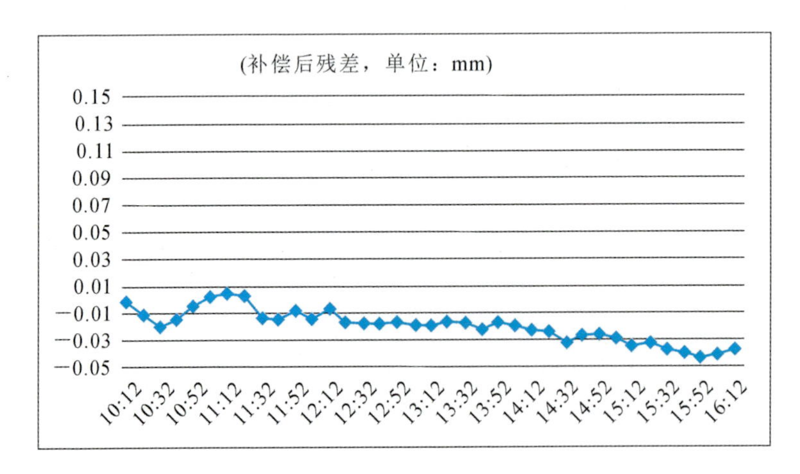

图 8.55　第二组滑枕补偿验证效果

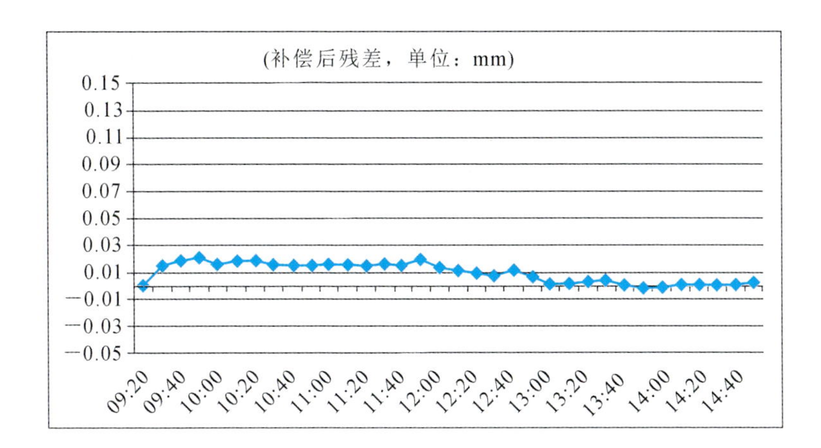

图 8.56　第三组滑枕补偿验证效果

图 8.57 至图 8.59 所示为实施补偿后的镗杆在不同位置下的前端热伸长量，其中，图 8.58 中最后一点代表在系统设定中取消镗杆热补偿的测量值，用于对比。可以看出，在没有补偿的条件下，镗杆热伸长量达到了 0.13 mm。另外通过前期实验测量及调研，了解到镗削加工时热伸长量达到 0.2～0.3 mm 都是正常的。而实施补偿后，在不同的转速和镗杆伸长至不同位置时，镗杆热伸长量全程变化不超过 0.02 mm，体现出了很高的热稳定性，说明镗杆的热补偿效果明显。

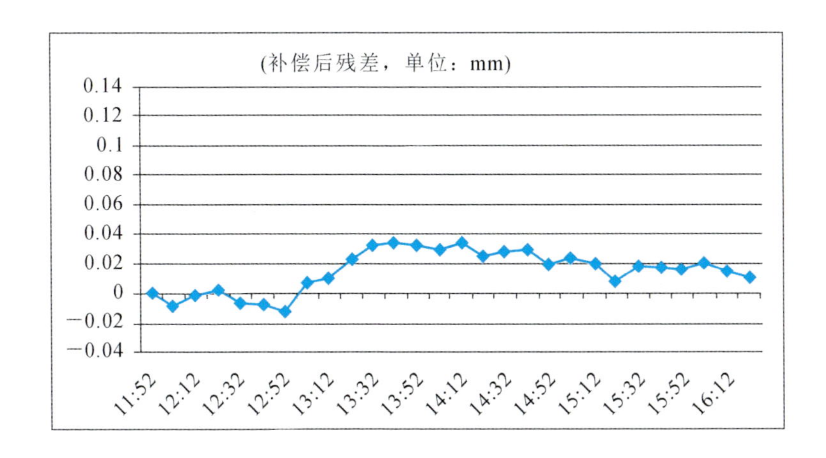

图 8.57　第一组镗杆补偿验证效果

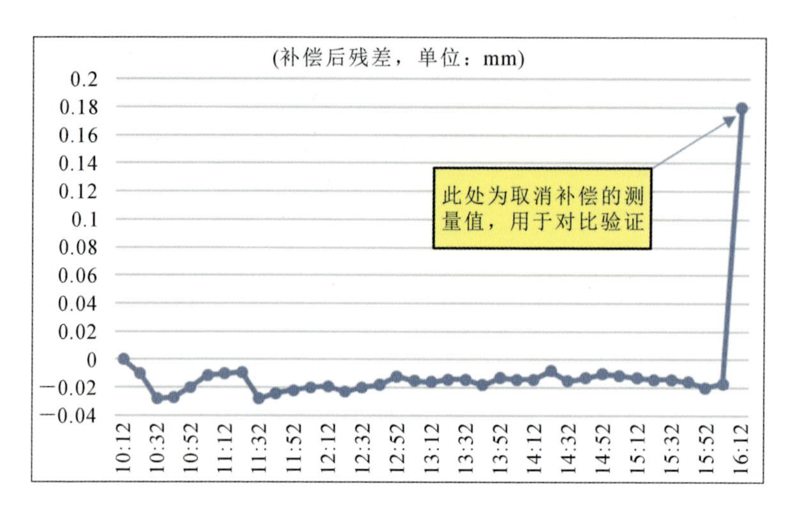

图 8.58　第二组镗杆补偿验证效果

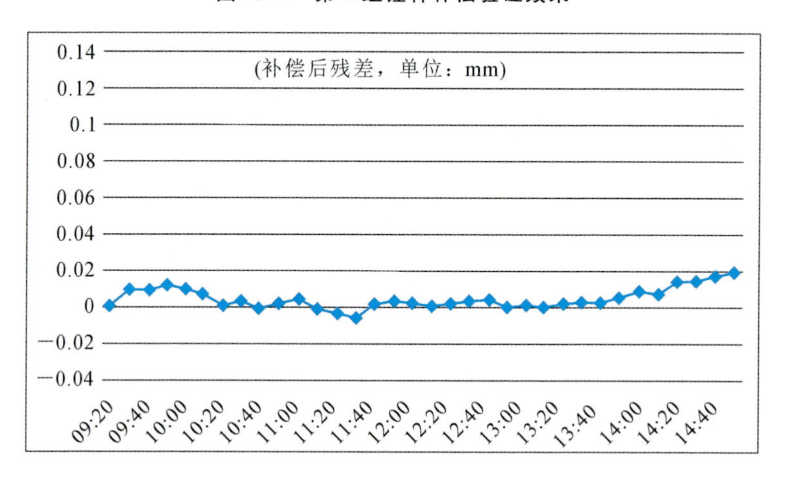

图 8.59　第三组镗杆补偿验证效果

综合误差补偿的实施，降低了热误差对机床的加工精度影响，得到了机床生产企业和机床用户的支持和肯定。

8.3.2　国产数控系统综合误差集成补偿

1. 综合误差集成补偿原理

对国外成熟的数控系统进行新功能的扩展几乎不可能，一是因为其专用硬件结构不支持第三方硬件接入，二是因为软件系统结构是封闭的，无法给新功能的二次开发提供支持。华中 8 型数控系统具备全数字现场总线、多通道、多轴联动、高速高精、配套齐全等性能特点，该系统采用多层次接入方式实现综合误差集成补偿控制功能。

综合误差集成补偿原理：根据综合误差模型计算出各目标位置 p_i 的平均位置偏差 x_i（在此以 X 轴为例），把平均位置偏差反向叠加到数控系统的插补指令上，实际运动位置为 $P_i = p_i + x_i$，使误差部分抵消，从而实现误差的补偿。综合误差集成补偿功能模块采用绝对型方法，即以被补偿轴上各个补偿点的绝对误差值为依据进行补偿。

综合误差集成补偿方法在数据采集和处理后期需要与机床控制器相连，计算出补偿数据，然后通过输入接口送入数控系统内核，调整系统的指令信号，实现综合误差的补偿。对于数控系统，由于综合误差集成补偿涉及较多内容，各项任务对系统资源的访问需求和实时响应处理要求不同，因此需要分配不同任务在数控系统中的接入方式和控制策略。华中 8 型数控系统内核部分分为三个模块：解释器、插补器和位控模块。三个模块之间通过共享的数据缓冲区进行数据交换，补偿数据可以通过解释器前、解释器后（插补器前）以及插补器后（位控模块前）三个层次接入。

综合误差的补偿与轴的指令位置相关，在机床运动过程中实施补偿，不仅要求补偿具有较高的实时性，而且要求补偿量与指令位置的计算具有同步性，因此，采用直接插补接口方法，在插补器之后，位控模块之前接入补偿数据。图 8.60 所示为误差补偿在数控系统的接入方法示意图。插补处理是数控系统内核的实时任务，数控系统内核在每个插补周期都能获取反馈的位置信息，同时计算下一周期的指令位置，在每个插补周期内，对下一个周期指令位置信号叠加误差量，实现对指令位置的修正。

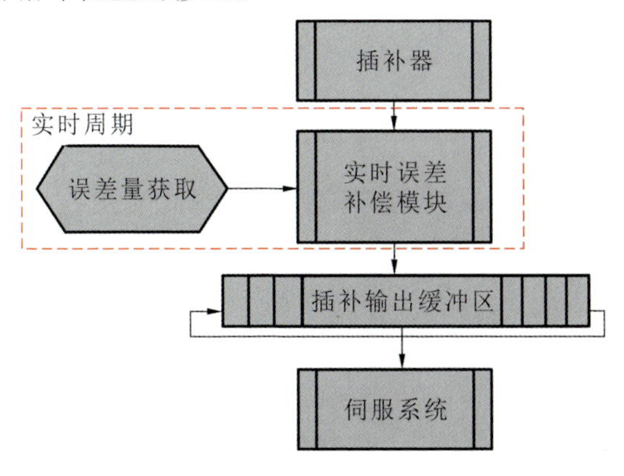

图 8.60　误差补偿在数控系统的接入方法示意图

2. 综合误差集成补偿实施方案

综合误差集成补偿的实施过程分为两个步骤:一是完成当前机床的综合误差建模和参数标定;二是将误差模型和参数导入数控系统中,在机床运行过程中进行实时误差预测与补偿。其中误差建模和参数标定可离线进行,通过温度测量、热误差测量、布点优化、变工况综合实验等方法实现,并通过多种方法建立综合误差模型和对参数进行标定。

综合误差补偿系统硬件实施方案如图 8.61 所示,主要分为四个模块。一是温度采集模块,负责实时采集各测温点温度。温度采集模块作为一个独立从站,通过 NCUC-BUS 现场总线嵌入数控系统中,并放在总线链路的开始位置;数控系统主控制器作为主站,从站与主控制器的数据交互通过 NCUC 总线链路实现。二是嵌入数控系统装置内的综合误差补偿模块,由总线上的数控系统

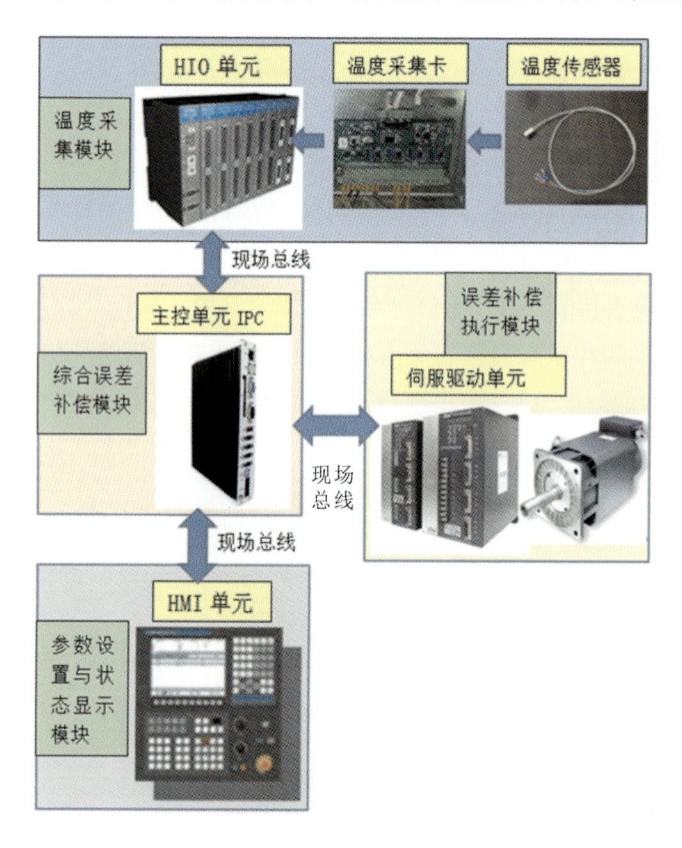

图 8.61　综合误差补偿系统硬件实施方案

主控单元 IPC(industry personal computer)完成主轴和移动轴的综合误差计算及最终机床总误差的补偿决策。三是参数设置及状态显示模块，由人机界面(human machine interface，HMI)单元负责人机交互部分的误差补偿有关参数的设置和状态显示。四是误差补偿执行模块，计算得到的综合补偿值通过主控单元 IPC 控制伺服驱动单元给各个轴对应的脉冲，带动电动机转动。图 8.62 所示为综合误差补偿单元的软件流程图。

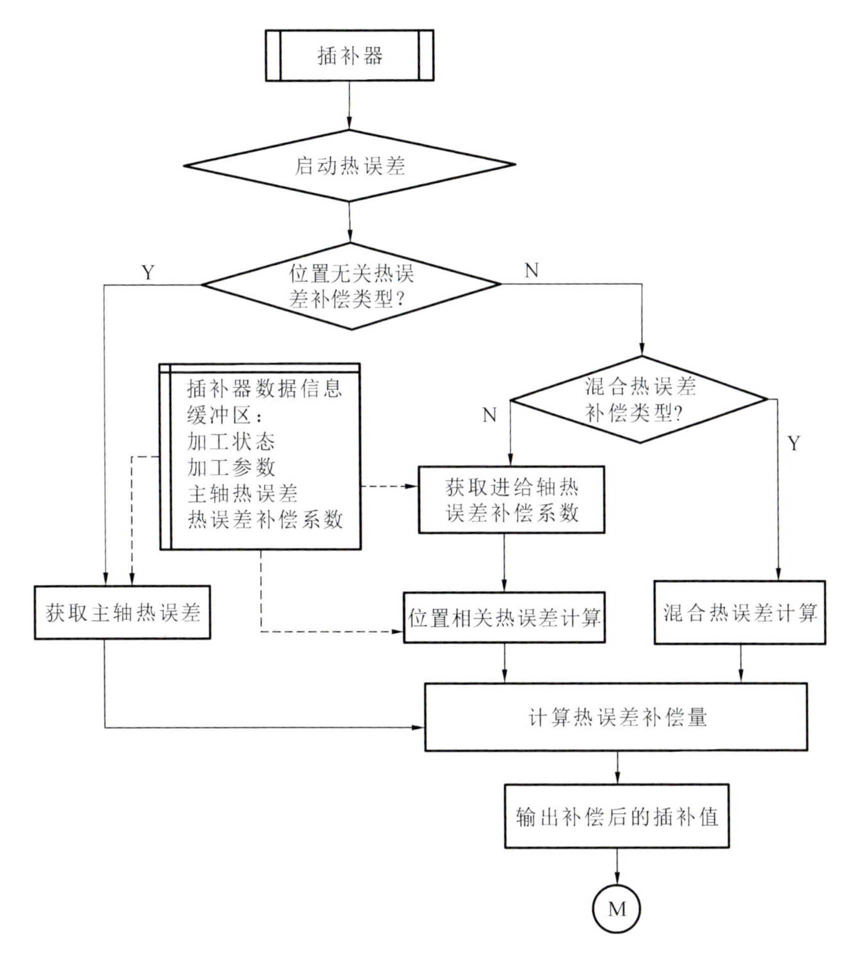

图 8.62　综合误差补偿单元的软件流程图

3. 误差补偿效果检验和评定

误差补偿效果的检验方式应参考相关机床检验标准进行，这些标准包括几何精度检验和动态检验。几何精度检验又称为静态精度检验，综合反映机床关键零部件经过组装后的综合几何形状误差。对于机床精度检验的通用原则，相关国家标准进行了详细的规定，如国家标准 GB/T 17421.1—1998《机床检验通则　第1部分：在无负荷或精加工条件下机床的几何精度》(对应国际标准 ISO 230-1:1996)，GB/T 17421.2—2016《机床检验通则　第2部分：数控轴线的定位精度和重复定位精度的确定》(对应国际标准 ISO 230-2:2006)，以及其他几何精度检验标准。动态精度的检验也有相关的国家标准，包括 GB/T 17421.3—2009《机床检验通则　第3部分：热效应的确定》(对应国际标准 ISO 230-3:2001)，规定了三种热变形检验，即环境温度变化误差(ETVE)检验、由主轴旋转引起的热变形检验、由线性轴移动引起的热变形检验。需要进一步说明的是，国家标准 GB/T 17421 机床检验通则共7部分，除了上面3部分，还包括圆检验、噪声发射的确定、体和面对角线位置精度的确定(对角线位移检验)、回转轴线的几何精度检验等。

检验通则仅规定了基本的方法和原理，对于具体的不同类型的机床的检验，也有相关标准进行了详细规定。例如固定式龙门铣床的几何精度、工作精度和轴线定位精度的检验及相应公差的确定，是由国家标准 GB/T 19362.1—2003(对应国际标准 ISO 8636-1:2000)确定的，该标准适用于工作台移动且双立柱固定的龙门铣床，不适用于单柱及工作台固定和立柱移动的龙门铣床；同时仅用于机床的精度检验，不适用于机床的运转(如振动、不正常的噪声、运动部件的爬行等)检查，也不适用于机床的参数(如速度、进给量等)检查，这些检查应在精度检验前进行。对于几何精度，该标准规定了各个轴移动的直线度、俯仰角度、倾斜角度、偏摆角度、垂直度，工作台平面度、工作台对各轴的平行度、T形槽的平行度，主轴的径向跳动、端面跳动，回转铣头的平行度和水平铣头的各项精度等。该标准规定的工作精度包括平面铣削、侧面铣削等的检验方法和切削条件。另外，该标准还规定了定位精度和重复定位精度的检验方法、检验公差和检验工具。

对于移动式龙门铣床的几何精度、工作精度和轴线定位精度的检验及相应公差的确定，目前尚没有形成国家标准，但是有国际标准 ISO 8636-2:2007 EN。标准要求与固定式龙门铣床类似。

对于其他大型重载机床，也有相关的标准进行约束，例如对于落地式铣镗床，有如下标准：JB/T 4367.1—2011《落地镗、落地铣镗床　第1部分：型式与参数》，JB/T 8490—2008《落地镗、落地铣镗床　技术条件》，GB/T 5289.3—

2006《卧式铣镗床检验条件　精度检验　第 3 部分：带分离式工件夹持固定工作台的落地式机床》等。

由于需要进行包含几何误差、热误差的综合误差模型建模及补偿效果对比，对比验证的方法需要有可行性和可靠性，最好的办法是参考相关国家标准和 ISO 标准，包括几何精度检验和热效应确定，在进行综合误差补偿前和补偿后分别进行精度检验和热效应确定，有条件的情况下附带进行零件加工对比来间接检验。由于零件的加工精度受到多方面的变化因素的影响，包括力致误差、振动引起的误差与工艺条件等，加工条件下的多变性反过来可能影响综合误差补偿的对比明显性，所以需要结合相关标准，设定特殊的加工对比验证条件。

因此，本部分中用于对比验证的机床配备了华中数控 HNC-818B 系统，实现了综合误差补偿的集成，并在一款 SWT850 立式加工中心上进行应用验证。图 8.63和图 8.64 所示分别为应用验证机床和华中数控 HNC-818B 数控系统；图 8.65所示为启动综合误差补偿功能的主界面，可以看到，各个轴的补偿值均能够被调用并显示。

图 8.63　应用验证机床

图 8.64　华中数控 HNC-818B 系统

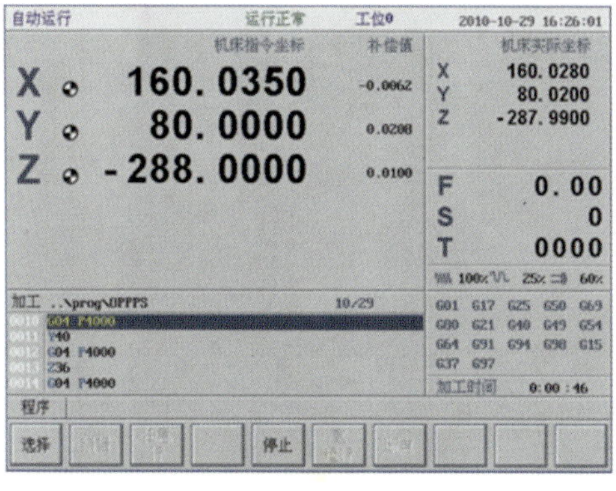

图 8.65　启动综合误差补偿功能的主界面

综合误差建模采用离线建模方法。综合误差模型集成于系统软件中，标定好模型参数后，在系统的参数表的误差补偿参数界面，向参数表中输入对应的模型参数值。典型的 X 轴热补偿参数输入界面如图 8.66 所示。

参数列表	参数号	参数名	参数值
NC参数	300000	反向间隙补偿使能	0
机床用户参数	300001	反向间隙补偿值	0.0000
通道参数	300002	反向间隙补偿率	0.1000
坐标轴参数	300005	热误差补偿类型	3
误差补偿参数	300006	热误差补偿参考点坐标	0.0000
补偿轴0	300007	热误差偏置表测量起始温度	10.0000
补偿轴1	300008	热误差偏置表测量温度点数	4
补偿轴2	300009	热误差偏置表测量温度间隔	10.0000
补偿轴3	300010	热误差偏置表传感器编号	0
补偿轴4	300011	热误差偏置表起始参数号	700000
补偿轴5	300012	热误差斜率表测量起始温度	10.0000

图 8.66　X 轴热补偿参数输入界面

为了更加直观地观测模型的输入温度和对应轴的补偿量，在系统中开发了温度和补偿值实时显示界面，如图 8.67 所示。界面左侧部分为模型所用的温度传感器的测量值；中间图表为热补偿值，横纵坐标的示值范围都可以缩放；右侧部分显示了各个轴的当前补偿值。

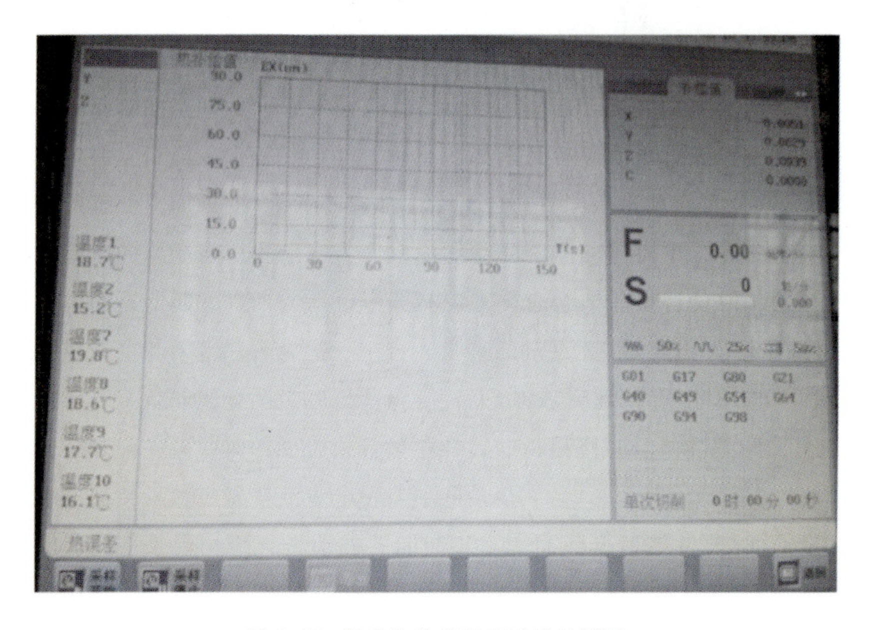

图 8.67　温度和补偿值实时显示界面

为验证综合误差补偿的效果，在 SWT850 立式加工中心进行了试件加工验证,加工现场和试件尺寸简图分别如图 8.68 和图 8.69 所示,试件为一块 200 mm×160 mm×40 mm 的钢件,材料为 45 钢。并且,在不同条件下加工了不同的台阶,用于测量对比。

实际加工后零件的误差是由多方面的原因引起的,除了包括机床热变形引起的误差,还包括切削热引起的误差、切削力引起的弹性变形误差、振动引起的加工精度改变误差、刀具磨损引起的误差,以及测量仪器和方法带来的误差、测量基准带来的误差,等等。因此在进行实验设计时应将这些影响因素尽量消除掉。按条件分,实验所加工的内容主要有:切削测量基准面、冷机状态加工、升温后不补偿加工、升温后补偿加工。设计的实验方案能够确保 X、Y、Z 轴三个方向都能够测量对比,每次切削量都比较小,保证在几分钟内能够完成所需加工;切削完成后,机床主轴和移动轴都连续以最大速度(转速和移动速度)的 70%运转以升温,直到下次切削为止,整个实验过程历经 2.5 h。

图 8.68　误差补偿验证试件加工现场

试件加工完成后,将激光位移传感器固定在主轴前端,通过移动机床不同的轴,测量激光头与对应平面的距离,每组数据通过连续 5 次测量取平均值的方法得到,然后计算出需要的尺寸长度,测量现场如图 8.70 所示,测量及计算结果如表8.10所示。其中计算方式为:误差减少百分比=(补偿前综合误差绝对值 E_U－补偿后综合误差绝对值 E_C)/补偿前综合误差绝对值 E_U×100%。

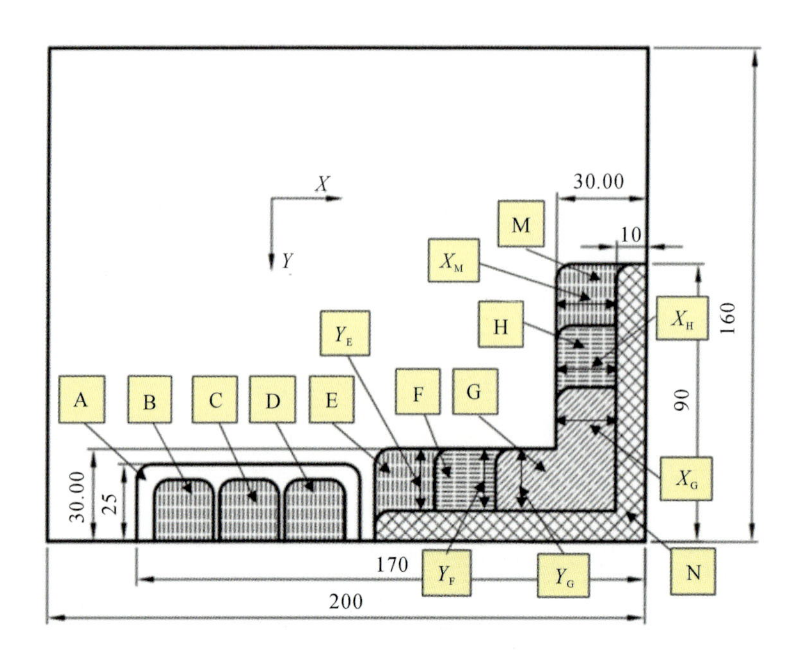

图 8.69 试件尺寸简图

图 8.70 加工尺寸在线测量现场

表 8.10 试件测量及计算结果

切削区域	切深/mm	开始加工时刻	是否开启补偿	备注
A	−1	开机加工	关闭	底面作为 Z 轴方向测量基准
B	−4	2 h 后	开启	热变形后有补偿的加工，测量 Z_{BA}
C	−4	2 h 后	关闭	热变形后无补偿的加工，测量 Z_{CA}
D	−4	开机加工	关闭	无热变形时的加工，测量 Z_{DA}
E	−4	1.5 h 后	开启	热变形后有补偿的加工，测量 Y_E
F	−7	1.5 h 后	关闭	热变形后无补偿的加工，测量 Y_F
G	−10	开机加工	关闭	无热变形时的加工，测量 Y_G、X_G
H	−7	2.5 h 后	关闭	热变形后无补偿的加工，测量 X_H
M	−4	2.5 h 后	开启	热变形后有补偿的加工，测量 X_M
N	−13	开机加工	关闭	两个侧立面作为 Y 轴方向和 X 轴方向的测量基准

通过测量结果对比表 8.11 可见，尽管包括了多种误差因素，施行误差补偿比没有补偿前综合误差降低了 60%以上，说明补偿效果非常明显。由此可见综合误差集成补偿系统的补偿功能稳定可靠，能够预测并减少 60%以上的综合误差。

表 8.11 测量结果对比

项　　目	X 轴方向	Y 轴方向	Z 轴方向
理论值/mm	20.000	20.000	3.000
未升温实测值/mm	$X_G=19.996$	$Y_G=20.004$	$Z_{DA}=3.003$
升温后补偿前实测值/mm	$X_H=20.054$	$Y_F=19.967$	$Z_{CA}=3.035$
升温后补偿后实测值/mm	$X_M=19.985$	$Y_E=20.012$	$Z_{BA}=3.013$
补偿前综合误差绝对值 E_U/mm	$E_{UX}=0.054$	$E_{UY}=0.033$	$E_{UZ}=0.035$
补偿后综合误差绝对值 E_C/mm	$E_{CX}=0.015$	$E_{CY}=0.012$	$E_{CZ}=0.013$
误差减少百分比	72%	64%	62%

本章参考文献

[1] WECK M,MCKEOWN P,BONSE R,et al. Reduction and compensation of thermal error in machine tools [J]. CIRP Annals-Manufacturing Technology,1995,44(2):589-597.

[2] TAN B,MAO X,LIU H,et al. A thermal error model for large machine tools that considers environmental thermal hysteresis effects [J]. International Journal of Machine Tools and Manufacture, 2014, 82-83: 11-20.

[3] 魏永田,孟大伟,温嘉斌. 电机内热交换[M]. 北京:机械工业出版社,1998.

[4] 林伟青,傅建中. 数控机床热误差建模中的温度传感器优化研究[J]. 成组技术与生产现代化,2007,24(3):5-8.

[5] 谭波. 考虑环境温度的大型重载机床综合误差建模和补偿[D]. 武汉:华中科技大学,2015.

[6] 杜设亮,傅建中,陈子辰. 智能结构中热压电致动器和传感器的优化配置[J]. 中国机械工程,2001,12(09):1054-1057.

[7] 王小平,曹立明. 遗传算法——理论、应用与软件实现[M]. 西安:西安交通大学出版社,2002.

[8] JIMENEZ F J, DE FRUTOS J. Virtual instrument for measurement, processing data, and visualization of vibration patterns of piezoelectric devices[J]. Computer Standards & Interfaces,2005,27(6):653-663.

[9] 张毅. 数控机床误差测量,建模及网络群控实时补偿系统研究[D]. 上海:上海交通大学,2013.

[10] SCHWENKE H, KNAPP W, HAITJEMA H, et al. Geometric error measurement and compensation of machines —An update[J]. CIRP Annals - Manufacturing Technology ,2008,57(2):660-675.

[11] IBARAKI S,KNAPP W Indirect measurement of volumetric accuracy for three-axis and five-axis machine tools: A Review [J]. International Journal of Automation Technology,2012,6(2):110-124.

[12] BRACEWELL R N. The Fourier transform and its applications[M]. New York:McGraw-Hill,1986.

[13] URIARTE L,ZATARAIN M,AXINTE D,et al. Machine tools for large parts [J]. CIRP Annals - Manufacturing Technology,2013,62:731-750.

[14] 张曙,张炳生,卫美红. 机床热变形:机理、测量和控制[J]. 制造技术与机床,2012,9:8-12.

[15] MAYR J,JEDRZEJEWSKI J,UHLMANN E,et al. Thermal issues in machine tools[J]. CIRP Annals - Manufacturing Technology,2012,61(2):771-791.

[16] 崔岗卫. 重型数控落地铣镗床误差建模及补偿技术研究[D]. 哈尔滨:哈尔滨工业大学,2012.

[17] 杨丽敏. 国内外重型数控机床的技术对比与发展[J]. 金属加工(冷加工),2010(7):9.

[18] 闫嘉钰,杨建国. 数控机床热误差的最优线性组合建模[J]. 上海交通大学学报,2009,43(4):633-637.

[19] ZHANG T,YE W,LIANG R,et al. Temperature variable optimization for precision machine tool thermal error compensation on optimal threshold[J]. Chinese Journal of Mechanical Engineering. 2013,26(1):158-165.

[20] ZHU J. Robust thermal error modeling and compensation for CNC machine tools[J]. Dissertations & Theses-Gradworks,2008.

第9章 大型重载机床的典型应用

大型重载机床在国家各个领域大型设备生产制造中发挥着极其重要的作用，具有与其他中小型机床不同的性能，在加工应用上与中小型机床不同。对于大型重载机床应用，可以通过典型零件加工介绍，让用户更加容易掌握大型重载机床的功能特点及使用方法。掌握了大型重载机床的功能特点及使用方法，科学使用机床，不但能够保证零件的加工精度，而且还能提高生产效率，降低生产成本。所谓科学使用机床，就是了解大型重载机床的功能特点，分析典型关键零件的特点，考虑工装、夹具和刀具选用，以及确定工序的顺序等，选择科学的典型零件的加工工艺。

大型重载机床具有承重大、加工尺寸大、切削力大、复合化等特点，主要用于大型、特大型零件加工。其加工的典型零件特点具有尺寸大、重量大、毛坯外形不均匀、去除余量大、精度高、工序复杂等特点，在加工过程中，装夹、调整、吊运等均费时、费力，并且与小型机床加工用的工装、夹具、刀具及加工工艺相比都有着显著的区别。大型重载机床加工典型大型零件时，标准的工装、夹具及刀具等无法满足大型重载机床的使用要求，主要是通过设计专用工装、夹具及刀具，以及配备各种附件，来实现一次装卡完成多道工序，提高效率及加工精度。

目前，行业内关于加工工艺的研究基本上都是对中小型数控机床的工艺过程进行分析，由于大型重载机床加工的典型零件的个性化特点，其加工工艺具有特殊性，还少有针对大型重载机床的工艺过程进行重点分析的相关文献。由于大型重载机床正向着极限制造的方向发展，大量大型重载机床不断涌现，同时用户需求也在向制造企业能够为用户提供全套的解决方案的方向发展，因此，对大型重载机床加工工艺进行研究尤为重要。

为了能够更好地了解大型重载机床的特点、功能及使用方法，为用户的典型零件加工提供全套的解决方案，本章首先介绍了每一类大型重载机床的特点，并分析了各种机床典型零件的结构特点；然后介绍各类机床典型刀具、工装及特殊的加工工艺方法;最后以一个典型零件加工的案例对各类大型重载机床的特点做有针对性、具体的阐述。

9.1 大型重载卧式车床的应用

9.1.1 加工特点及加工对象

大型重载卧式车床技术含量高,具有高刚度、大扭矩、大承载等特点,适用于高速钢和硬质合金刀具对不同材质的大、重型轴类、圆筒形和盘形零件进行车削锥面、曲面、台阶轴、槽和螺纹的数控自动加工,配上不同的附件还可进行钻削、镗削、磨削、铣削、深孔钻等加工。

大型重载卧式车床是我国重点领域的关键零件重要加工装备,其典型加工零件有超临界核电半速转子、汽轮机转子、水电主轴、水轮机转子、超重型支承辊、航母及巨型轮船舵轴、万吨水压机立柱等。这些零件的特点是尺寸大、重量大、毛坯加工余量大、精度高、工序复杂,在加工过程中,安装、调整、吊运等均费时、费力。为方便加工、提高效率、提高加工精度,大型重载卧式车床除了具备车削功能外,还配有钻铣头、磨头、镗削装置、深孔钻等,具备钻、铣、磨、钻深孔、镗等加工功能,车床床头箱还具备分度、锁紧功能,在此基础上采用数控装置则能实现自动换刀,实现一次装卡完成多道工序。目前,大型重载卧式车床有向车削加工中心发展的趋势。图9.1所示为武重生产的DL250大型重载卧式车床外观。

图9.1 DL250大型重载卧式车床外观

9.1.2 常用刀具及工装

1. 刀具

重型车削是大型重载卧式车床最大的优势,是提高加工效率的措施之一。所谓的重型车削,一般是指切削速度 $v_c \geqslant 30$ m/min,切削深度 $a_p \geqslant 10$ mm,进给量 $f > 0.8$ mm/r 的车削加工。大型重载卧式车床加工的典型零件毛坯主要是自由锻件,其加工余量分布不均匀,表面氧化严重,硬度高,还存在裂纹、重皮等表面缺陷,加之切削过程工件平衡性较差,要求机床进行重型车削,机床使用的重型车刀可进行大切削深度的加工,耐冲击,切削刃的强度高。

重型车刀按材料分为高速钢和硬质合金钢,按结构形式分为整体高速钢式、硬质合金焊接式、机械夹固式、可转位式和模块式等。在实际生产中,大型重载卧式车床常用的重型车刀类型为机械夹固式和可转位式。图 9.2 和图 9.3 所示分别为机械夹固式车刀结构和可转位式车刀结构。

机械夹固式车刀的切削部分为硬质合金刀片。这种车刀采用机械夹固方式把刀片夹紧在刀体上,由于刀片不经过高温焊接,避免了因焊接而引起的刀片硬度下降及产生裂纹等缺陷,提高了刀具寿命,减少了换刀次数,提高了生产效率。另外机械夹固式车刀刀杆可以多次使用,节省了制造刀杆的钢材,降低了刀具成本,提高了经济效益。

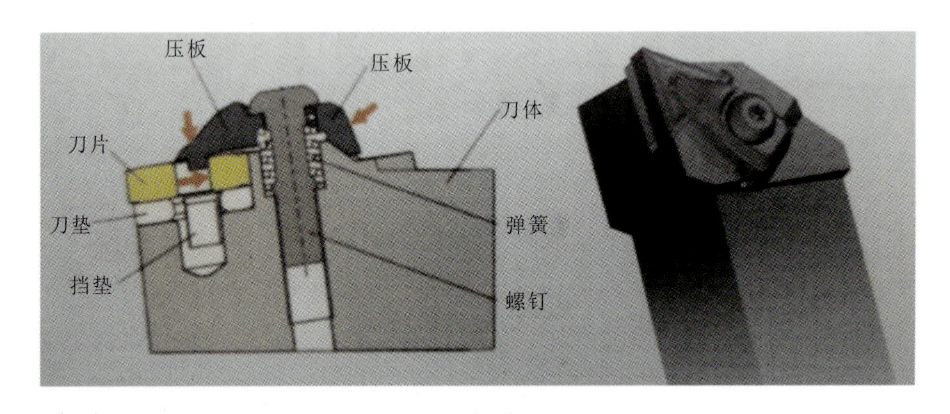

图 9.2 机械夹固式车刀结构

可转位式车刀除了具备机械夹固式车刀的特点外,还有如下特点:

(1) 不但可以避免因焊接引起的缺陷,而且由于不需刃磨,避免刃磨刀片时所引起的缺陷，所以在相同的切削条件下，可提高刀具寿命；

（2）刀片上的一个切削刃用钝后，可将刀片转位，换成另一个新切削刃继续切削，不改变切削刃与工件的相对位置，从而保证了加工尺寸，减少了调刀时间；

（3）可转位式车刀的最大优点是车刀几何参数完全由刀片及其槽型予以保证，不受用户技术水平的影响，因此切削性能稳定，适合在现代化生产中使用。

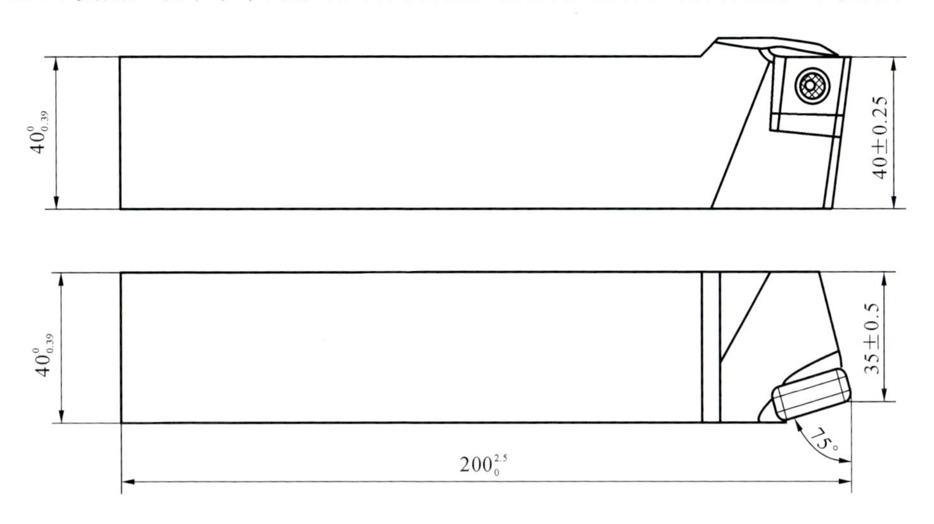

图 9.3　可转位式车刀结构

可转位式车刀按夹紧形式可分为复合式、钩销式、螺钉式，如表 9.1 所示。

表 9.1　可转位式车刀夹紧形式

名称	结构简图	特点
复合式	刀片、特殊楔块、刀垫、定位销、刀杆、双头螺栓	采用两种夹紧方式同时夹紧刀片，夹紧可靠，能承受较大的切削负荷及冲击，分为楔压复合、偏心楔块复合等形式
钩销式	螺钉、钩销、刀片、刀垫、刀杆	利用旋紧螺钉拉动钩销，将刀片压紧在刀片槽的定位面上，结构简单，夹紧可靠

续表

名称	结构简图	特点
螺钉式		利用螺钉将刀片立装在刀体上,结构简单,制造方便

2. 工装

工装一般指在机械制造中广泛采用,能迅速紧固工件,使机床、刀具、工件保持正确相对位置,完成切削加工、检验、装配、焊接等工作所使用的工艺装备。这里主要是指大型重载卧式车床加工大、重型零件端面、内孔时必须给予辅助支承的中心架。中心架为上、下分体结构,上体为中心架支承体,下体为中心架滑座。中心架支承体安装在移动基座上,中心架通过定位销及螺栓与滑座连接。中心架滑座由交流电动机驱动。中心架分为三种形式,即闭式中心架、开式中心架及C形中心架。根据零件外形尺寸特点选择中心架,其中加工大型轴类、套类零件选用开式中心架,加工长轴类及长T形螺纹丝杠选用C形中心架。

9.1.3 典型大、重型轴类零件的加工工艺分析

轴类零件是机械设备中的典型零件,主要用来支承传动零件、传动扭矩、承受载荷。轴类零件按结构形式可分为光轴、阶梯轴、空心轴和异形轴(包括曲轴、凸轮轴和偏心轴等)四类;按轴的长度和直径比例可分为刚性轴($L/d\leqslant12$)和挠性轴($L/d>12$)两类。轴类零件表面特征有外圆、内孔、圆锥、螺纹、花键、横向孔。

轴类零件主要技术要求如下。

(1) 尺寸精度。轴颈是轴类零件的主要表面,它影响轴的回转精度及工作状态。轴颈的直径精度根据其使用要求通常为IT6～IT9级,精密轴颈可达IT5级。

(2) 几何形状精度。轴颈的几何形状精度(圆度、圆柱度)一般应限制在直径公差范围内。对几何形状精度要求较高时,可在零件图上另行规定其允许的

公差。

(3) 位置精度。位置精度主要是指装配传动件的配合轴颈相对于装配轴承的支承轴颈的同轴度,通常用配合轴颈对支承轴颈的径向圆跳动来表示。根据使用要求,规定高精度轴的位置精度为 0.001～0.005 mm,而一般精度轴的位置精度为 0.01～0.03 mm。此外还有内外圆柱面的同轴度和轴向定位端面与轴心线的垂直度要求等。

(4) 表面粗糙度。不同的零件的表面工作部位,可有不同的表面粗糙度值,例如普通机床主轴支承轴颈的表面粗糙度值 Ra=0.16～0.63 μm,配合轴颈的表面粗糙度值 Ra=0.63～2.5 μm。随着机器运转速度的增大和精密程度的提高,轴类零件表面粗糙度值将被要求越来越小。

轴类零件的材料、毛坯的合理选用及规定热处理的技术要求,对提高轴类零件的强度和使用寿命有重要意义,同时,对轴的加工过程也有极大的影响。一般轴类零件常用 45 钢,根据不同的工作条件采用不同的热处理规范(如正火、调质、淬火等),以获得一定的强度、韧度和耐磨性。对中等精度而转速较高的轴类零件,可选用 40Cr 等合金钢。这类钢经调质和表面淬火处理后,具有较高的综合力学性能。精度较高的轴,有时还用轴承钢 GCr15 和弹簧钢 65Mn 等材料,它们通过调质和表面淬火处理后,具有更高的耐磨性和耐疲劳性能。对于在高转速、重载荷等条件下工作的轴,可选用 20CrMnTi、20MnZB、20Cr 等低碳合金钢或 38CrMoAl 氮化钢。低碳合金钢经渗碳淬火处理后,具有很高的表面硬度、抗冲击韧度和心部强度,热处理变形却很小。轴类零件的毛坯最常用的是圆棒料和锻件,只有某些大型的、结构复杂的轴才采用铸件。

大、重型轴类零件是机械装备中的关键零件,其加工质量是保证主轴功能部件回转精度的基础。轴类零件的加工工艺因其结构形式、技术要求、用途、产量的不同而有所差异。其中主轴类零件,加工精度高,工艺路线较长,加工难度大,是轴类零件中最有代表性的零件之一。其加工过程涉及轴类零件的许多基本工艺问题。

轴类零件的预加工轮类零件在切削加工之前,应对其毛坯进行预加工。预加工包括校正、切断、切端面钻中心孔和荒车等。

(1) 校正:校正棒料毛坯在制造、运输和保管过程中产生的弯曲变形,以保证加工余量均匀及送料装夹的可靠性。校正可在各种压力机上进行。

(2) 切断:当采用棒料毛坯时,应在车削外圆前按所需长度切断。切断工作在弓锯床上进行,高硬度棒料的切断可在带有薄片砂轮的切割机上进行。

(3) 切端面钻中心孔:中心孔是轴类零件加工最常用的定位基准,为保证钻出的中心孔不偏斜,应先切端面后钻中心孔。

(4) 荒车:如果轴的毛坯是自由锻件或大型铸件,则需要进行荒车加工,以减少毛坯外圆表面的形状误差,使后续工序的加工余量均匀。

轴类零件加工的主要问题是保证各加工表面的尺寸精度、表面粗糙度和主要表面之间的相互位置精度。轴类零件加工的典型工艺路线如下:毛坯及其热处理→预加工→车削外圆→铣键槽→热处理→磨削。

9.1.4 典型案例分析

转子体是汽轮机核心零件之一,毛坯为锻件,材料为30Cr1MoNi,质量达12127.7 kg,外形尺寸为 ϕ1151 mm×5850 mm。转子体零件图如图9.4所示。

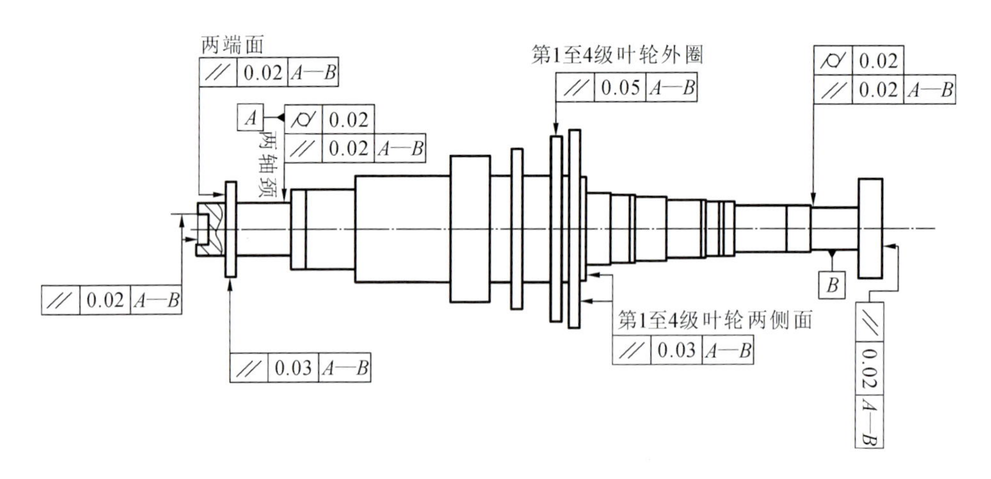

图9.4 转子体零件图

转子体主要精度如下:

(1) 推力盘两端面相对于两轴颈基准轴线的端面跳动为0.02 mm,径向跳动为0.03 mm;

(2) 联轴器两端面相对于两轴颈基准轴线的端面跳动为0.02 mm,径向跳动为0.03 mm;

(3) 所有轮缘两端面相对于两轴颈基准轴线的端面跳动为0.03 mm,所有轮缘外圆相对于两轴颈基准轴线的径向跳动为0.05 mm；

(4) 所有未注圆柱面相对于两轴颈基准轴线的径向跳动为0.03 mm，圆柱度为0.02 mm；

(5) 两轴颈相对于两轴颈基准轴线的径向跳动为0.02 mm，粗糙度值 $Ra=0.4\ \mu m$，圆柱度为0.02 mm；

(6) 推力盘两端面的粗糙度值 $Ra=0.8\ \mu m$；

(7) 转子体平衡孔及孔边的粗糙度值 $Ra=1.6\ \mu m$。

该零件尺寸大、深槽多、精度高、粗糙度值要低，在外圆上还布置着多个叶根槽(环形T形槽)，给加工带来较大困难。为解决这些问题，制定了相应的工艺方案：根据工件尺寸大，装卡、吊运费时费力的特点，制定一次装卡尽量完成多道工序的工艺方案；针对加工深槽多，易出现打刀现象，在刀具选择上，使用较先进的重型机夹式切断刀，该刀具结构简单、刚度高、效率高；针对部分地方粗糙度值要求达到 $Ra=0.4\ \mu m$ 的问题，车削加工没法满足加工要求，为加工这些地方，使用专用砂袋磨头进行磨削加工，以降低加工粗糙度值；针对T形槽的加工，普通车刀没法加工，为此，专门自磨左右T形槽车刀。

1. 转子体加工工艺过程分析

1) 安排足够的热处理工序

在转子体加工的整个过程中，应安排足够的热处理工序，以保证转子体的机械性能及加工精度的要求，并改善工件的切削加工性能。

在转子体毛坯锻造后，首先需安排正火处理，以消除锻造应力，改善金属组织，细化晶粒，降低硬度，改善切削性能。

在半精车后，安排第二次热处理，消除加工过程中产生的应力。

2) 合理选择定位基准

轴类零件的定位基准，最常用的为两顶尖孔。因为轴类零件各外圆面、锥孔、螺纹表面的同轴度，以及端面对旋转轴线的垂直度是其相互位置精度的主要项目，而这些表面的设计基准一般都是轴的中心线，用两顶尖孔定位，符合基准重合原则，而且能够最大限度地在一次安装中加工出多个外圆表面作为定位基准。

所以，上述转子体的工艺过程一开始就以外圆面作为粗基准铣端面打中心孔，为粗车外圆准备了定位基准。

3) 工序安排顺序

转子体是多阶梯的零件,切除大量的金属后,会引起应力重新分布而造成转子体变形,因此安排工序时,先进行各表面的粗加工,再进行各表面的半精加工和精加工,主要表面的精加工放在最后进行,这样主要表面的精加工就不会受到其他表面加工或内应力重新分布的影响。

2. 转子体的加工工艺流程

(1) 锻造毛坯热处理:毛坯正火加回火处理。

(2) 粗车:按工序图粗车。

(3) 检查硬度:检验合格后方可进行下道工序。

(4) 探伤:对转子体外圆可探伤表面进行超声波探伤。

(5) 钻中心孔:按工艺简图钻转子体两端顶针孔。

(6) 车:取应力环,前后进行两次测量,合格后方可进行下道工序。

(7) 车:切取试样。

(8) 试验:对试样进行化学分析、复查力学性能,合格后方可进行下道工序。

(9) 半精车:按工序图半精车。

(10) 检查:进行磁粉探伤或做酸洗硫印检查。

(11) 热处理:对转子进行去应力处理。

(12) 重钻中心孔:按工艺简图重钻转子体两端顶针孔。

(13) 精车。

9.2 大型重载立式车床的加工工艺

9.2.1 加工特点及加工对象

大型重载立式车床同卧式车床一样,具有高刚度、大扭矩、大承载等特点,适用于高速钢、硬质合金刀具对各种金属、合金、有色金属、非金属材料等工件的粗、精加工,可进行内外圆柱面、圆锥面、环槽、端面、复杂回转曲面及螺纹等的车削,适合加工直径大而轴向尺寸相对较小且形状较复杂的大、重型工件和不易在卧式车床上装卡的工件,借助附加装置还可以进行车螺纹、仿形、铣削、磨削等加工。

大型重载立式车床通常用于单件小批量生产，一般加工精度为IT8级，精密型的加工精度可达IT7级，加工圆度为0.01～0.03 mm，圆柱度为0.01 mm/300 mm，平面度为0.02～0.04 mm。大型重载立式车床应用领域非常广泛，适用于加工直径较大的重型机械回转类零件，其典型零件不但有各领域装备所需的大型法兰、大型重载机床工作台和底座、汽轮机配件等，还可满足能源领域的百万千瓦级压水堆核电核反应堆压力壳、百万千瓦级压水堆核电堆心吊篮、蒸汽发生器、水轮机转轮体、超大吨位全旋转起重船的旋转支承等关键零件的加工。这些零件的特点是尺寸大、重量大、毛坯外表面不十分规则，加工余量大、精度高、工序复杂，在加工过程中，安装、调整、吊运等均费时费力。为方便加工、提高效率、提高加工精度，大型重载立式车床除了具备车削功能外，还可配有铣主轴、附件铣头、钻铣头、磨头、平行盘等装置，具备钻、铣、镗等加工功能，立车工作台具备分度、锁紧功能，在此基础上采用数控装置则能实现自动换刀。因此，机床能够实现一次装卡完成多道工序。目前，大型重载立式车床已向复合化趋势发展。

9.2.2 刀具及工装

1. 刀具

大型重载立式车床相比小型立式车床，由于其加工的工件尺寸规格比较大，加工去除量多，加工周期长，因此对刀具的使用寿命、切削效率要求比普通刀具更高。刀具必须具有使用寿命长、切削效率高、更换方便等特点。

大型重载立式车床所使用的刀具主要是车刀。车刀按用途来分，有外圆车刀、端面车刀、内孔车刀、切断刀、切槽刀、螺纹车刀等；按结构的不同，车刀可分为整体式、焊接式、机械夹固式和可转位式车刀等。在大型重载立式车床中一般使用机械夹固式和可转位式车刀较多。相较于整体式、焊接式车刀，机械夹固式和可转位式车刀在车刀磨损后不必更换刀杆，只需更换刀片，这样不仅大大缩短了车刀更换和调整的时间，还减轻了用户的劳动强度。并且，其刀杆使用寿命长，可重复使用。

机械夹固式车刀要求刀片夹固可靠、重磨后能调整切削刃位置、结构简单和尽量考虑断屑，如图9.5所示。

硬质合金可转位式车刀就是把经过研磨的可转位多边形刀片用夹紧元件

夹在刀杆上的车刀。该车刀在使用过程中,切削刃磨钝后,通过刀片的转位,即可用新的切削刃继续切削,只有当多边形刀片所有的刀刃都磨钝后,才需更换刀片。可转位式车刀如图 9.6 所示。

图 9.5　机械夹固式车刀

图 9.6　可转位式车刀

硬质合金可转位式车刀除了具有机械夹固式车刀的优点外,其几何参数完全由刀片和刀杆上的刀槽保证,不受用户技术水平的影响,因此切削性能稳定,很适合现代化生产的要求。

近年来,随着材料技术的发展,一些新材料在制造行业大量应用,出现多种新材料车刀,如陶瓷车刀、金刚石车刀、聚晶立方氮化硼(PCBN)车刀等。

陶瓷车刀由刀杆和刀片组成,刀杆材料一般采用碳钢,刀片则为陶瓷。陶瓷的硬度很高,刀片与被加工材料之间有较高的化学稳定性,切削过程中的摩擦小,可使切削刃的温度降低,从而有效阻止了刀具与工件材料间原子的相互扩散,抗黏结性能显著提高。但是陶瓷刀片性脆、抗弯强度低,容易产生崩刀现象。因此陶瓷刀片主要用于半精加工和精加工,适用于大尺寸的精车以及加工高硬度钢和一些非金属材料,在大型重载立式车床上很少应用。

金刚石车刀的刀片材料有天然金刚石和聚晶金刚石(PCD)两种。金刚石硬度极高，耐磨性好，并且有很好的导热性。因此金刚石车刀适合于有色金属和非金属材料的加工。

2. 工装

大型重载立式车床加工的基本都是大型回转类工件，这类工件的特点是重量及外形尺寸均较大，装卡部位多，且一般均为单件小批量。若采用专用工装不但成本高，而且无法体现大型重载立式车床加工的优势，因此仅在特殊情况下会设计专用工装，一般情况下大型重载立式车床的工装主要是通用性和互换性较强的工装。

大型重载立式车床通用工装一般有卡爪、车用垫铁、蹄形压板、T形螺杆等。卡爪由卡爪座、卡爪主体、丝杠组成。根据工作台直径的大小，卡爪的数量有四个、六个、八个不等，如图9.7和图9.8所示。

图9.7　卡爪示意图

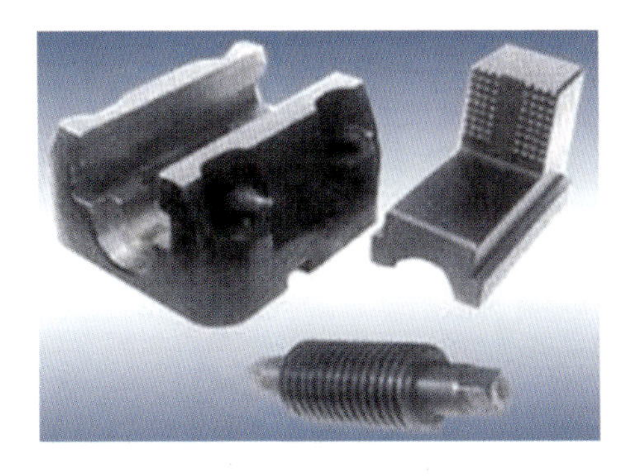

图9.8　卡爪结构图

为了加工各种复杂的工件,大型重载立式车床一般还配有各种辅助加工工装,如加长刀夹、直角刀夹、磨头、抛光轮等,以实现多功能的加工。

9.2.3 典型重型盘类零件的加工工艺分析

重型盘类零件是机械加工中比较常见的零件之一,重型盘类零件的主要种类有水轮机推力头的镜板等。

重型盘类零件由于用途的不同,其结构和尺寸有着较大的差异,但仍有共同的特点:零件结构不太复杂;一般长度比较短,直径比较大;主要为同轴度要求较高的内外旋转表面;多为薄壁件,容易变形;零件尺寸大小各异。

重型盘类零件加工的主要工序多为内孔、外圆面以及上下端面的加工。一般粗、半精加工采用车削加工,精度要求高的表面,则采用附件磨头进一步磨削加工。

重型盘类零件根据零件不同的作用,定位基准的选择会有所不同。一是以端面为主,其零件加工中的主要定位基准为平面;二是以内孔为主,由于盘的轴向尺寸小,往往在以孔为定位基准的同时,辅以端面的配合;三是以外圆为主定位基准。重型盘类零件的主要定位基准应为内外圆中心。外圆表面与内孔中心有较高的同轴度要求,加工中常互为基准,反复加工。

9.2.4 典型案例分析

水轮机推力头的镜板是武重承接的某水电站水轮机修复项目中的一个关键零件。由于水轮机长时间都在水中工作,其内部零部件会产生锈蚀,破坏零部件原有的精度,从而影响发电机组的正常运转,甚至引发事故。因此需要对水轮机中的关键零部件进行修复,修复必须使零部件达到甚至超过原有的精度。而镜板是其中最为关键、精度最高的零件之一。因为其端面表面粗糙度非常小,而平面度均非常高,光滑得像镜子一样,所以被称为镜板。它的修复具有很高的难度。

如图 9.9 所示,镜板的设计精度要求非常高,该零件为钢件,材料为 45 钢,质量为 2000 kg,外形尺寸为 ϕ3000 mm×ϕ1800 mm×85 mm。

镜板的主要精度要求如下:

(1) 镜板的上下两面表面粗糙度值均要求为 $Ra=0.8\ \mu m$,但客户要求 $Ra<0.8\ \mu m$,达到镜面的效果;

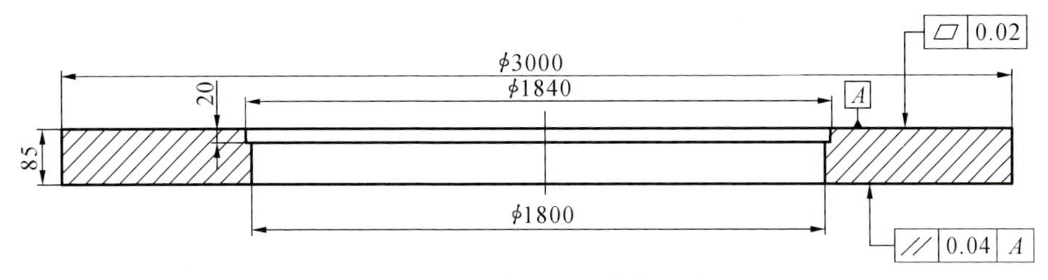

图 9.9　水轮机推力头的镜板示意图

(2) A 面平面度要求为 0.02 mm；

(3) 另一端面要求与 A 面平行度为 0.04 mm。

镜板直径为 3000 mm，厚度只有 85 mm，属于薄板件。这种大型薄板件的刚度低，加工时容易产生变形，零件精度要求高，加工存在很大的困难。

根据客户的要求，镜板的修复加工工艺方案如下。首先要除去镜板表面的锈蚀。因为其长期浸泡在水中，镜板表面已经锈蚀，在进行切削加工时锈蚀会损坏刀具，因此切削加工前必须先进行除锈处理。其次进行车削加工。车削加工分为粗车和精车，粗车的目的是快速去除加工余量，精车是为了提高镜板的精度，为进一步的精密加工做准备。然后进行磨削加工，通过磨削加工，工件的尺寸、平面度、平行度等均达到要求。最后进行抛光处理，使镜板表面精度更高，达到镜面效果。

因此，镜板的工艺路线设计如下：除锈→粗车→自然时效处理→精车→粗磨→精磨→抛光→钳工→检测。

(1) 除锈处理。

在立式车床工作台上均匀摆放好调整垫铁，将镜板放置于调整垫铁上，调整好调整垫铁，使镜板端面与工作台平面平行度在 0.5 mm 以内。调整镜板使镜板中心与工作台回转中心重合度在 0.5 mm 以内，之后紧固镜板。

① 在车刀夹上安装特制的钢丝球，工作台带动镜板旋转，利用钢丝球与镜板摩擦除去大部分锈蚀。

② 钳工用手持砂轮打磨镜板，去除表面局部没有去除掉的锈蚀。

(2) 粗车。

在立式车床工作台上均匀摆放好调整垫铁，将镜板 A 面向下放置于调整垫铁上，调整调整垫铁，使镜板端面与工作台平面平行度在 0.5 mm 以内。调整镜板使镜板中心与工作台回转中心重合度在 0.5 mm 以内，之后紧固镜板。

① 粗车下端面,留余量为 1 mm。

卸下镜板,在工作台上均匀摆放好等高垫铁,并将等高垫铁进行车削,使各等高垫铁的高度一致。将镜板翻面,*A* 面向上,已粗车的一面放置于车好的等高垫铁上,用抽纸法检查接触,即在镜板与等高垫铁之间垫上一层纸,若纸抽不出来,则证明接触良好。然后调整镜板使镜板中心与工作台回转中心重合度为 0.10 mm,最后紧固镜板。

② 粗车 *A* 面,留余量 1 mm,使表面粗糙度要求达到 $Ra=3.2$ μm。

③ 粗车内孔,留余量 1 mm,使表面粗糙度要求达到 $Ra=3.2$ μm。

④ 粗车尺寸为 20 mm 深的台阶孔,留余量为 1 mm。

⑤ 粗车外圆,留余量为 1 mm。

(3) 精车。

精车之前,要松开镜板,放置一段时间,释放镜板内部的内应力。因为在车削过程中,会因为切削而产生内应力,而镜板属于薄板件,这些内应力的存在很容易使镜板产生变形,从而影响精度,所以在精车之前要使镜板的内应力释放出来。

A 面向下,将镜板放置于自车等高垫铁上,用抽纸法检查接触,按镜板内孔找正,使镜板中心与工作台中心重合度为 0.05 mm,然后均匀紧固镜板。

① 精车下端面,留余量为 0.5 mm,使表面粗糙度要求达到 $Ra=1.6$ μm。

将镜板翻面,已精车的端面向下,置于自车等高垫铁上,用抽纸法检查接触,按镜板内孔找正,使镜板中心与工作台中心重合度为 0.02 mm,均匀紧固镜板。

② 精车 *A* 面,留余量为 0.5 mm,使表面粗糙度要求达到 $Ra=1.6$ μm。

③ 精车内孔使之达到图样要求。

④ 精车尺寸为 20 mm 深的台阶孔,使之达到图样要求。

⑤ 精车外圆,使之达到图样要求。

(4) 粗磨。

在立式车床刀架滑枕上安装磨头,先将摆放在工作台上的等高垫铁磨削一次,使所有的等高垫铁高度一致。再将镜板下端面向下,放置于自磨的等高垫铁上,用抽纸法检查接触,按镜板内孔找正,使镜板中心与工作台中心重合度为 0.02 mm,均匀紧固镜板。

① 粗磨 A 面，留余量为 0.1 mm，使表面粗糙度要求达到 $Ra=0.8\ \mu m$，平面度达到0.04 mm。

将镜板翻面，A 面向下，置于自磨等高垫铁上，用 0.02 mm 厚的塞尺检查镜板与等高垫铁的接触情况，塞尺不入为接触良好，否则需再一次磨削垫铁。按镜板内孔找正，使镜板中心与工作台中心重合度为 0.02 mm，均匀紧固镜板。

② 粗磨下端面，留余量为 0.1 mm，使表面粗糙度要求达到 $Ra=0.8\ \mu m$，并与 A 面的平行度为 0.05 mm。

(5) 精磨。

将摆放在工作台上的等高垫铁磨削一次，使所有的等高垫铁高度一致。再将镜板下端面向下，放置于自磨的等高垫铁上，用抽纸法检查接触，按镜板内孔找正，使镜板中心与工作台中心重合度为 0.02 mm，均匀紧固镜板。

① 精磨 A 面使之达到图样要求，即表面粗糙度 $Ra=0.8\ \mu m$，平面度为 0.02 mm。

将镜板翻面，A 面向下，置于自磨等高垫铁上，用 0.02 mm 厚的塞尺检查镜板与等高垫铁的接触情况，塞尺不入为接触良好，否则需再一次磨削垫铁。按镜板内孔找正，使镜板中心与工作台中心重合度为 0.02 mm，均匀紧固镜板。

② 精磨下端面使之达到图样要求，即表面粗糙度 $Ra=0.8\ \mu m$，并与 A 面平行度为 0.04 mm。

(6) 抛光。

将抛光轮夹持在车刀夹上。对镜板的上下两面进行抛光处理，进一步提高表面质量，使其表面粗糙度值 $Ra<0.8\ \mu m$，达到镜面的效果。

(7) 钳工。

钳工去除工件上的毛刺，将锐边锐角倒钝，并将工件清洁干净，最后涂上防锈机油。

(8) 镜板平面度的检测。

镜板的面积大，平面度要求高，平面度的检测必须用到平尺和水平仪等检测工具。除了采用水平仪沿法向检测荷叶边形状误差外，还必须采用水平仪在同一直径上沿法向(水平仪不调方向)检测两水平仪的读数差，如图 9.10 和图 9.11所示。

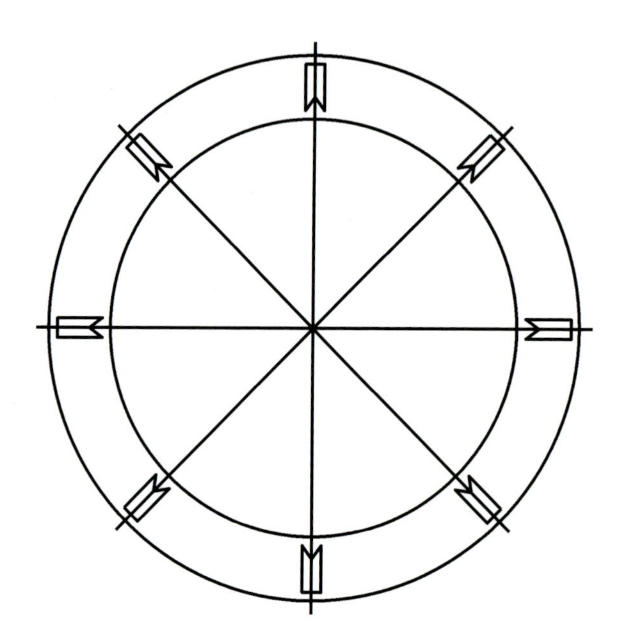

图 9.10　检测荷叶边形状误差

图 9.11　检测两水平仪的读数差

9.3 大型重载龙门铣床的应用

9.3.1 加工特点及加工对象

大型重载龙门铣床是加工大型、超大型平面类零件的关键设备，四个进给轴（X 轴——工作台或龙门，Y 轴——镗铣头，Z 轴——滑枕，W 轴——横梁）中，Z、W 两轴为垂直进给轴，供用户选择加工方式，增加灵活性。W 轴进给可加工大直径的深孔和较高的工件侧面；Z 轴进给加工能获得更好的加工精度和表面质量。

这类设备最显著的加工特点是在横梁上一般装有一个大功率的滑枕式镗铣头，可以根据客户需求配置各种类型的附件铣头，如直角铣头、加长主轴头、万能铣头、反锪铣头等，使其具有加工中心的功能，能实现多面体零件的各种加工要求，即铣、镗、钻和内螺纹孔的加工；还可以配上合适的数控系统，进行两轴或更多轴的联动，实现轮廓铣削和曲面加工，它一般可提高生产率3～4倍，并能使工件获得良好的加工精度和表面质量。

大型重载龙门铣床是加工大型、超大型零件的理想设备，主要加工对象有大型平面类零件（如床身、工作台、平台、横梁等），也能满足大型箱体类零件（如鼓风机壳体、重型卧车床头箱体等）的大型孔及面的加工要求，如：

(1) 各种水平面、端面、背向面、斜面的铣削加工；

(2) 高精度孔的铣孔、镗孔、铰孔加工；

(3) 各种孔的钻孔、攻丝、螺纹铣削等；

(4) 导轨面及型面的磨削加工；

(5) 空刀槽、V形导轨的刨削加工。

9.3.2 刀具及工装

1. 刀具

大型重载龙门铣床作为超重型设备，其刀具类型、尺寸及工装与中小型机床相比，存在较大的差别，其刀具的类型主要以大型、超大型面铣刀盘为主，面铣刀盘通常分粗铣刀盘和精铣刀盘两种，分别用于粗、精加工两种场合。之所以采用大型面铣刀盘，主要有两个方面的原因：一是加工平面较大，采用大刀盘有利于发挥机床的作用;二是由于大型重载龙门铣床的附件铣头都很大,为了保证刀具直径伸出足够的长度,不得不使用大型面铣刀盘。

(1) 粗铣刀盘(直径范围:不大于 ϕ630 mm)。

粗铣刀盘主要用于粗加工,快速进行零件余量的去除。粗铣刀盘的常用主偏角为 45°(见图 9.12)、75°、90°(见图 9.13),其中 45°和 75°刀盘刀尖强度较大,可以采用较大的切削用量,因此粗加工效率较高,刀具的耐磨性及抗冲击性能优于 90°刀盘。而在许多有台阶面的部位,只能使用 90°刀盘。粗铣刀盘通常带有刀垫,即使刀片崩刃,也不会伤及刀体,刀具使用寿命较长。

图 9.12　45°粗铣刀盘

图 9.13　90°粗铣刀盘

(2) 精铣刀盘(直径范围:不大于 ϕ630 mm)。

精铣刀盘主要用于精加工,以保证加工的表面粗糙度和几何公差。精铣刀盘加工的表面粗糙度值通常必须达到 3.2 μm 以上。目前常用的精铣刀盘分以下两种:一种刀片平装,刀片的大平面与加工面基本垂直,如图 9.14 所示;另一种刀片立装,刀片的大平面与加工面基本平行,如图 9.15 所示。由于精铣的平面要求无接刀痕,因此,刀具及刀片的制造精度要求较高,各刀位的高低差必须控制在0.005 mm以内。一般来说,这两种刀盘结构都能满足精加工的要求,但是大部分国产刀盘只能采用立装式结构才能满足精加工的要求,所以许多大型平面加工中普遍采用图 9.15 所示的立装刀盘。

图 9.14　平装精铣刀盘

图 9.15　立装精铣刀盘

(3) 反铣刀盘。

反铣刀盘主要用于床身、横梁等导轨类零件的背导轨面的加工。背导轨面在零件的背面,是导向平面之一,加工精度要求很高,一般只能采用在直角铣头上装加长刃的立铣刀进行加工。由于背导轨面较宽且长度可达数十米,刀具的让刀及磨损都很严重,完全无法满足背导轨面的表面粗糙度及几何公差的要求。为了解决此问题,研究人员设计定制了反铣刀盘,这种刀具与上述的刀盘无本质区别,就是刀盘的定位面与刀片在同一侧。图 9.16 所示为反铣刀盘,图 9.17 所示为常规刀盘。

图 9.16　反铣刀盘

图 9.17　常规刀盘

(4) 槽铣刀盘。

槽铣刀盘是大型重载龙门铣床上使用范围很广的一种刀具,通常用来切 T 形槽、直槽及各种凹槽,但由于其厚度远小于面铣刀盘,且刃口为三面刃,因此在加工狭窄的小平面、侧面、凹槽时很有优势。槽铣刀盘也分粗、精刀盘,分别用于凹槽的粗、精加工。精加工槽铣刀盘就是在粗加工刀盘的基础上增加了一个精光刀片。

2. 工装

大型重载龙门铣床加工的零件基本都是大型平面类,这类零件的特点是零件质量及尺寸均较大,但是不同的零件间长宽可能相差数米,且零件一般为单件小批量,若采用专用工装不但成本高,而且加工周期很长,因此,大型重载龙门铣床加工采用的工装主要是通用工装。通用工装分为三类:附件铣头、装卡用工装与加工用工装。

(1) 附件铣头。

附件铣头作为机床的附件,它的主要作用是扩展机床的加工工艺范围,以实现一机多用,大幅减少装卡次数,提高加工效率。附件铣头种类很多,常用的有直角铣头(见图 9.18)、万能角铣头(见图 9.19)、主轴头(见图 9.20)等,另外还有反锪铣头(见图 9.21)等特殊铣头,也可根据零件加工需要重新设计。

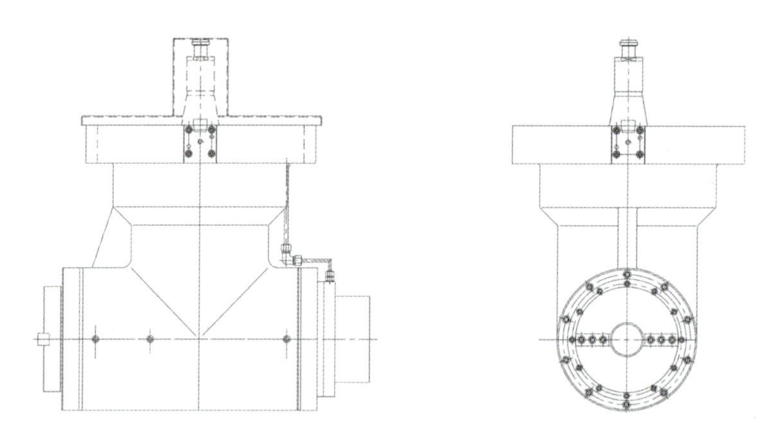

图 9.18　直角铣头示意图

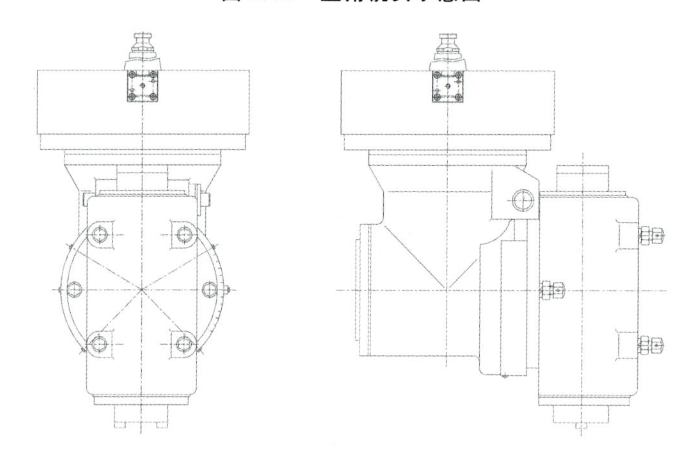

图 9.19　万能角铣头示意图

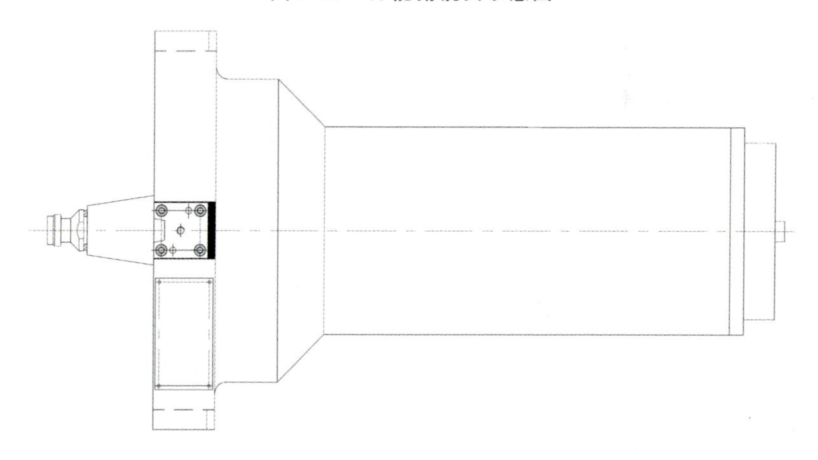

图 9.20　主轴头示意图

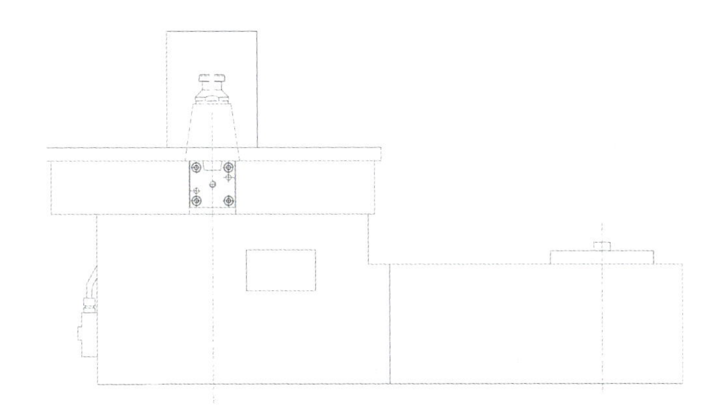

图 9.21　反锪铣头示意图

(2) 装卡用工装。

由于大型重载龙门铣床的加工工件大部分为单件小批量,因此工装以通用工装为主,常用的有等高垫铁、调整垫铁、压板、双头螺栓、千斤顶、接头螺帽等。通过这些常用标准配件,结合机床工作台上的 T 形槽,就可比较灵活地调整装卡的位置及受力点的分布,通用性很高,装卡稳定可靠。表 9.2 所示为大型重载龙门铣床的装卡用工装清单。

表 9.2　大型重载龙门铣床的装卡用工装清单

序号	名称	规格型号或件号	备注
1	等高垫铁	200 mm×200 mm×300 mm 62 mm×80 mm×100 mm	
2	调整垫铁	H=60～64 mm	
3	T 形槽螺母	M30 mm	
4	双头螺栓	M30 mm×250 mm M30 mm×300 mm M30 mm×500 mm	
5	压板	300 mm×110 mm×34 mm 400 mm×150 mm×60 mm	
6	带肩六角螺帽	—	
7	接头螺帽	—	
8	千斤顶	H=100～145 mm	

续表

序号	名称	规格型号或件号	备注
9	支柱	H=10 mm 70343-511 H=50 mm 70343-513 H=100 mm 70343-514 H=200 mm 70343-516	
10	单头扳手	46 mm S91-2	标准件
11	套筒扳手	46 mm S92-3	标准件

(3) 加工用工装。

这类工装主要用于定位刀具或延长刀具,以提高机床的加工范围或提高大型刀具的刚度,保证加工过程的稳定。加工用工装常用的有如下几类。

过渡盘:机床主轴为 BT60 柄,附件铣头也为 BT60 柄,可以直接使用;但刀具考虑多机床互换使用的需要,如果采用的是 BT50 柄,就需要用过渡盘将机床的主轴由 BT60 转为 BT50。

连接盘:用于延长铣刀盘,以进行凹槽及深腔的加工。

定位心轴:用于对大刀盘进行定位。

9.3.3 典型案例分析

1. 床身结构特点及精度要求

XX-01 型床身为某种高精度设备的基础床身,该床身为铸铁件,材料为 HT250,单件质量为 20500 kg,单件外形截面尺寸为 3500 mm×500 mm(宽×高),共分三段,每段长 6000 mm,三段拼合加工,总长 18000 mm。其结构类似平台,精度要求较高,如图 9.22 所示。

其中,台面 A 精度要求较高,任意 3000 mm×1000 mm 范围内平面度为 0.02 mm,全长平面度在 0.1 mm 以内,侧面 B 直线度为 0.05 mm,任意 1000 mm范围内为 0.01 mm,全长为 0.05 mm,相对面与基准 B 的平行度为0.02 mm。

2. 加工工艺分析

该床身精度要求很高,与一级平板的精度相当,而平板的精度通常是通过人工刮研得到的,但由于该床身的台面尺寸过大,精度很高,若采用刮研不但难度很大,而且周期很长,因此采用机床直接加工到位。但是现有设备的加工精

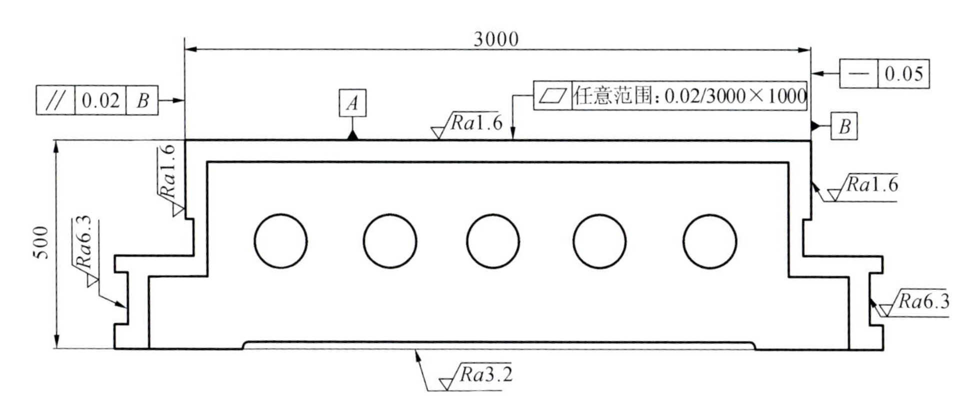

图 9.22 XX-01 **型床身**

度远不能满足加工要求，为此，做以下几个方面的工作来确保加工的精度满足要求。

（1）检查并调整设备精度。

检查数控机床的各项几何精度，如各直线轴 $X/Y/Z$ 的直线度、定位精度、重复定位精度、反向间隙等，对超过机床精度检验单的项目进行调整和修复。

（2）严格将粗、精加工分开。

在工序上，严格区分粗加工工序、精加工工序；在精加工工序内，半精铣完后，松开卡压，重新用较小的卡压力进行压紧，以避免松开卡压后发生变形。

（3）刀具磨损的控制。

由于 A 面尺寸很大，精度要求很高，刀具磨损足以对精度产生比较显著的影响。为了控制刀具磨损的影响，采取了以下几方面的措施：一方面严格控制切削用量，保证刀具的磨损尽可能小；另一方面采取多次光刀的方法，这样后面的光刀就可以将前面由于磨损造成的高点铣去，保证最终的几何公差。

（4）采用插补进行补偿，保证加工精度。

设备调整后，机床的加工精度仍不足以达到图样的要求。主要由于大型重载龙门铣床的 X 轴为双立柱结构，两条导轨的精度难以完全一致，且两立柱存在同步等问题，因此 X 轴方向的精度必须进行数控插补加工才能满足图样的要求；而 Y 轴方向为横梁，横梁本身的精度较高，且可有效进行定位误差补偿，因此该轴方向能满足图样的要求。

（5）零件的检测及数据处理。

由于 A 面尺寸很大，检测时间很长，数据量较大，数据计算与绘图效率低下，每进行一次检测都需要大量的时间,为此采用 EXCEL 软件编制好相应的计算公式及绘图格式,将数据导入后能快速计算并完成绘图,大大提高了准确性与检测效率。

3. 加工设备及加工刀具的选型

1) 加工设备的选型

XX-01 型床身的宽度为 3500 mm,长度达 18000 mm,外形尺寸很大,台面精度很高,对加工设备提出了很高的要求,常规设备根本无法满足其行程及精度的要求。综合现有设备的加工规格和加工精度,只能选用 XKD2755 数控龙门镗铣床,其布局如图 9.23 所示,其铣头配置如图 9.24 所示。

图 9.23 XKD2755 数控龙门镗铣床布局

图 9.24 XKD2755 数控龙门镗铣床铣头配置

XKD2755 数控龙门镗铣床每个龙门单独由一套西门子 840D 数控系统控制,该机床的主要性能参数如表 9.3 所示。

表 9.3　XKD2755 机床的主要性能参数

项目	性能参数
机床尺寸(长×宽×高)	70761 mm × 12750 mm × 6876 mm
总质量	730 t
工作台尺寸(长×宽)	5500 mm×57000 mm
单位载重量	20 t/m^2
龙门移动 $X(X_1)$轴行程	左龙门:50000 mm、右龙门:30000 mm
镗铣头水平移动 Y 轴行程	5000 mm
镗铣头滑枕垂直移动 Z 轴行程	1500 mm
龙门移动 $X(X_1)$轴进给速度	0～10000 mm/min
镗铣头水平移动 Y 轴进给速度	0～10000 mm/min
镗铣头滑枕垂直移动 Z 轴进给速度	0～5000 mm/min
主轴转速(无级)	5～1200 r/min
主轴直径	ϕ200 mm
主轴扭矩	8000 N·m
两镗铣头最小间距	2500 mm

2）加工刀具的选择

XX-01 型床身平面较大,平面度较高,为了减少接刀次数,提高表面质量,综合考虑采用 ϕ315 mm 刀盘,分别采用粗、精铣刀盘,精铣刀盘采用如图 9.25 所示的平装刀盘。这种刀盘的刀片刃口锋利,且刃口为弧面,能够抵消主轴前倾与后仰造成的扫刀现象,保证表面的平面度及平面粗糙度要求,T 形槽采用槽铣刀开直槽。

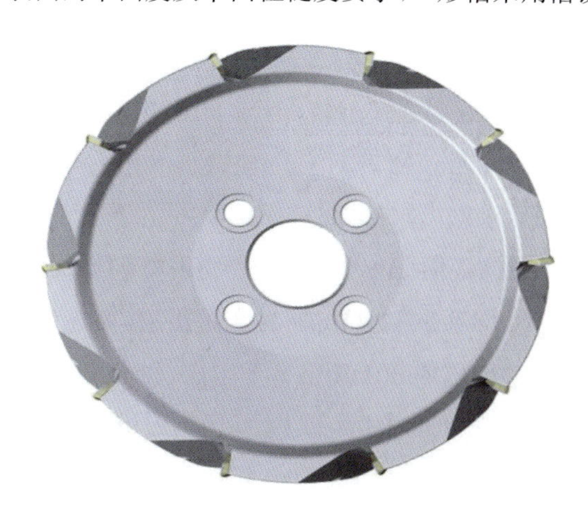

图 9.25　平装刀盘

加工该床身所需主要刀具如表 9.4 所示。

表 9.4　床身加工所需主要刀具

刀盘名称	刀盘型号
可转位式平面粗铣刀	6J2K315（ϕ315 mm）
可转位式平面精铣刀	6F2K315（ϕ315 mm）
可转位式槽铣刀	35J9K500(ϕ315 mm)

4. XX-01 **型超长床身的加工工艺**

XX-01 型超长床身的工艺路线设计为:铸造→时效处理→画线→粗铣→半精铣→钳工拼装→精铣→钳工→检验入库。该床身粗加工图和精铣图分别如图9.26和图 9.27 所示。

图 9.26　床身粗加工图

图 9.27　床身精铣图

9.4 大型重载镗床加工工艺

9.4.1 加工特点及加工对象

大型重载镗床具有刚度高、位置精度高、复合性强、镗削能力强等特点，主要加工功能为镗削。镗削是把工件上的预制孔扩大至具有一定的孔径并提高孔形精度、改善表面粗糙度的加工过程。镗削加工是由镗床主轴上的镗刀做回转运动，其他轴做进给运动来实现的。镗孔的质量是镗床性能好坏的重要标志。

大型重载镗床同时还具有钻孔、攻丝、铣槽、铣平面等功能，特别是在方滑枕端面上安装各种附件铣头或滑枕与回转工作台配合使用，能进一步扩大机床的使用范围。如安装加长附件可实现大直径深孔的镗削加工；安装平旋盘可实现超大直径孔的镗削加工；使用螺纹刀具可实现对螺纹的加工、五面加工，并且可实现一次装夹尽可能多地完成零件的多道工序的加工。

大型重载镗床是我国能源、船舶、航空及机床等领域的重要设备，根据其功能，其加工的零件类型主要是孔系较多且各孔系位置精度较高的重型箱体类零件、端面精度要求较高且无法使用铣床角铣头加工的重型长床身类零件、其他加工工序复合性较高的重型机架类零件。加工的典型零件有重型减速机箱体，机床的主传动箱、进给箱、立柱，风电设备中的齿轮箱、轴承座，火力发电机组、核电机组中的大型缸体件，柴油机机架、机座、气缸体、曲轴、推进器螺旋桨等。这些零件大都具有如下特点：

(1) 零件大且不规则，不方便进行回转运动；

(2) 孔系数量较多，且相对位置关系较严格；

(3) 加工工序具有一定复合性；

(4) 具有大直径、高精度的孔；

(5) 具有深孔；

(6) 具有大直径螺纹孔。

9.4.2 刀具与工装

1. 刀具

大型重载镗床主要有以下几种典型加工刀具。

(1) 大直径镗刀。

对于水电项目中泵体的大直径孔的加工，由于其内孔的直径较大，通常大于 ϕ1000 mm，孔的圆度要求较高；使用平旋盘难以深入加工，使用铣刀插补方式进行加工又难以达到图样对圆度的公差要求；因此，通常采用大直径镗刀(见图 9.28)对其进行加工。卸下上盖时，将刀具放入缸体内，合盖后再加工。大直径镗刀刀具设计了很多减轻孔，刀体材料一般选用铝合金等较轻材料，大大减小了刀具的质量，并改善了由于主轴悬长下垂所造成的同轴度差的情况，加工出的零件圆度较好。

图 9.28 大直径镗刀

(2) 镗刀杆。

大型减速机箱体中，通常会出现多级孔，用于穿减速轴，前后孔同轴度要求较严格。加工时主轴伸长过长，容易出现主轴因悬长而下垂的情况，造成加工零件前后孔的同轴度难以保证。此时可采用长镗刀杆，配合尾部支架或吊架进行尾部或中部支承，通过工作台移动来实现加工。为了保证镗杆的利用率，将镗杆加工成多刀方的结构。

(3) 大直径铰刀片。

铰刀片的出现使孔的加工尺寸有了良好的保证，也促使设计从基孔制向基轴制的转变，在重型零件大直径孔的加工制造过程中也经常使用大直径铰刀片(见图 9.29)。

图 9.29　大直径铰刀片

2. 工装

大型重载镗床主要有以下几种典型工装。

(1) 加长直铣头。

加长直铣头(见图 9.30)适用于大直径深孔的加工。铣头直径较大,相对于普通镗刀杆,加长直铣头具有更好的刚度,不容易出现主轴由于伸长而引起的低头现象,可获得更好的加工稳定性。

图 9.30　加长直铣头

(2) 平旋盘。

平旋盘(见图 9.31)适用于超大直径孔的加工。平旋盘直接与滑枕相连,其上有可移动式刀座,可实现零件端面的车削及大直径孔的镗削。相对大直径镗刀,它具有更好的刚度,加工范围区间较大,但垂直方向上的加工有一定的局限性。

图 9.31　平旋盘

(3) 吊架。

吊架(见图 9.32)为辅助工装,其用途主要是支承镗杆,防止镗杆出现低头现象。吊架的安装位置相对较灵活,可在机床的任意位置摆放。

图 9.32　吊架

(4) 尾座。

尾座(见图9.33)一般与镗杆配合使用,镗杆的长度最大可达到10 m。加工时,镗杆的一端与主轴相连,另一端采用尾座架稳。

图9.33 尾座

(5) 导向套。

对于箱体类零件来说,其特点是孔系较多,孔深较长。加工时,主轴伸长又无法使用吊架或尾座时,就可以使用前后已加工完成的孔做辅助支承,将导向套(见图9.34)放置于已加工孔内,再将镗杆穿过导向套,起到辅助支承的作用。同时轴孔的位置检测时若无检套,也可以使用导向套代替。

图 9.34　导向套

9.4.3　典型案例分析

大型重载镗床最为典型的加工零件是重型减速机箱体。本小节以某重型变速箱体为例,说明加工过程中可能出现的典型问题及运用到的特殊工艺。

如图 9.35 所示,该箱体为某重型设备上的主变速箱体,孔系数量非常多、孔深长、精度高,是重型箱体类零件的典型代表。该箱体的材料为 HT200,硬度为160～210HB,外形尺寸为 1350 mm×1235 mm×765 mm,零件净重2320 kg。该箱体拥有 17 个轴孔系,各孔圆度为 0.01～0.03 mm,同轴孔同轴度为 0.01～0.03 mm,与各端面垂直度为 0.01～0.03 mm,各轴之间轴线平行度为 0.01～0.03 mm。最深孔穿过 5 层隔板,最长轴线贯穿整个箱体。加工前,各孔轴向留余量为 4 mm，端面留余量为 2 mm。

图 9.35　主变速箱体

1. 加工过程中的重难点分析

(1) 零件复杂，轴系多，各孔系位置精度要求较高。

(2) Ⅴ轴孔为 $\phi340/\phi310\sim\phi320\sim\phi320\sim\phi322/\phi360/\phi461$ (mm)，圆度为 0.01 mm，同轴度为 0.01 mm，与各大端面垂直度为 0.01 mm，加工难度较大。

(3) Ⅳ轴与Ⅴ轴平行度为 0.03 mm，加工保证难度较大。

(4) Ⅶ轴及Ⅱ、Ⅲ轴等深孔只能从单面镗削，最深端孔精度无法保证。

(5) Ⅵ轴与Ⅶ轴为两齿轮啮合轴，相互位置尺寸要求较严格，且均为不通孔系，呈 180°放置，找正、测量较为困难。

2. 加工工艺安排

1) 机床精度检查

该机床的加工精度很高，但不能代表它的实际精度，在加工高精度零件之前必须对该机床的各项精度进行检查。

(1) 根据 ISO230 对机床的各项精度进行检查。

几何精度：检查项目包括直线度、垂直度、俯仰与扭摆、平面度、平行度等，检查工具采用大理石或金属平尺、角规、百分表、水平仪、准直仪等。

位置精度:检查项目包括定位精度、重复定位精度、微量位移精度、反向间隙等,检查工具采用金属线纹尺或步距规、电子测微计、准直仪等。

(2) 记录下各线性轴及旋转轴的定位精度及重复定位精度,在实际加工过程中进行手动补偿。

另外,机床的长期负荷加工对主轴箱齿轮会有一定的影响,齿轮磨损会导致数控轴定位不精确,这样就会产生反向间隙,为了避免该问题发生,在加工过程中要注意进行手动补偿。定位各轴孔位置时注意方向一致。

2) 零件装卡

该箱体的装卡方法也很关键。在此,只简单说明装卡中需要注意的问题。

在零件装卡的时候要遵循的原则:①"基准重合"原则,即尽可能选用设计基准作为精基准;②"基准统一"原则,即应尽可能选择加工工件的多个表面时都能使用的一组定位基准作为精基准;③"互为基准"原则;④"自为基准"原则。

装卡点很重要,零件高度为 765 mm,为了加强零件的装卡效果,装卡点可以适当选择中部左右的位置,不得强压。装卡点选择越高,为保证零件有效装卡,所需的装卡力就越大,而该零件的特点就是壁薄、孔系多,装卡不当很容易出现零件卡压变形或零件未卡紧等情况。

为保证有效装卡,装卡后,可在零件加工另一侧面边缘定一块百分表起辅助作用,加工过程中要注意百分表的变动,若发现百分表有过大的振动或偏移,需停止加工,找出问题,修正后再继续加工。

3) 深孔加工

该零件孔深较大,最长轴孔深度为 1350 mm,为防止深孔在加工过程中出现孔轴线不直等问题,使用加导向套的方法。

镗杆因自重下垂的现象很明显,虽然镗床上已经使用曲线滑枕的方法对这种下垂现象进行补偿,但这只是针对滑枕移动式的卧式镗床,曲线滑枕技术在镗杆上无法使用。国外不将镗杆作为编程轴,镗杆伸出一定长度之后,在加工过程中不再移动,通过立柱的移动进行切削运动,有效解决了镗杆因自重下垂的问题。但该方法在实施过程中也会出现问题,当镗杆伸长切削的时候,镗杆的振摆太大,不但影响加工精度,而且噪声大,刀具磨损严重。很多国内外先进的刀具制造厂商给出的最大长径比也只有 1 : 6,很难满足现有零件的加工需求。

所以加导向套是一种有效的方法,但在加工过程中要注意导向套与孔的配合及导向套与镗杆的配合间隙。加工过程要持续在配合处加机油润滑,并注意镗杆在加工过程中的温度变化,若发现镗杆温度过高,要立即停止加工,找出问题所在。在加工时要一级一级加导向套进行加工,且保证各孔一刀下。

4）重点问题的解决

（1）Ⅴ轴孔问题的解决。

Ⅴ轴孔为 $\phi340/\phi310\sim\phi320\sim\phi320\sim\phi322/\phi360/\phi461$（mm），圆度为0.01 mm,同轴度为0.01 mm,与各大端面垂直度为0.01 mm。孔直径较大,加工长度长,精度要求高。

由于孔直径较大,刀具也相对偏重,主轴伸长以后,主轴端部因自重下垂,从而导致各孔不同轴、直径偏小、圆度差、表面粗糙度大等问题。为解决这些问题,以往是通过在中间加导向套的方法辅助支承镗杆。将中间 $\phi320$ mm 孔加工至 $\phi320$H7,加导向套,穿镗杆,再加工另一侧孔。这种加工方式难度较大,费时,增加零件成本。因加了导向套,镗杆与导向套之间存在摩擦发热,若加工时主轴转速过快,镗杆与导向套之间容易研磨损坏,若转速过低,零件粗糙度较大,还需使用铰刀再加工一次。

针对这些问题,提出以下解决办法:检查机床工作台回转精度,记录各项误差,手动补偿,调头加工。在调头后,可以通过再次打表已加工孔中心来复查同轴度误差,有效保证两端孔的同轴度,且可以使用可转位式刀具,镗杆悬长短,成本低,效率高,质量好。

（2）Ⅳ轴与Ⅴ轴平行度问题的解决。

Ⅳ轴与Ⅴ轴轴线长度均为1350 mm,Ⅳ轴与Ⅴ轴平行度为0.03 mm,这两处轴线的平行度很难保证。用普通的伸镗杆的方法难以加工到精度要求,该处孔较深,平行度容易超差。可以通过先确定Ⅴ轴轴线,主轴定长再按Ⅴ轴找正方式来保证两孔的平行度。

具体做法:先将Ⅴ轴孔加工到位,主轴定长找正Ⅴ轴孔位置,严格按图样尺寸按机床坐标确定Ⅳ轴孔位置,Ⅳ轴孔第一道隔板与第二道隔板上的孔一刀下,调头后,用同样的方法找Ⅳ轴位置,再加工第三道隔板与第四道隔板上的孔,并一刀下。这里应该注意的是,Ⅴ轴孔的两端孔同轴很重要,在加工该零件的时候,所有孔的位置都是以该轴孔位置确定的。Ⅴ轴孔是传递两端孔位置度尺寸的基准孔,在进行工艺设计时,可对Ⅴ轴孔提出适当的工艺要求,将Ⅴ轴孔尺寸公差适当提高。

(3) Ⅵ轴与Ⅶ轴位置度的保证。

Ⅵ轴与Ⅶ轴斜向距离为(94.5±0.05) mm,Ⅵ轴与Ⅶ轴为两齿轮啮合轴,孔距要求虽然不是很高,但Ⅵ轴与Ⅶ轴都为不通孔,且呈180°放置,无法找正与测量。

采用前述介绍的方法,通过Ⅴ轴的位置传递尺寸。该零件所有孔系位置尺寸依赖的基准就是Ⅴ轴孔位置尺寸,先加工完Ⅶ轴孔,实测与Ⅴ轴的位置尺寸并记录,调头后,按记录的数据及图样尺寸确定Ⅵ轴孔位置坐标,再进行加工。

9.5 大型重载车铣复合加工中心加工工艺

9.5.1 加工特点及加工对象

1. 加工特点

大型螺旋桨用重载七轴五联动车铣复合加工中心既有一般数控立车所具备的功能,还可钻、铣、镗、攻螺纹等。该机床为定梁双柱式结构,主要部件有立柱横梁、工作台底座、刀架(滑座)、主铣头(标准铣头及特殊铣头)。七个数控轴分别如下:

X 轴,刀架做水平移动;

Z 轴,刀架滑枕做垂直移动;

*C*1 轴,刀架滑枕内心轴绕 *Z* 轴旋转;

*C*2 轴,工作台回转;

*B*1 轴,标准数控万能铣头绕 *Y* 轴旋转;

*A*2 轴,特殊数控万能铣头绕 *X* 轴旋转;

*B*2 轴,特殊数控万能铣头绕 *Y* 轴摆动。

两个直线轴与三个旋转轴组成以下两种五轴联动方式。

标准铣头方式:*X*,*Z*,*B*1,*C*1,*C*2。

特殊铣头方式:*X*,*Z*,*A*2,*B*2,*C*2。

由于机床运动学模型的建立与初始状态有关，机床各轴的运动也是相对于其初始位置的，因此，图 9.36 所示的机床运动结构模型也应在一定的初始状态下从以下几个方面进行定义。

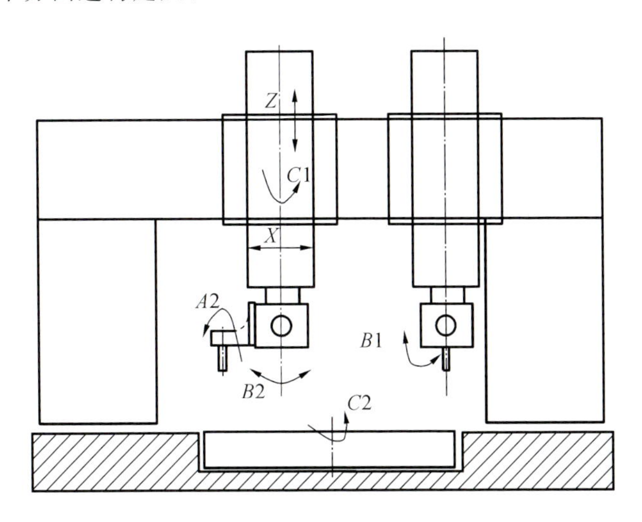

图 9.36　机床运动结构模型

(1) 运动链构成定义。

数控机床的运动链是由回转工作台、平动工作台、床身、主轴和刀具等单元按一定顺序连接而成的。运动链构成可按从刀具到工件的运动传递顺序，依次定义各运动轴(即运动副)的名称与属性，其中，属性包括运动轴是平动轴还是转动轴、是联动轴还是辅助轴。七轴五联动车铣复合机床的运动链如下。

标准铣头方式下，运动链构成：$B1 \rightarrow C1 \rightarrow X \rightarrow Z \rightarrow C2$。平动轴为 X、Z；转动轴为 $C1$、$B1$、$C2$。

特殊铣头方式下，运动链构成：$A2 \rightarrow B2 \rightarrow X \rightarrow Z \rightarrow C2$。平动轴为 X、Z；转动轴为 $A2$、$B2$、$C2$。

(2) 运动轴方向的定义。

运动轴方向包括各平动轴的运动方向和各转动轴的轴线方向，它们可统一在机床标准坐标系中以方向矢量的形式定义。由于机床各运动轴有的是驱动刀具运动，有的是带动工件运动；因此，各运动轴的运动方向统一按工件静止的情况考虑，即按图 9.36 中各运动副动构件相对定构件的运动来考虑。对于平动轴，其方向矢量定义为该轴正向驱动时其动构件在机床标准坐标系中的运动方向；对于转动轴，当该轴正向驱动时，由其动构件回转方向按右手法则确定的方向定义为该转动轴的方向矢量。例如,若用 $\boldsymbol{n}(l,m,n)$ 表示方向矢量,各坐标轴运动方向给定为:X 轴——$\boldsymbol{n}_X(1,0,0)$;Z 轴——$\boldsymbol{n}_Z(0,0,1)$;$C1$ 轴——$\boldsymbol{n}_{C1}(0,0,1)$;$B1$ 轴——$\boldsymbol{n}_{B1}(0,1,0)$;$C2$ 轴——$\boldsymbol{n}_{C2}(0,0,1)$;$A2$ 轴——$\boldsymbol{n}_{A2}(1,0,0)$;$B2$ 轴——$\boldsymbol{n}_{B2}(0,1,0)$。

大型螺旋桨用重载车铣复合加工中心具有标准铣头配置和特殊铣头配置两种加工方式,具有运动灵活、工作空间大等优点,比标准结构的五轴数控机床更能避免加工过程中的干涉碰撞,能够进行大型螺旋桨的重叠区域和非重叠区域的五轴数控加工。

2. 加工对象

(1) 大型螺旋桨的几何特性。

螺旋桨通常由桨叶和桨毂两部分组成。螺旋桨与尾轴连接部分称为桨毂,桨毂是一个截头的锥形体。为了减小水的阻力,在轮毂后边加一整流罩,与桨毂形成光顺的流线形体,称为毂帽。螺旋桨叶片是产生推力的,从船尾向船首看到的一面称为叶面(又称为压力面,pressure surface),其反面称为叶背(又称为吸力面,suction surface)。螺旋桨正车旋转时,叶片先入水的一边称为导边(leading edge),后入水的一边称为随边(trailing edge)。螺旋桨叶片与桨毂相连的地方称为叶根,远离桨毂的一端称为叶梢,其结构如图 9.37 所示。

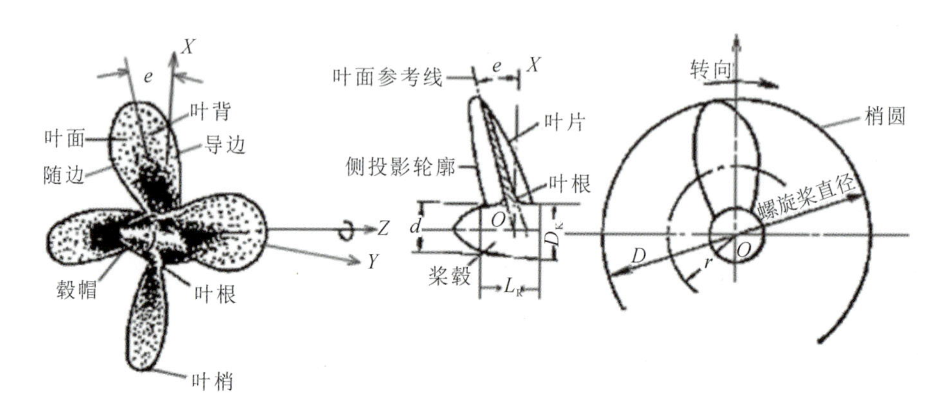

图 9.37 螺旋桨的结构

螺旋桨按旋向不同分为左旋桨和右旋桨两种。当螺旋桨正车旋转时,由船尾向船首看去所见到的旋转方向为顺时针者为右旋桨(图 9.37 中的螺旋桨即为右旋桨);反之,则为左旋桨。

螺旋桨的几何要素是决定螺旋桨几何形状的最基本参数。主要包括直径 D、螺距比 H/D、盘面比（伸张面积 A_E 与盘面积 A_O 之比）A_E/A_O、螺距 P、叶片数 z、后倾角 α 等。

（2）大型螺旋桨叶片区域划分。

螺旋桨叶面呈螺旋面形状，其尺寸主要由一系列圆柱形切面的型值来确定，属于复杂空间曲面，结构比较复杂，并且加工精度要求高。螺旋桨桨叶按照 $360°/z$ 呈发散状分布，当桨叶个数较多时，相邻的桨叶之间靠近轮毂的部分空隙狭窄，可能存在重叠区域，在数控加工中易出现干涉或过切。螺旋桨叶片越远离轮毂的部分，出现干涉的可能性越小。图 9.38 所示的大型螺旋桨即存在重叠区域（见白圈区域），重叠区域外远离轮毂的叶面区域为非重叠区域。

图 9.38　大型螺旋桨叶片加工区域划分

（3）大型螺旋桨叶片型值点计算。

大多数螺旋桨叶片工作面只在靠近轮毂的内侧的边缘部分修正为流线型以减少阻力，其余绝大部分区域仍然是标准螺旋面或者是与标准螺旋面相差极小的准螺旋面（见图 9.39）。对于叶片上区域 2 的流线型曲面部分，因其在叶片上所占的比例很小，故仍可按照传统的方法进行处理。而对于螺旋面区域 1，通过建立解析方程，可以导出刀具参数和加工参数的计算表达式，使得在后续的螺旋桨加工过程中，加工效率大大提高。

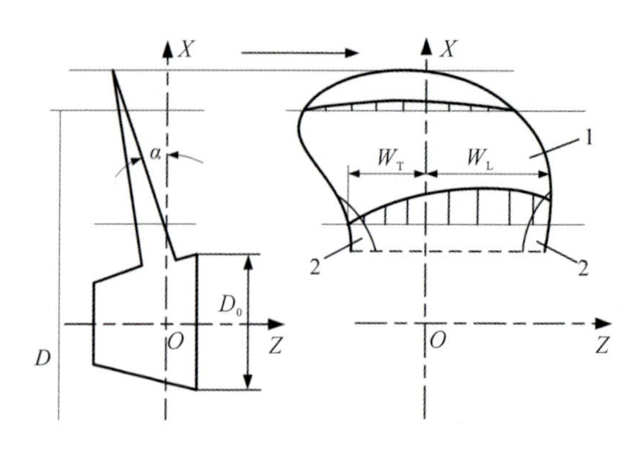

图 9.39　螺旋桨叶片的几何描述

因螺旋桨设计时给出了不同半径处截面展开形状和尺寸,可以根据螺旋桨叶片在不同半径 r 处的展开弧长计算出该半径处螺旋线所对应的螺旋角为

$$\theta_L(r) = W_L(r)/\sqrt{r^2+f^2} \tag{9.1}$$

$$\theta_T(r) = W_T(r)/\sqrt{r^2+f^2} \tag{9.2}$$

式中:$\theta_L(r)$为导边所在的螺旋角;$\theta_T(r)$为随边所在的螺旋角;$W_L(r)$为发生线至导边的展开弧长;$W_T(r)$为发生线至随边的展开弧长;f 为单位转角的螺距,$f=P(r)/2\pi$,$P(r)$为螺旋桨叶片在不同半径上的螺距。

于是可以得到叶片螺旋面区域 1 部分的型值点参数方程为

$$S(r,\theta) = \{r\cos\theta, r\sin\theta, f\theta - r\tan\alpha\},\quad \theta_T(r) \leqslant \theta \leqslant \theta_L(r), r_0 \leqslant r \leqslant R \tag{9.3}$$

式中:α 为叶片后倾角;r_0 为螺旋桨轮毂半径,$r_0=D_0/2$;R 为螺旋桨叶片外半径,$R=D/2$。

经过处理后,可以得到螺旋桨叶面型值点的数学方程表达式(9.3),从而可以根据该方程得到在螺旋桨建模时,用来控制桨叶面形状的离散点。

根据螺旋桨叶面型值点的数学模型表达式和所给出已经设计完成的螺旋桨叶面、叶背的型值表,可以求出在笛卡儿坐标系中螺旋桨的叶面和不同半径圆柱截面相交的空间曲线上点的坐标,为螺旋桨建模提供型值点。

在给出每个不同半径的圆柱截面上,根据设计完成的螺旋桨的各参数数值表,可以知道在由导边开始到随边结束的截面曲线上,不同比例处的点距离标准螺旋面具有不同数值。根据这些数值和已知的数学模型,可以求得在固定半径处螺旋桨叶面和叶背两表面上型值点的空间坐标。

如图 9.40 所示,为了求得曲线上不同比例处的型值点的空间坐标,首先要求得对应的型值点在曲线上同 X 轴(0°轴)之间的夹角 θ。

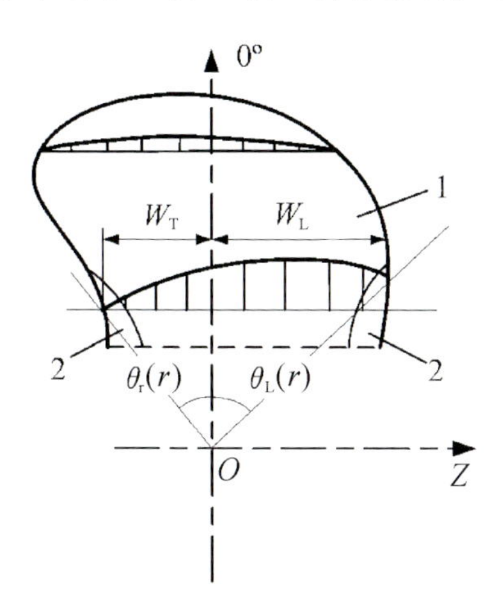

图 9.40 螺旋桨叶片的几何描述(局部)

设待求点到随边的展开线长度同随边到导边展开线长度的比为 n,导边到随边的展开线长度对应的螺旋角为 $\Delta\theta$,由于已经求得了导边到中心线、随边到中心线的螺旋角 $\theta_L(r)$、$\theta_T(r)$,故可以得到 $\Delta\theta$:

$$\Delta\theta = \theta_L(r) - \theta_T(r) \tag{9.4}$$

在一般的大型螺旋桨参数数据表中,每个圆柱截面上的曲线被分为 n 个型值点。因为对应的型值点到随边的展开线长度分别和各自所对应的螺旋角成比例,所以可以求出每个型值点所对应的螺旋角 θ:

$$\theta = \theta_T(r) + n \cdot \Delta\theta \tag{9.5}$$

确定对应型值点的螺旋角后,根据上述的螺旋桨工作曲面的数学模型确定出相应型值点的空间坐标值(此时所计算出的空间坐标为理想螺旋面上的点坐标)。根据型值表中的每个截面上叶面、叶背距离参数化螺旋面的距离,计算出实际螺旋桨的上下面的型值点坐标值。

叶面型值点的数学方程表达式为

$$S(r,\theta) = \{r\cos\theta, r\sin\theta, f\theta - r\tan\alpha + Y_O\} \tag{9.6}$$

叶背型值点的数学方程表达式为

$$S(r,\theta) = \{r\cos\theta, r\sin\theta, f\theta - r\tan\alpha + Y_U\} \tag{9.7}$$

(4) 大型螺旋桨叶片建模。

大型螺旋桨的叶片型线一般采用 NURBS 表达。NURBS 能对二次曲线、曲面进行准确表达,可以表示自由曲线曲面,还可以精确地表示规则曲线,为计算机辅助设计(CAD)提供了统一的数学方法。一条 k 次 NURBS 曲线是由分段有理 B 样条多项式基函数定义的,其形式为

$$P(u)=\frac{\sum_{i=0}^{n}\omega_i d_i N_{i,k}(u)}{\sum_{i=0}^{n}\omega_i N_{i,k}(u)} \tag{9.8}$$

式中:$\omega_i(i=0,1,\cdots,n)$称为权或权因子,分别与控制顶点 $d_i(i=0,1,\cdots,n)$有关;$N_{i,k}(u)$是由节点矢量 $\boldsymbol{U}=[u_0,u_1,\cdots,u_{n+k+1}]$决定的 k 次规范 B 样条基函数。

曲线生成主要依赖设计人员输入(手工输入或导入数据表格)曲线型值点,然后将型值点作为通过点或者极点来设计曲线。设计曲线时,若型值点作为待生成曲线的通过点,则为曲线正算过程;若型值点作为待生成曲线的极点,则为曲线的反算过程。曲线生成方法如图 9.41 所示。

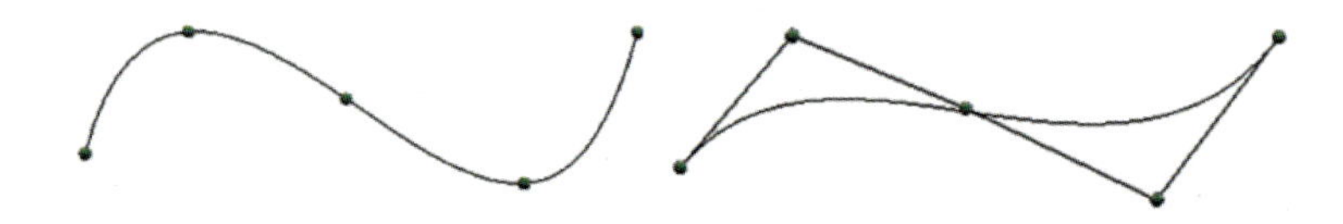

图 9.41 曲线生成方法

曲线反算是曲线设计的主要方法,一般包括如下几个主要步骤:① 确定插值曲线的节点矢量;② 确定曲线两端的边界条件;③ 反算插值曲线的控制顶点。

根据式(9.6)、式(9.7)中叶面和叶背型值点的计算方法,将大型螺旋桨的设计型值转换为平面直角坐标系下的型值点,生成叶面和叶背的型线。

在 UG/NX 主菜单中选择"Modeling"→"Insert"→"Curve"→"Spline",进入"Spline"对话框,在其中选择"Through Points",进入"Spline Through Points"对话框,在此对话框中选择"Points From Files",导入存有型值点坐标的 DAT 文件,便可得到大型螺旋桨叶面的一条型线。按照同样的方法,生成其余的叶面、叶背型线,如图 9.42 所示。

(5) 螺旋桨叶片曲面生成。

曲面生成技术是大型螺旋桨曲面造型中的核心技术。曲面生成方法通常可分为两大类:蒙皮曲面生成法及扫描曲面生成法。根据大型螺旋桨造型的要求,使用蒙皮曲面生成法。

蒙皮曲面生成法是用一组有序的截面曲线的空间曲线拟合一张光滑的曲面。利用蒙皮技术生成曲面的关键在于设计出具有统一次数与节点矢量,且参

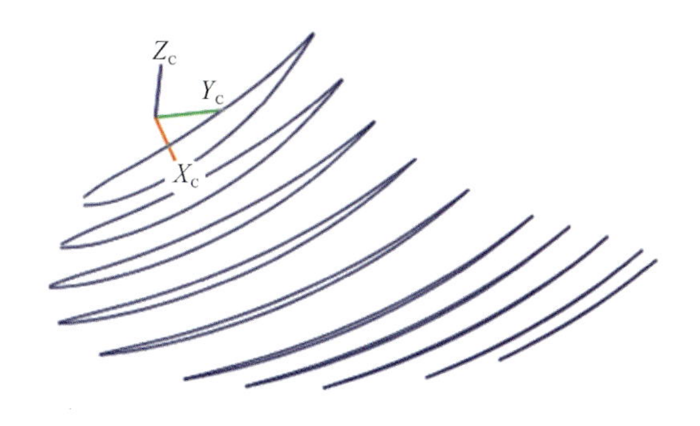

图 9.42　大型螺旋桨叶片型线

数化情况良好的符合要求的截面曲线。主要步骤如下：

(1) 生成形状符合要求的截面曲线，都用 B 样条曲线表示，它们可能具有不同的次数与节点矢量；

(2) 统一次数，使所有较低次数的截面曲线都升阶到其中的最高次数；

(3) 域参数变换，使所有截面曲线都具有统一的定义域；

(4) 插入节点，使所有截面曲线都具有统一的节点矢量；

(5) 从曲面光顺性考虑，应使所有截面线的端点与分段连接点沿曲线弧长的分布情况比较接近。

根据图 9.42 所示的叶片型线，建立大型螺旋桨叶片曲面。在 UG/NX 主菜单中选择"Modeling"→"Insert"→"Mesh Surface"→"Through Curves"，依次选择叶面上的型线，便可得到大型螺旋桨单个叶片曲面。将得到的单个叶片曲面进行旋转阵列转换，可得到如图 9.43 所示的大型螺旋桨叶片曲面。

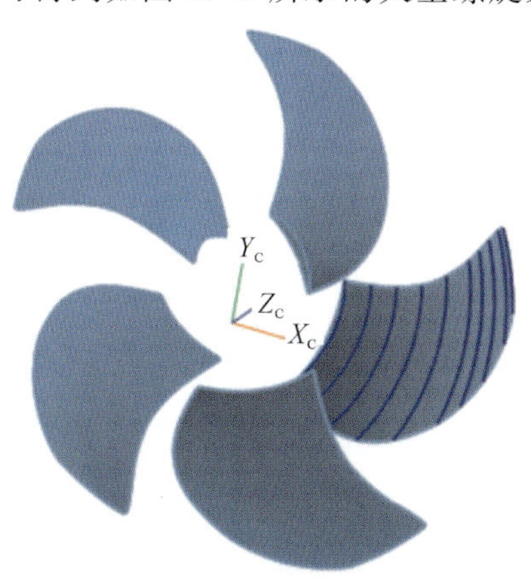

图 9.43　大型螺旋桨叶面曲面

建立大型螺旋桨的叶片曲面模型后,还需要建立大型螺旋桨轮毂、导边、随边的模型,在此不一一详述。

9.5.2 刀具及工装

1. 数控加工刀具的选择

与选用常用机械加工的刀具相比,选用加工桨叶的刀具时一般要考虑更多因素。首先,铣刀刀盘几何形状要适应曲面加工的要求,要有良好的切削性能及排屑和断屑性能,不仅要适应于凸曲面,还要适应于凹曲面。在选用刀具时,不仅要根据机床的功率、铣头的转速、叶片材质及刀具和刀片的相关切削参数进行计算,还要根据刀盘、刀片、刀杆,以及铣头仿真和干涉检查进行综合考虑。

可用于螺旋桨桨叶加工的刀具有很多种,使用较多的是球头立铣刀和锥形球头铣刀,有时为了提高加工效率,也采用特殊截面的铣刀对叶片进行加工。由于被加工螺旋桨的材料一般都属于难切削加工的合金钢或其他特殊材料,因此加工时采用的刀具或刀片的材料一般都为硬质合金或其他特殊的材料。在加工过程中,采用球头刀加工吸力面、压力面和过渡圆角;采用圆刀片面铣刀加工外边缘顶面;采用立铣刀加工导边、随边。平底立铣刀、端铣刀、球头刀分别如图 9.44 中(a)(b)(c) 所示。下面进行简要介绍。

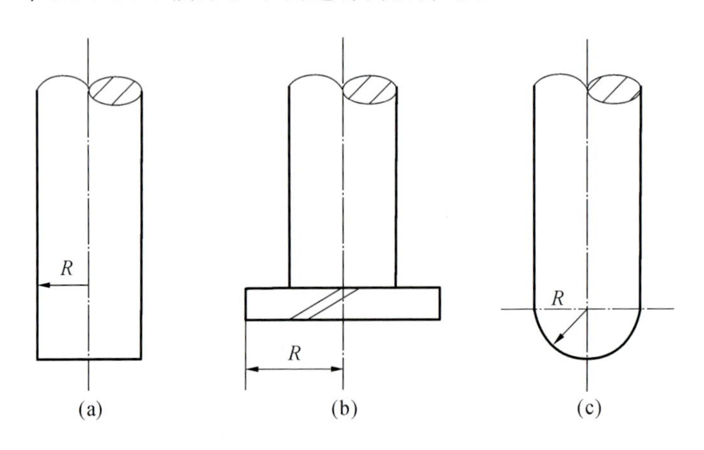

图 9.44 多轴曲面铣削加工常用刀具

(a) 平底立铣刀 (b) 端铣刀 (c) 球头刀

平底立铣刀主要以周边切削刃切削,切削性能好。在五轴数控加工中,其应用主要有侧铣和端铣两种方式。端铣刀主要用于面积较大的平面铣削和较平坦的立体轮廓(如大型叶片、螺旋桨、模具等)的五轴铣削,以减少走刀次数,提高加工效率和表面质量。球头刀是三维立体轮廓加工(特别是三轴加工)的主要刀具,对加工对象的适应能力强,使用方便,但球头切削刃上各点切削情况不一,容易磨损。

2. 大型螺旋桨装夹定位

为方便加工,需要合理设置大型螺旋桨叶片的工件坐标系位置。以已加工好的大端为定位精基准,将大型螺旋桨叶片放置于机床工作台上,建立如图 9.45所示的工件坐标系。

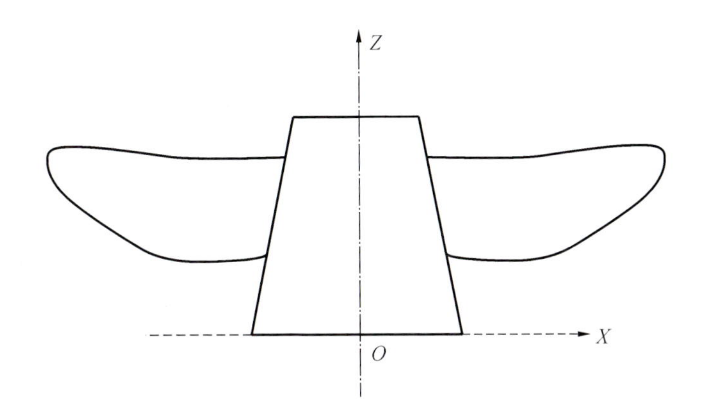

图 9.45　螺旋桨叶片工件坐标系

以工作台的回转中心为工件坐标系 X 轴的零点;

以工作台的台面与工件轴线的交点为坐标系 Z 轴的零点;

以 1 号桨叶的中线与工件轴线的交点为工件坐标系 C_1 轴的零点。

为了保证机床坐标系和工件坐标系的一致性,需要将螺旋桨按照找圆找正的基准摆放到工作台上。根据先前的画线调整桨叶在机床工作台上的位置,找圆找正。如图 9.46 所示,圆圈点为找平点,黑色圆弧线为找圆线。

大型螺旋桨在加工时必须保证轴向和周向固定。轴向固定可防止加工过程中螺旋桨发生上下偏移,并能适当减轻加工叶梢时产生的振动,提高加工精度和表面质量。周向固定主要用来防止螺旋桨加工时因切削力造成的旋转,以及由此产生的加工误差。

轴向固定前必须对螺旋桨大端面进行精加工,这样才能保证整个螺旋桨保持水平。在加工螺旋桨叶面时,切削力沿叶面指向叶背,会引起整个桨叶的振动,在

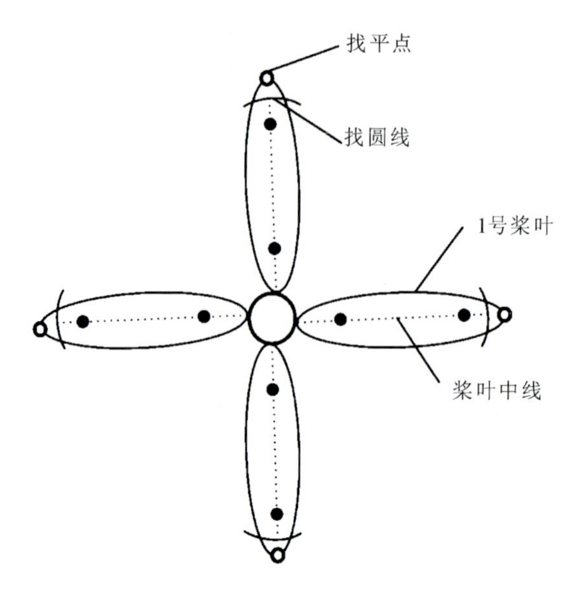

图 9.46　大型螺旋桨找圆找正

叶梢处的振动尤为剧烈,会产生较大的加工误差并会影响加工的表面质量。因此,在加工叶面时需要对叶背进行有效支承,对上述问题加以避免。

由于螺旋桨叶背是自由曲面,很难进行稳定支承并确定适当的支承力,因此在支承的上面加上木楔,利用木材的材料特性可以使得整个支承能够紧密贴合叶背曲面并可起到良好的减振效果,如图 9.47 所示。

周向固定需要同时在导边和随边上进行,这样可有效避免进、退刀产生的切削力。螺旋桨的叶面在加工中,切削方向沿周向,主受力方向由导边指向随边,易引起螺旋桨的周向转动。周向固定的支承力方向应为主受力的反力方向,在随边上用一木楔定位,以防止周向转动并减轻振动。螺旋桨周向定位如图 9.48 所示。

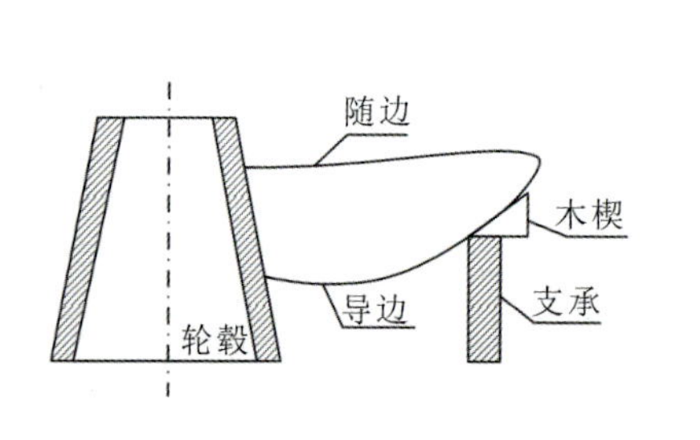

图 9.47　螺旋桨轴向定位

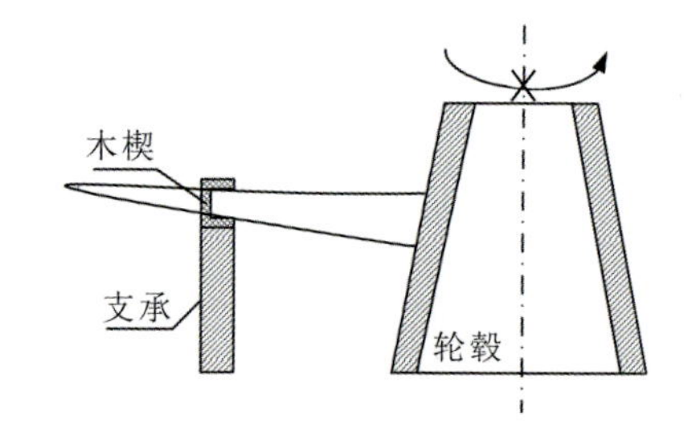

图 9.48　螺旋桨周向定位

9.5.3 叶片及螺旋桨类零件的加工工艺分析

1. 大型螺旋桨基本数控加工工序

大型螺旋桨的叶片部分分为重叠区域和非重叠区域,在避免干涉的前提下按照减小重叠区域以提高加工质量和加工效率的原则,制定如图 9.49 所示的大型螺旋桨基本数控加工工序(具体顺序视情况调整)。

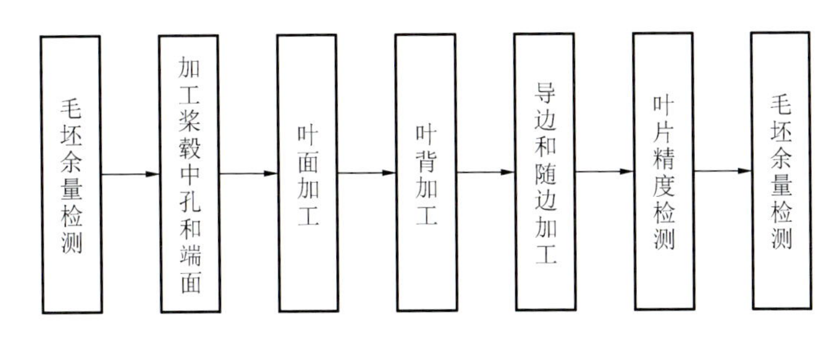

图 9.49 大型螺旋桨基本数控加工工序

螺旋桨铸造时,余量的均匀性难以控制,叶面总是在下型,铸造过程中产生的气孔、氧化渣等缺陷一般都分布在叶背上,叶面比较光滑,所以通常叶面加工余量比叶背要少。若加工余量分配不当,会导致加工效率低,难以保证加工质量。为了确定加工时的切削深度,需要对螺旋桨余量进行检测。

螺旋桨加工定位的关键是使桨加工时的定位轴线和设计轴线重合,从而保证加工精度,并且装夹方便。为了使定位轴线与设计轴线一致,应注重两个步骤:一是使螺旋桨毛坯的轴线与设计轴线重合;二是使螺旋桨毛坯的轴线与桨加工定位轴线重合。将螺旋桨以端面定位用专用夹具固定在转台上,使桨铸件加工定位基准与设计基准重合,避免产生系统误差,提高加工精度。

首先要进行螺旋桨两个端面、中孔的加工。叶面、叶背加工时曲面尺寸大且较为平坦,一般可以采用球头刀加工。为了提高加工效率和加工质量,可采用端铣刀加工。桨叶导边、随边的形状是由叶切面决定的,通常情况下为圆弧,但也有的是直边;也可采用侧铣的方法,用球头铣刀或圆柱铣刀的侧刃沿着轮廓线加工,加工出叶片的导边和随边。

螺旋桨加工完成后,需要检查叶片型值点的数据,以及螺旋桨导边、随边等,确定它们是否符合图样技术要求。

2. 螺旋桨刀位轨迹生成

根据大型舰船用螺旋桨加工工序的安排，进行叶片、随边、导边五轴数控加工轨迹的规划。其中，随边和导边采用侧铣法一刀成形，可以节约时间。叶面和叶背采用端铣法，在避免干涉的前提下增大有效切削行程，提升加工效率。

1）随边的五轴数控加工轨迹规划

沿螺旋桨叶面处随边的曲面法向量，根据测量的随边毛坯厚度余量在其两侧分别偏置两条等距线。利用两条等距线生成直纹面(ruled surface)。随边的五轴数控加工轨迹可以按照直纹面驱动方式生成，完成的加工轨迹如图 9.50 所示。加工轨迹生成的具体方法如下。

(1) 选定直纹面为驱动几何体，轮毂为干涉检查几何体。

(2) 选择刀轴控制方式为直纹面侧铣驱动方式(swarf drive)，刀轴的方向大致沿直纹面的 $\boldsymbol{v}$(曲面)方向，采用参数线法生成加工轨迹。

(3) 为使切削过程稳定，减轻加工过程中的振动，保证铣削加工时平底立铣刀的刃部与随边紧密贴合，选择沿直纹面由随边靠近轮毂处指向叶梢方向为加工方向，且刀具最低点应低于随边最大余量点，选用单向走刀(zig)方式。

(4) 因随边加工余量大，加工时刀具两侧都会参与切削，采用圆弧进、退刀方式来进行切断。在加工驱动面上需要为随边修磨工序留足余量。

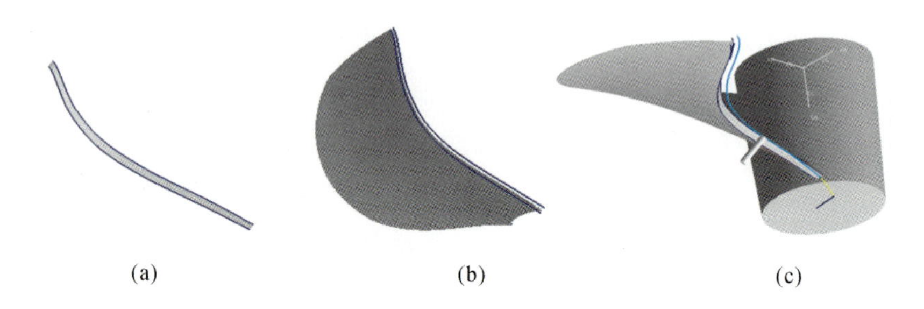

(a)　　(b)　　(c)

图 9.50　随边加工轨迹的生成

(a) 随边等距线　(b) 随边辅助直纹面　(c) 随边加工轨迹

2）叶面非重叠区域五轴数控加工轨迹规划

叶面非重叠区域占整个大型舰船用螺旋桨叶面数控加工的绝大部分，其加工精度和表面质量直接决定着整个螺旋桨加工的质量，其加工效率的提升对整个螺旋桨加工时间成本的控制具有重要意义。

(1) 选定叶面非重叠区域曲面作为加工零件面，整个叶面曲面作为驱动面。

(2) 选择相对于驱动几何体(relative to drive)的驱动方法，设置前倾角为

5°,这样可以保证刀具在较大切削量下平稳切削。

(3) 为获得较高的加工效率,并避免在刀具姿态调整时切削,选择带抬刀的往复式(zig-zag with left)走刀方式,让刀具姿态的调整在退刀时完成。

(4) 大型舰船用螺旋桨在工作时,受力方向沿叶片周向,因此加工轨迹的方向也需要与工作状态受力方向一致。

完成的叶面非重叠区域五轴数控加工轨迹如图 9.51 所示。

图 9.51 叶面非重叠区域五轴数控加工轨迹

3) 叶面重叠区域五轴数控加工轨迹规划

大型舰船用螺旋桨的重叠区域虽只占叶片很小的一部分,但是其加工难度高,出于避免干涉的考虑,对刀轴驱动方式和进、退刀的控制非常严格。

叶面重叠区域五轴数控加工轨迹规划具体方法如下。

(1) 选定叶面重叠区域曲面作为加工零件面,整个叶面曲面作为驱动面。

(2) 选择相对于驱动几何体的驱动方法,设置前倾角为 5°,这样可以保证刀具在较大切削量下平稳切削。

(3) 为获得较高的加工效率,并避免在刀具姿态调整时切削,选择带抬刀的往复式走刀方式,让刀具姿态的调整在退刀时完成。

(4) 大型舰船用螺旋桨在工作时,受力方向沿叶片周向,因此加工轨迹的方向也需要与工作状态受力方向一致。

完成的叶面重叠区域五轴数控加工轨迹如图 9.52 所示。

根据大型舰船用螺旋桨叶面加工工序安排,叶面加工完成后将螺旋桨翻面进行导边和叶背的加工。

4) 导边的五轴数控加工轨迹规划

沿螺旋桨叶面处导边的曲面法向量,根据测量的导边毛坯厚度余量在其两

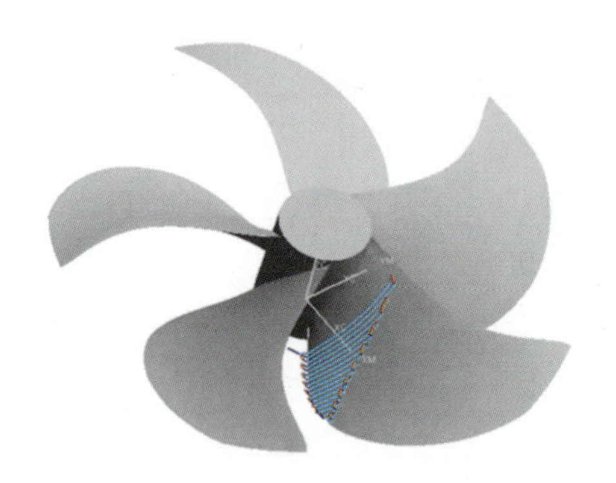

图 9.52　叶面重叠区域五轴数控加工轨迹

侧分别偏置两条等距线。利用两条等距线生成直纹面。导边的五轴数控加工轨迹可以按照直纹面驱动方式生成,具体方法如下。

(1) 选定直纹面为驱动几何体,轮毂为干涉检查几何体。

(2) 选择刀轴控制方式为直纹面侧铣驱动方式,刀轴的方向大致沿直纹面的 v 方向,采用参数线法生成加工轨迹。

(3) 为减轻加工过程中的振动,并保证铣削加工时平底立铣刀的刃部与导边紧密贴合且切削力较为稳定,选择沿直纹面由导边靠近轮毂处指向叶梢方向为加工方向,且刀具最低点应低于导边最大余量点,选用单向走刀方式。

(4) 因导边加工余量大,加工时刀具两侧都会参与切削,特采用圆弧进、退刀方式来切断。在加工驱动面上为导边修磨工序留足余量。

生成的导边加工轨迹如图 9.53 所示。

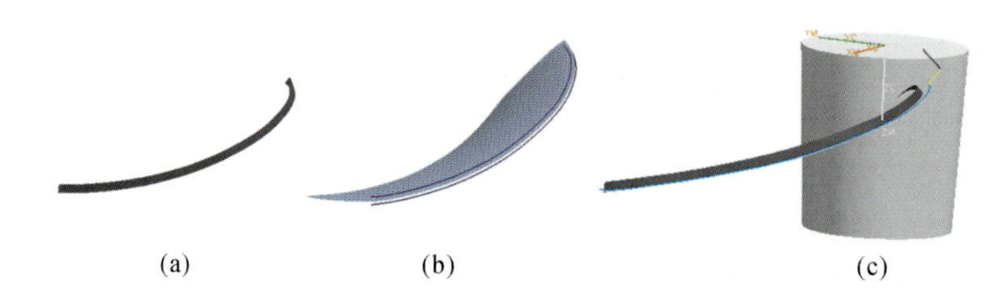

图 9.53　导边加工轨迹的生成

(a) 导边等距线　(b) 导边辅助直纹面　(c) 导边加工轨迹

5) 叶背非重叠区域五轴数控加工轨迹规划

叶背非重叠区域占整个大型舰船用螺旋桨叶背数控加工的绝大部分,其加工精度和表面质量直接决定着整个螺旋桨叶背加工的质量,其加工效率的提升对整个螺旋桨加工时间成本的控制尤为重要。

叶背非重叠区域五轴数控加工轨迹生成方法如下。

(1) 选定叶背非重叠区域曲面作为加工零件面,整个叶背曲面作为驱动面。

(2) 选择相对于驱动几何体的驱动方法,设置前倾角为5°,这样可以保证刀具在较大切削量下平稳切削。

(3) 为获得较高的加工效率,并避免在刀具姿态调整时切削,选择带抬刀的往复式走刀方式,让刀具姿态的调整在退刀时完成。

(4) 大型舰船用螺旋桨在工作时,受力方向沿叶片周向,因此加工轨迹的方向也需要与工作状态受力方向一致。

生成的叶背非重叠区域五轴数控加工轨迹如图9.54所示。

6) 叶背重叠区域五轴数控加工轨迹规划

叶背重叠区域五轴数控加工轨迹规划具体方法如下。

(1) 选定叶背重叠区域曲面作为加工零件面,整个叶背曲面作为驱动面。

(2) 选择相对于驱动几何体的驱动方法,设置前倾角为5°,这样可以保证刀具在较大切削量下平稳切削。

(3) 为获得较高的加工效率,并避免在刀具姿态调整时切削,选择带抬刀的往复式走刀方式,让刀具姿态的调整在退刀时完成。

(4) 大型舰船用螺旋桨在工作时,受力方向沿叶片周向,因此加工轨迹的方向也需要与工作状态受力方向一致。

生成的叶背重叠区域五轴数控加工轨迹如图9.55所示。

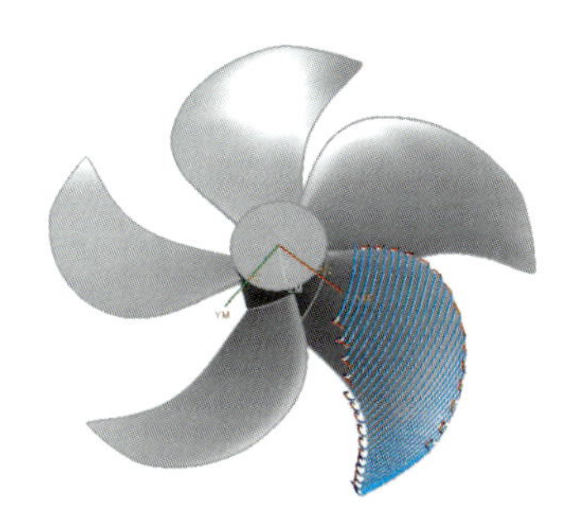

图9.54　叶背非重叠区域五轴数控加工轨迹

图9.55　叶背重叠区域五轴数控加工轨迹

3. 大型重载车铣复合加工中心的后置处理

根据任意结构数控机床结构运动学方法对复合加工机床的两种配置建立

运动链模型,通过相邻运动副的坐标系转换,确定刀具坐标系到工件坐标系的转换关系,并进行各轴的求解。在多轴数控加工中,由于旋转、摆动轴的影响,各坐标轴的运动速度及其变化率可能超出其允许的最大速度与伺服驱动能力,需要根据机床各轴的速度、加速度与平稳性要求对合成进给速度进行校核。

4. 数控加工仿真

大型舰船用螺旋桨几何形状复杂多变,其CAD模型质量、加工轨迹生成方法、后置处理都可能对数控加工程序的正确性有所影响。为了减少数控加工中产生干涉、碰撞和过切的可能性,实际加工前需要进行必要的仿真验证。图9.56所示为大型舰船用螺旋桨五轴数控编程流程。

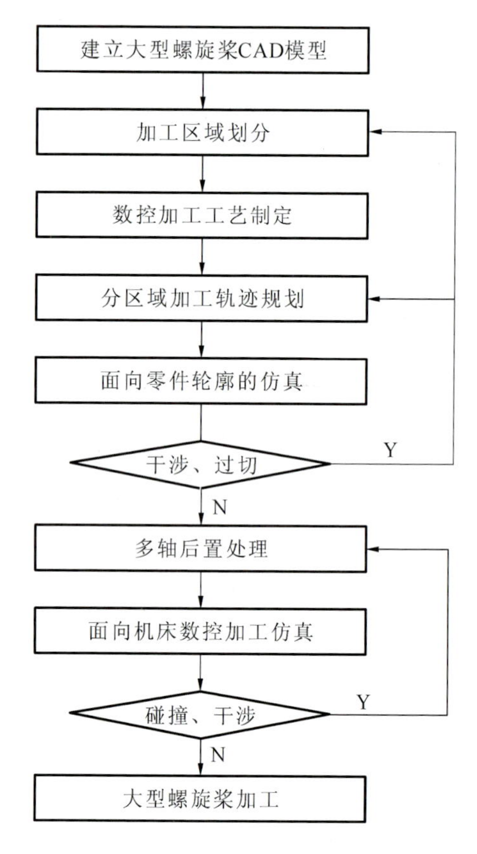

图9.56 大型舰船用螺旋桨五轴数控编程流程

在建立螺旋桨的CAD模型、生成刀位文件、后置处理中,将刀位文件转换成数控机床和数控系统支持的加工代码后,将代码导入数控加工仿真软件中进行运动仿真,检查干涉、碰撞问题。数控加工仿真完毕后,进行大型重载机床叶片试切，最后加工。

9.5.4 典型案例分析

大型螺旋桨用重载车铣复合加工中心具有标准铣头配置和特殊铣头配置两种加工方式，能够进行大型螺旋桨的重叠区域和非重叠区域的五轴数控加工。螺旋桨非重叠区域采用标准铣头加工，重叠区域采用特殊铣头加工。该复合加工机床配备华中科技大学国家数控系统工程技术研究中心自主研发的七轴五联动车铣复合加工数控系统。加工中使用的大型舰船用螺旋桨的毛坯材料为青铜，硬而脆，切削性能良好。图 9.57 所示为加工用五叶片大型舰船用螺旋桨铸造毛坯。

图 9.57　加工用五叶片大型舰船用螺旋桨铸造毛坯

通过对大型螺旋桨数控加工工艺、CAD 建模、五轴数控加工轨迹规划、多轴后置处理技术、数控加工仿真技术等的研究，大型舰船用螺旋桨的加工得以实现。在加工过程中，没有出现干涉或碰撞现象，加工表面质量良好，机床运动平稳，各旋转轴不存在转速过快现象。

1. 大型舰船用螺旋桨随边的加工

根据大型舰船用螺旋桨加工工艺的要求，为减小重叠区域的面积，在加工叶面前需要对随边进行粗加工。随边加工时采用一刀成形（见图 9.58），节约了加工时间。

图 9.58　大型舰船用螺旋桨随边的加工

2. 大型舰船用螺旋桨非重叠区域的加工

根据大型舰船用螺旋桨基本加工工序的安排,进行非重叠区域的加工,如图 9.59 所示。

3. 大型舰船用螺旋桨重叠区域的加工

根据大型舰船用螺旋桨基本加工工序的安排,进行重叠区域的加工,如图 9.60所示。

图 9.59　大型舰船用螺旋桨非重叠区域的加工

图 9.60　大型舰船用螺旋桨重叠区域的加工

加工完成的螺旋桨如图 9.61 所示。

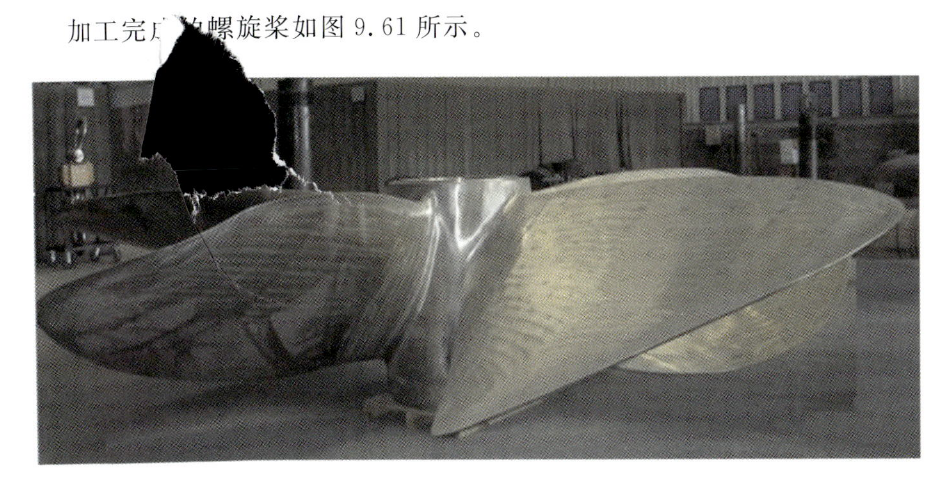

图 9.61　加工完成的螺旋桨

本章参考文献

[1] 吕亚臣.重型机械工艺手册[M].哈尔滨:哈尔滨出版社,1998.

[2] 杨叔子.机械加工工艺师手册[M].北京:机械工业出版社,2002.

[3] 蔡春源.机械零件设计手册[M].北京:冶金工业出版社,1993.

[4] 中国机械工程学会,中国机械设计大典编委会.中国机械设计大典[M].南昌:江西科学技术出版社,2002.

[5] 方昆凡.工程材料手册.黑色金属材料卷[M].北京:北京出版社,2002.

[6] 陆建中.金属切削原理与刀具[M].北京:机械工业出版社,2005.

[7] 张宝珠.典型精密零件机械加工工艺分析及实例[M].北京:机械工业出版社,2012.

[8] 郑之明.国外重型车床基本情况[J].重载机床,1986(1):50-64.

[9] 许洪基.齿轮手册[M].北京:机械工业出版社,2001.

[10] 刘巽尔,于春泾.机械制造检测技术手册[M].北京:冶金工业出版社,2000.